高职高专系列教材

YOUKU SHENGCHAN JISHU

油库生产技术

贾如磊　主　编

中国石化出版社

内 容 提 要

本书详细介绍了油库各种设备（油罐、管道、阀门、油泵、加油设备等）的使用、维护和检修，同时介绍了油库内铁路油罐车操作、输转操作、切换泵操作、离心泵操作等内容，以及油库各种事故及其预防和处理。本书可作为高职高专油气储运技术专业学生和企业员工培训专业教材，也可供油库工程技术人员和相关专业学生使用。

图书在版编目（CIP）数据

油库生产技术／贾如磊主编．—北京：中国石化出版社，2015.1

高职高专系列教材

ISBN 978－7－5114－3127－1

Ⅰ.①油… Ⅱ.①贾… Ⅲ.①油库－生产技术－高等职业教育－教材 Ⅳ.①TE972

中国版本图书馆 CIP 数据核字（2014）第 287269 号

中国石化出版社出版发行

地址：北京市东城区安定门外大街 58 号

邮编：100011 电话：(010)84271850

读者服务部电话：(010)84289974

http://www.sinopec-press.com

E-mail:press@sinopec.com

北京柏力行彩印有限公司印刷

全国各地新华书店经销

*

787×1092 毫米 16 开本 18 印张 350 千字

2015 年 1 月第 1 版 2015 年 1 月第 1 次印刷

定价：40.00 元

前言

Preface

近年来，我国油气储运行业发展快速。行业企业对油库工作者提出了较高的知识技能要求。油品储运调和操作工和油品计量工等储运工种岗位明确要求能够对储罐、管线阀门、机泵、装卸油设备进行操作使用、维护保养，做到“四懂三会”。同时能够应对生产中的各类生产事故。本书紧扣国家职业标准要求，依据国家和行业标准、规程编纂而成。作者多年来从事油气储运职业教育，并长期为石油石化企业进行员工培训。在教学和培训过程中，通过与企业学员的交流和毕业生的调研，确定了本书主要内容。因此，本书能够与生产一线紧密结合，满足企业员工需要。同时为油气储运技术专业进入企业工作打下基础。另外本书大量引入近年来快速普及的新设备、新工艺（如汽车下部装卸、潜油泵卸车工艺等）内容，适应油气储运行业技术发展。

本书主要作为高职高专油气储运技术专业学生和企业员工培训专业教材，也可供油库工程技术人员和相关专业学生使用。

本书由贾如磊主编，兰州石化公司油品储运厂瞿为群高级工程师（第六章、附录部分）、龚辉工程师（第五章）和兰州石化职业技术学院黄斌维老师（第二、第三章）参编，兰州城市学院杨斌教授审阅。在编写过程中参考了大量书刊、标准、规程，对这些资料的作者表示深深的谢意。

由于编者水平有限，缺点错误在所难免，恳请读者批评指正。

编者2014年于兰州

目录

CONTENTS

第一章　油罐的使用与维护　/　1

第一节　油罐投用与检查　/　1

第二节　正确使用油罐　/　4

第三节　油罐的安全监测　/　13

第四节　油罐的清洗　/　21

第五节　油罐的检修和维护　/　32

第六节　油罐动火修理的安全措施　/　41

第七节　油罐的不动火修理　/　43

第八节　事故油罐修复　/　47

第九节　油罐呼吸系统使用与检修　/　65

第二章　石油库管道使用与维护　/　90

第一节　油库管道的技术要求　/　90

第二节　油库管道的检查使用　/　92

第三节　管道水击与防止　/　99

第四节　油库管道的常见故障与维修方法　/　100

第五节　输油管道泄漏检测　/　104

第三章　阀门的使用与维修　/　116

第一节　阀门的基本知识　/　116

第二节　阀门的选用与安装　/　118

第三节　阀门的操作使用　/　124

第四节　阀门故障的防治　/　128

第五节　阀门的堵漏　/　138

第六节　阀门检修　/　145

目录

CONTENTS

第四章　油泵的使用与维修　/　153

第一节　离心泵安装调试　/　153

第二节　离心油泵的使用与故障判断及排除　/　163

第三节　容积泵的使用与维修　/　174

第四节　滑片泵的使用与维修　/　177

第五节　水环式真空泵的使用与维修　/　180

第六节　泵用机械密封的使用与维修　/　182

第五章　加油设备的使用与维修　/　206

第一节　手动加油设备　/　206

第二节　加油机的使用与维护　/　211

第六章　油库生产运行　/　220

第一节　铁路装卸油操作规程　/　220

第二节　油船装卸油作业规程　/　227

第三节　公路发油操作规程　/　231

第四节　管道收油作业程序　/　237

第五节　常见生产事故　/　238

附录一　某油库油罐开工规程【摘录】　/　246

附录二　某油库管线投用开工规程【摘录】　/　250

附录三　某油库离心泵操作规程【摘录】　/　253

附录四　储油罐区基础操作规程【摘录】——油品计量　/　259

附录五　某油库事故处理预案【摘录】　/　262

附录六　某油库操作规定【摘录】　/　272

附录七　某油品储运厂安全生产及环境保护规定【摘录】　/　276

参考文献　/　280

第一章 油罐的使用与维护

第一节 油罐投用与检查

在我国，设计储油罐主要依据GB 50341—2003《立式圆筒形钢制焊接油罐设计规范》、API650《钢制焊接油罐》和SH 3046—1992《石油化工立式圆筒形钢制焊接储罐设计规范》等标准。而油罐的建造和验收则主要依据GB 50128—2005《立式圆筒形钢制焊接储罐施工及验收规范》、SH/T 3530—2001《石油化工立式圆筒形钢制储罐施工工艺标准》等标准。任何新建油罐或大修油罐投用前都应该进行严格试验。

一、油罐投用前试验

对于新罐或大修后油罐，应进行充水试验，并应检查下列内容：罐底严密性；罐壁强度及严密性；固定顶的强度、稳定性及严密性；浮顶及内浮顶的升降试验及严密性；浮顶排水管的严密性和基础的沉降观测。

充水试验前，要求所有附件及其他与罐体焊接的构件应全部完工，并检验合格；所有与严密性试验有关的焊缝，均不得涂刷油漆。对于试验用水要求采用洁净淡水，特殊情况下，如采用其他液体充水试验，必须经有关部门批准。同时要求试验水温均不低于5℃。充水试验中还应做好基础沉降观测。在充水试验中，如基础发生不允许的沉降，应停止充水，待处理后，方可继续进行试验。充水和放水过程中，应打开透光孔，且不得使基础浸水。

1. 罐底的严密性检查

罐底的严密性应以罐底无渗漏为合格。若发现渗漏，应将水放净，对罐底进行试漏，找出渗漏部位进行补焊。

2. 罐壁的强度及严密性试验

充水到设计最高液位并保持48h后，罐壁无渗漏、无异常变形为合格。发现渗漏时应放水，使液面比渗漏处低300mm左右，然后进行焊接修补。

3. 固定顶油罐的强度及严密性试验

固定顶油罐的强度及严密性试验也叫油罐正压试验，一般是先将油罐充水至最高设计液位下

1m，然后封闭罐上所有孔口，再进行充水增压。当升至试验压力时，在罐顶焊缝表面涂肥皂水，未发现气泡，罐顶无异常变形，焊缝无渗漏，则认为罐壁的强度和严密性试验合格。试验后，应立即使储罐内部与大气相通，恢复到常压。试验压力一般为设计压力的 1.1 倍，且不得小于 200mmH_2O。引起温度剧烈变化的天气，不宜做固定顶的强度、严密性试验和稳定性试验。

4. 固定顶油罐的稳定性试验

固定顶油罐的稳定性试验也叫负压试验。一般使用放水方法进行。做法是先将油罐充水到设计最高液位，封闭罐上所有孔口，然后缓慢放水降压，达到试验负压（取设计荷载）时，罐顶无异常变形为合格。试验后，应立即使储罐内部与大气相遇，恢复到常压。

固定顶油罐正压或负压试验合格后，均应立即使罐内空间恢复正常，并将罐顶透光孔打开，直到罐内温度降到正常为止，以免因气温升降，充水或放水导致固定顶破坏。

5. 浮顶与内浮顶升降试验

浮顶油罐在充水试验前，应检查旋转扶梯和栏杆是否良好。试验要求浮盘升降平稳、导向机构、密封装置及自动通气阀支柱无卡涩现象，浮仓无渗漏，扶梯转动灵活，浮顶及其附件与罐体上的其他附件无干扰，浮顶与液面接触部分无渗漏。一般要求浮顶升降 2 ~ 3 次。

油罐充水试验高度为设计最高操作液位，充水试验必须始终在人员监视下进行，以便掌握基础沉降动态。充水试验速度应根据土建基础设计要求确定。在充水试验过程中，基础沉降超出允许的范围时，应停止充水，待调整和检查无问题后方可继续进行试验。油罐放水管管口要远离基础，不得使基础浸水。充水试验中，若发现罐底漏水，应立即放水进行修补。

充水试验结束后，要将管线和油罐内水全部放掉。在油罐进油以前，必须对消防系统进行检查。消防系统试验时，先开冷却水系统模拟冷却油罐，再试验一次泡沫，以检查冷却供应系统和消防泡沫供应系统是否已经达到设计要求。

对以上所作的试验，都应作详细记录。

6. 油罐基础沉降观察

充水试验中还应做好油罐基础沉降观察。油罐基础沉降前应做好观察基准点和油罐观察点的设置。

（1）观察基准点和观察点的设置

① 观察基准点设置。距油罐区和其它新建筑物的距离不能少于 50m。基准点可以用捣制混凝土短桩，埋置于空旷场所不易遭碰撞的地方。埋置深度应超过当地冰冻线，并深入老土，总深度不能小于 1m。

② 观察点的设置。如地基土壤压缩性较小（压缩模量 $E \geq 9.81$MPa），可沿油罐罐壁圆周设置 4 个点，每点相隔 90°；如地基土壤压缩性较大（$E < 9.81$MPa），则应设置 8 个点，每两

点相隔45°。旧油罐观察点应设置在罐底板的外露部分，并以油漆标定；如属新建油罐，应在接近油罐基础的壁上（拟测定的位置处），焊上60mm×30mm×6mm的钢板一块，与基础成水平，以便观察时安设水平尺。

（2）观察方法

① 投产前的试水时期观察。试水前，观察各测点的原始标高，然后向罐内注水。加水高度每次为2.5m。开始注水2.5m时观察一次，然后每1h观察一次，共测4次。如已稳定，继续加水2.5m，按上法进行观察，直至加满为止。加满后，每1h观察一次，共4次。接着每3h观察一次，共2次。最后每6h观察一次，直至沉降稳定为止。

加满水沉降稳定后，即分次卸水，每卸水2.5m观察一次。卸水过程中要作时间记录。

在装、卸水沉降观察过程中，必须将每次读数记录下来，分别绘制时间－沉降和压力－沉降曲线图，以便观察沉降的稳定性。

② 使用时期沉降观察。使用期间，前半年每月观察一次，以后每隔2、3月观察一次，直至沉降稳定为止。每次暴雨后都要进行观察，以了解其对油罐基础影响程度。油罐腾空后要进行观察（必须进行3次空罐观察），以了解地基的弹性回弹值。并结合进行罐内底板变形的测定，求取底板中心与边缘标高差值。

（3）观察及记录

油罐沿罐壁圆周任意10m周长内不均匀沉降量不应大于25mm。支承罐壁的基础部分与其内侧的基础之间不应发生沉降突变。基础的沉降观察应从向油罐内注水开始到油罐内充满水后持压48h结束。油罐内径小于或等于15m时，设4个观察点；油罐内径在15m至25m之间时，设8个观察点；内径大于25m时，设12个观察点。观察结果应填入基础沉降观察记录表。

经过充水试验，油罐沉降量应符合《立式圆筒型钢制焊接油罐设计规范》（GB 50341—2003）和《立式圆筒型钢制焊接储罐施工及验收规范》（GB 50128—2005）的规定。

① 地面油罐基础沉降稳定后，基础边缘上表面应高出周围地坪300mm以上。

② 油罐任意直径方向上的沉降差不应超过表1－1所列的沉降差许可值。

表1－1 油罐沉降差许可值表

浮顶、内浮顶油罐		固定顶油罐	
油罐内径 D/m	任意直径方向最终沉降差许可值	油罐内径 D/m	任意直径方向最终沉降差许可值
$D\leqslant22$	$0.007D$	$D\leqslant22$	$0.015D$
$D\leqslant30$	$0.006D$	$22<D\leqslant40$	$0.010D$
$30<D\leqslant40$	$0.005D$	$40<D\leqslant60$	$0.008D$
$40<D\leqslant60$	$0.004D$		

第二节 正确使用油罐

为了保证收发作业安全和油品储存质量，延长油罐使用寿命，必须正确使用油罐，加强油罐的管理维护。

无论是新罐，还是使用多年的旧罐，都应该建立技术档案。新罐从验收到第一次装油时起，就应按照油罐编号着手建立资料，以后每次技术鉴定或修理，都应认真记载，以便掌握油罐的技术状况。

油罐技术档案主要包括以下内容：

① 油罐图纸、说明书、编号；

② 油罐施工情况记载；

③ 油罐竣工后的实际尺寸；

④ 油罐试压、试漏情况记载；

⑤ 附属设备性能一览表及其技术状况；

⑥ 每次技术鉴定和修理情况记载。

一、油罐储油高度的控制

油罐建造都有设计依据，要使用油罐就要了解油罐的结构、特点、性能，熟悉设计要求，然后安排油罐进油投用。油罐储油应尽量装满，这样不仅有利于增加油罐储量，提高利用率，而且还能减小油罐内的气体空间，减少呼吸损耗，同时对保证油料质量有利。这里所说的就是油罐应尽量装满，充分利用，又不要超过储油安全高度。

对于一个储油容器而言，都有一个最大的允许储油量，只要储油时不超过其最大允许储油量，就可保证在储油期间不会发生溢油事故，其最大允许储油量称为油罐的安全容量，与安全容量相对应的油高称之为油罐的储油安全高度。

油罐储油安全高度基于以下 3 条原则考虑：

① 油品受热，温度升高体积膨胀时，油品不能从消防泡沫线通气孔溢出跑油。考虑到油品体积膨胀系数较大，不能装得过满，否则当油品在储存期间受热后，温度升高，体积膨胀。会造成油料体积膨胀发生溢油。油品在 0 ~ 100℃ 范围内的平均体膨胀系数值：汽油 0.0012℃$^{-1}$，煤油为 0.0010℃$^{-1}$，柴油为 0.0009℃$^{-1}$。也就是对于汽油，温度变化 1℃，其体

积变化0.12%。

② 油罐一旦发生火灾，油面上的空间高度应能保证预留有一定泡沫层厚度，以利于灭火。

③ 为便于记忆，储油安全高度只取到厘米数。

在油罐使用中，尤其在收油作业时，应特别注意油罐储油高度的控制。

所有储油罐都应正确计算出其安全容量，再由该油罐的容积表查出其对应的储油高度。在每次接收油料时，必须将其储油高度控制在储油安全高度以内。

1. 油罐储油安全高度的确定

首先考虑油品热胀冷缩因素。确定油罐储油安全高度，一般先求安全质量、安全容量，然后再换算成储油安全高度。

（1）安全质量

把空罐的最大允许装油容积（即安全容积）当作是最高油温时的油料体积，并算出它的质量，这就是安全质量。因为这样算出来的油料质量，只有最高油温时方能把油罐装满，而在储存过程中，油温是不会超过最高油温的，所以这个装油量是安全的。

安全质量按下式计算：

$$G_{安} = V_{全}\rho_{高温}$$

式中 $G_{安}$——安全质量，kg；

$V_{全}$——油罐容积，m^3；其值为油罐总高 H_1 减去所需消防泡沫厚度 H_2（见表1-2）后对应的油罐容量。当 H_2 小于消防泡沫口下沿至顶板下沿距离时，用消防泡沫口下沿至顶板下沿距离代替 H_2；

$\rho_{高温}$——历年最高油温时的油料密度，kg/m^3。

最高油温按下列条件确定：

① 地面油罐：其最高油温与最高气温近似，因此可把气象资料统计的历年最高气温当作最高油温来计算。

② 半地下油罐和洞库油罐：其最高油温由平时检查记录或由经验确定，但接收油料时，若来油的最高油温高于储油中的最高油温，则应按来油油温计算。

③ 黏油罐：其最高油温应按最高加热温度计算。若罐内储存不需要加热的黏油时，其最高油温可按上述各类油罐确定最高油温的原则来确定。

（2）安全容量

根据安全质量求出收油的最大允许装油容量，叫做安全容量。可按下式计算：

$$V_{安} = \frac{G_{安}}{\rho_{收油}}$$

式中 $V_{安}$——安全容量，m^3；

$G_{安}$——安全质量，kg；

$\rho_{收油}$——接收油料时来油的实测密度，kg/m^3。

根据安全容量，在油罐容积表中查出相当于这个容积的油高，就是储油安全高度。这也就是收油时，必须控制的储油高度。

对于按以上方法求出的油罐储油安全高度，还应满足下列要求：立式拱顶金属油罐，最大允许储油高度为罐底至罐顶拱角处；装有泡沫发生器的立式金属油罐，最大允许储油高度为罐底至泡沫发生器出口处。立式球顶金属油罐，最大允许储油高度为罐底至球顶矢高2/3处；非金属油罐，最大允许储油高度为罐底至设计储油高度。浮顶与内浮顶油罐还要考虑浮盘总高。

表1－2　消防泡沫最小要求厚度 H_2　　m

存油闪点	<28℃	28～45℃	>45℃
化学泡沫	0.45	0.30	0.18
空气泡沫	0.30	0.30	0.30

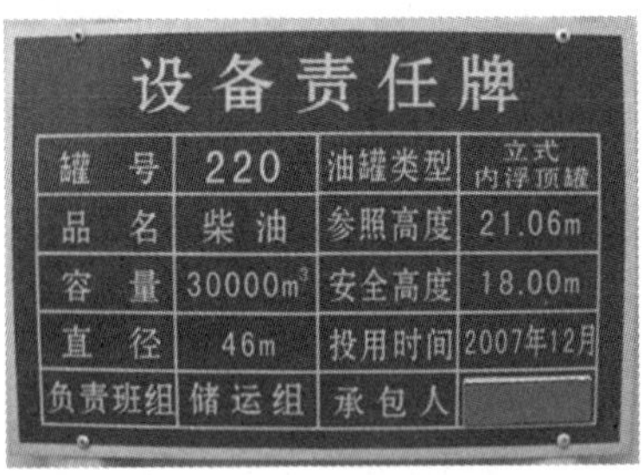

图1－1　典型油罐铭牌

综上所述，一般拱顶罐的储油安全高度只有罐壁高的85%～90%，而浮顶与内浮顶油罐储油安全高度一般要小于罐壁高度1.5～3.0m。实际生产中，每一个油罐都有其规定的储油安全高度，在罐体铭牌上明确标出（见图1－1），操作时必须明确。

2. 铁路油罐车储油安全高度的确定

铁路油罐车储油安全高度是指保证运输途中不溢油的条件下，始发站的最大储油高度。同样要考虑油品的体积膨胀，还要兼顾道路坡度等因素，在运输途中容易发生安全事故，出于对安全的考虑，《铁路危险货物运输管理规则》（铁运［2008］174号）规定充装非气体类液体危险货物时，应根据液体货物的密度、罐车标记载质量、标记容积确定充装量。充装量不得大于罐车标记载质量；同时要留有膨胀余量，充装量上限不得大于罐体标记容积的95%，下限不得小于罐体标记容积的83%。充装量低于83%时，罐体内未加防波板不得办理运输；充装量可参照《铁路危险货物罐车允许充装质量及高度表》确定，如表1－3所示。

表1-3 铁路危险货物罐车允许充装质量及高度表
非气体类液体危险货物 （节选）

序号	品名	铁危编号	国标编号	参考密度/(kg/m³)	车辆型号	标记载重/t	标记容积/m³	准装质量范围/kg	准装高度范围/mm	液面到人孔上平面距离(空高)范围/mm	罐车货物装卸方式
1	汽油	31001	1203	710	G60	52	60	35358~40470	2087~2411	1021~697	上装上卸
						53	60	35358~40470	2087~2411	1021~697	上装上卸
					G60K	53	60	35358~40470	2088~2414	1020~694	上装上卸
					G70	62	69.7	41074~47013	2240~2589	1068~719	上装上卸
					G70A	60	67.7	39896~45664	2252~2608	1056~700	上装上卸
					G75	62	75.6	44551~50992	2327~2682	926~571	上装上卸
					GQ70	70	78.7	46378~53083	2388~2760	927~555	上装上卸
					GHA70	70	88.3	52035~59558	2404~2780	926~550	上装上卸
2	环己烷	31004	1145	778	G60	52	60	38744~44346	2087~2411	1021~697	上装上卸
						53	60	38744~44346	2087~2411	1021~697	上装上卸
					G60K	53	60	38744~44346	2088~2414	1020~694	上装上卸
3	丙酮	31025	1090	790.5	G11	54	36	23620~27035	1598~1833	910~675	上装上卸
						63	34	22308~25533	1516~1724	992~784	上装上卸
					G60	52	60	39367~45058	2087~2411	1021~697	上装上卸
						53	60	39367~45058	2087~2411	1021~697	上装上卸
					G60K	53	60	39367~45058	2088~2414	1020~694	上装上卸
4	石油原油	31103	1267	930	G17	52	60	46314~52000	2087~2356	1021~752	上装下卸
						57	60	46314~53010	2087~2411	1021~697	上装下卸
					G17K	57	60	46314~53010	2088~2414	1020~694	上装下卸
					G17B	63	66.4	51254~58664	2209~2542	1099~766	上装下卸
					GN70	70	73.7	56889~65114	2283~2617	980~646	上装下卸
5	石脑油	31104		870	G17	52	60	43326~49590	2087~2411	1021~697	上装下卸
						57	60	43326~49590	2087~2411	1021~697	上装下卸
					G17K	57	60	43326~49590	2088~2414	1020~694	上装下卸
					G17S	53	60	43326~49590	2087~2411	1021~697	上装上卸
					G60	52	60	43326~49590	2087~2411	1021~697	上装上卸
						53	60	43326~49590	2087~2411	1021~697	上装上卸
					G60K	53	60	43326~49590	2088~2414	1020~694	上装上卸

续表

序号	品名	铁危编号	国标编号	参考密度/(kg/m^3)	车辆型号	标记载重/t	标记容积/m^3	准装质量范围/kg	准装高度范围/mm	液面到人孔上平面距离(空高)范围/mm	罐车货物装卸方式
6	柴油	32150	1202	851	G60	52	60	42380 ~ 48507	2087 ~ 2411	1021 ~ 697	上装上卸
						53	60	42380 ~ 48507	2087 ~ 2411	1021 ~ 697	上装上卸
					G60K	53	60	42380 ~ 48507	2088 ~ 2414	1020 ~ 694	上装上卸
					G70	62	69.7	49231 ~ 56349	2240 ~ 2589	1068 ~ 719	上装上卸
					G70A	60	67.7	47819 ~ 54732	2252 ~ 2608	1056 ~ 700	上装上卸
					G75	62	75.6	53399 ~ 61119	2327 ~ 2682	926 ~ 571	上装上卸
					GQ70	70	78.7	55588 ~ 63625	2388 ~ 2760	927 ~ 555	上装上卸
					GHA70	70	88.3	62369 ~ 70000	2404 ~ 2714	926 ~ 616	上装上卸
					GQ70	70	78.7	55588 ~ 63625	2388 ~ 2760	927 ~ 555	上装上卸
					GHA70	70	88.3	62369 ~ 70000	2404 ~ 2714	926 ~ 616	上装上卸

3. 储油容器的余留空间

储油容器的余留空间可见表 1 – 4。

表 1 – 4　储油容器余留空间参考值

容器名称	余留空间
立式油罐	容量的 5%
小于 $50m^3$ 的卧式罐	距罐顶 15 ~ 20cm 的空间
$1.2m^3$ 的小罐	距罐顶 7 ~ 10cm 的空间
200L 油桶	距桶顶 5 ~ 7cm 的空间
油听	距桶顶 3 ~ 4cm 的空间

二、　安全收发作业

新建或修复后油罐，要经过严密性试验和强度试验，合格以后方可收油。在装油后的第 1 周内，1 日检查 3 次。对焊缝与附属设备连接处，重要的附属设备及经修焊的地方应特别注意观察其严密情况，加强测量，严防渗漏。

1. 收油作业

① 认真核对随货同行的单号、车号、船号，经计量和化验来油确认无误后方可入库。收油前对油罐及附属设备进行必要的检查；确认无误后方可收油。

② 根据油罐现存的油高，计算出该罐能装油的数量及该批次进出油的数量，做到心中有数。

③ 初始进油速度要控制在 1m/s 以内（包括空罐时进出油短管浸没前的进油），先打开胀油管闸门，待油充满油管后，打开进油阀，关闭胀油管阀门，加大油速（根据泵房的出口压力决定）。进油过程中，油料保管员要监视进油情况，观察罐内压力情况，储油高度要严格控制在安全高度之内。进油速度过快，易产生静电事故。浙江某油库在 20 世纪 80 年代就曾发生过空罐进煤油时，因初速过大导致静电积聚过多，静电放电产生爆炸的事故。进油过慢，在冬季易造成黏油冻凝管道事故。

④ 对于呼吸阀口在外部空间的油罐，收油过程中可打开罐顶量油孔，以确保油罐的安全。

⑤ 及时巡检，随时观测储油罐液位变化，以掌握进油情况和设备运作情况；收油进程中不能脱岗，经调查表明大多数跑油事故的发生是因操作人员盲目离岗而造成的。

⑥ 收油完毕稳定后，对油品必须进行计量。稳油需要时间与油罐直径、储油量、油品性质等有关。具体操作时应以油罐操作规程为准。一般规定收甲、乙、丙 A 类油品的立罐稳油时间为 30min，卧罐为 15min；收其它油品的立罐稳油时间为 3h，卧罐为 30min。

⑦ 收油完毕，及时关闭有关管线上的阀门，收回号牌并上锁。打开胀油管或旁通管上的截止阀。

⑧ 收油完毕，做好台账，记录有关情况。

2. 发油作业

发油作业的涉及范围较广，除了严格管理和具有良好的职业道德外，还应注意以下几个方面：

① 严格核对提货单或发油凭证，发放相应油罐油品及数量；

② 大批量发油一般通过手工计量实现，在发放前后严格计量；中、小批量油品发放一般通过流量计计量，每次应作必要记录。一般流量计为体积数，当提取质量数时应作相应的换算。

③ 选择最佳工艺，以最方便的工艺，正确操作。发油工需按流程要求，对号挂牌，核对罐号、阀门号，确认无误后方可开启发油罐及流程上的有关阀门，司泵员方可开泵。

④ 轻油发油前，应着重检查机械呼吸阀是否灵活，必要时可打开测量孔，保证罐内气体空间与大气相通，避免发油速度过快。在大宗发油时，因油面下降过快时，罐内真空度超过允许值，易使油罐发生低压失稳（吸瘪）事故。

⑤ 及时巡检，随时观测液位变化，以掌握发油情况和设备运作情况。同收油一样，司泵员也不能随意离岗。

⑥ 发油接近结束时，罐区各岗位之间要密切配合，防止泵抽空。油罐应保留一定余量，一般距罐底 1m 左右的高度。

⑦ 发油完毕，关闭发油罐和流程上有关的阀门，然后收回现场和流程图上的号牌，放回指定地点。计量员做好发油后的计量工作，填写记录和台账。

3. 输转

油品输转作业又叫“倒罐”作业，属于库内作业。一般油罐腾空清洗、检修，或装其它来油等需要输转。油品输转需要注意以下几点：

① 输转前，一要和有关部门取得联系，落实到人，数量大的必须有一名油库主任或一名副主任到场指挥；二要掌握存油量、油温、含水及质量情况，经化验、计量、计算可倒入其它罐油品数量；三要核实罐号、阀门号，确认无误后再开阀。

② 输转时罐内应有两人操作，互相监护，协调行动，应防止输转过程中因误操作而导致串油或混油事故，随时观测液位变化。司泵员应在泵房注意油泵出口压力变化，防止抽空。

输转作业操作详见本章实操项目一。

4. 日常维护管理

油罐的日常维护管理对于保障油库运行安全、降低油品蒸发损耗都是至关重要的。在日常生产中应特别注意以下几点：

① 雷雨天气油罐不应进行收发油作业，也不应上罐计量和取样。

② 储存同品种油品的油罐，尽量使其中一罐满装。

③ 油罐换存不同油品时，要按《油罐重复使用洗刷要求》刷罐。

④ 汽油等易挥发油品，可在呼吸阀下加防气流挡板，炎热地区可设喷淋降温装置或设防辐射遮阳板、隔热层，涂隔热漆等。

⑤ 开启油罐的各种孔盖时，要用防爆工具，轻拿轻放，耐油橡胶垫要经常检查，使之保持完好无损。

⑥ 油罐内不要垫水，油罐内如有油污水时，要通过放水栓或排水孔放出，特别在严寒地区，入冬前必须全面检查排放1次，地面、半地下油罐的排污阀还要做好防冻措施。

⑦ 加温油罐，其加热温度最高不要超过90℃，还必须比该油品闪点低20℃。

⑧ 计量、取样、测量时，量器具一端要静电接地，且器具和绳索应紧固在油罐的上空。胀油管的入口也尽量弯向罐壁。

⑨ 要经常检查呼吸阀的阀盘是否灵活，特别是遇有大风、降温或暴雨的天气时，进出油时必须进行检查。

⑩ 要经常检查洞库油罐呼吸管是否畅通无阻，竖管排渣口低凹处放水阀要定期排除积渣和冷凝水（油）；出口处的控制总阀平时不得关闭。

⑪ 对于罐前有两道闸阀的油罐，正常收发油时，第一道闸阀应常开，且第一道闸阀必须

为钢阀。

5. 油罐切水作业

油品在油罐内长期存放后，油品中水分会发生沉降，因此应定期排除罐底积水，叫做油罐切水作业或脱水作业。通常规定油罐积水不得高于油罐进出管线底部高度的三分之一。油罐切水必须排净积水。另外以下情况也要进行切水作业

① 油罐积水高于最高限位时，必须进行油罐切水。

② 每年入冬前、化冻后（春季 4 月 15 日，秋季 10 月 15 日）必须进行油罐切水。

③ 地下罐切水用手压泵把含油污水抽入计量罐内进行 2 次切水。

④ 内浮顶罐切水由油罐排污阀、排污管线排至计量罐内，由计量罐排到污水处理点，稳油 10min 后进行 2 次切水，见油后停止排水，把余油卸回地下罐内。

切水作业过程：

① 监护人员应先到达排水观察井口进行监看，由作业人员先慢慢打开罐底排污阀 3 ~ 5 扣，再慢慢打开观察井内闸阀进行排水作业。

② 作业人员要及时对观察井进行监看，观察是否有油排出，当发现有轻微油水排出时应立即关小排量，直到无油污的水排出。

③ 排水作业中计量人员要切密观察油罐液面和水高下降情况，达到预定的排出高度或无净水排出时，立即关闭罐底排污阀，观察井内闸阀，盖上盲板上好螺栓。

油罐切水作业规定和注意事项：

① 收料前及送料后静置 2h 切水，重质油静置 4h 切水，不准边收边转边切水。

② 切水要控制阀的开度，防止漩涡带油，发现水中带油应立即停止切水。

③ 切水作业必须有人在现场监护。

④ 严禁对两台以上油罐同时切水。

目前，有些油罐已经配备了先进的自动切水器。以超声波自动切水器为例，它能够依靠装在罐底的超声波探头自动监测油水界面，当油水界面达到规定高液位时，打开电磁阀自动切水，而到低液位时关闭电磁阀。

三、 油罐的维护保养

要使油罐能长期、安稳使用，平时除加强检查、做好日常保养外，还应定期、定项目、定内容进行维护和检修，油罐才能发挥应有的作用。

① 要做好油罐的防腐工作。油罐腐蚀是影响油罐使用寿命的大问题，因此油罐表面应定期防腐刷漆，罐壁定期测厚，原则上淋水油罐 3 ~ 4 年一次，非淋水油罐 4 ~ 6 年一次。

② 定期清洗。轻质油罐清洗周期为 3～5 年，重柴油油罐清洗周期不得超过 2 年半，润滑油罐清洗周期不得超过 2 年。

③ 油罐上的机械呼吸阀、阻火器、保险活门、避雷针、接地极、消防泡沫室等属油罐的安全设施，要灵活好用，起到应有的效果，必须做到日巡回检查，季全面检查，每年拆卸、清洗、校验一次。

④ 油罐保温有效，完好无损。油罐外壁保温层的脱落，使油罐保温不良好。油罐加热器由于腐蚀或水击常引起焊口断裂而漏气，凝结水渗出混入油中会使油品变质或致使重油罐加温突沸。因此，油罐外壁保温设施必须完好无损，加热器不得有损坏与泄漏，发现问题务必急时处理。

⑤ 对于山洞库，应定期检查清理呼吸管路及附件。要经常检查油罐呼吸管是否畅通，竖管排渣口低凹处放水阀要定期排除积渣和冷凝水（油）；出口处的控制总阀，平时不得关闭。

四、 内浮顶油罐的正确使用

由于内浮顶油罐比拱顶油罐多了一个内浮盘和一些专用附件，少了机械呼吸阀，使用中故除了拱顶油罐要注意的一些事项外，还应注意以下几点：

1. 防止油品溢到内浮盘上

油品溢到内浮盘上是一种较严重的事故，它不仅会造成大量的损耗，而且对油罐安全不利，并且也很难处理，一般只能让油品自然蒸发完后才能进入罐内浮盘上进行检修。

油品的溢出一般从密封圈处或从自动通气阀处溢出，原因是浮盘下油压过大，浮盘被卡位或浮盘起浮前进油太快。为防止溢油，必须在以下三方面引起重视：

① 严格把好浮盘建造和验收关，严格检验浮盘的起浮性能。

② 精确测量浮盘在不同部位浮动过程中压力，然后用人工监测或自动监测方法控制进油。

③ 严格控制浮盘起浮前进油流量。

2. 定期检修内浮盘的密封

内浮盘与罐壁间的密封，现大多为弹性密封。弹性密封主要有两个缺点，一是材料易老化和可能会出现的原因（如罐体或内浮盘过大的椭圆度、内浮盘的不平度及过大的水平偏移或罐壁局部过大的粗糙度）会使密封圈与罐壁间摩擦力过大而影响内浮盘的正常浮起动作，并都有可能导致罐壁与密封圈的间隙扩大而增加蒸发损耗。平时使用时，应定期进罐检查。

3. 自动通气阀不能常开

自动通气阀的打开应具有下述条件中的一个：一是在浮盘正常下降到接近罐底 730mm 时，

阀杆触及罐时会自动打开；二是油压过大。这里指在平时使用时应规定油罐最低泊位，使浮盘的高度略高于730mm，不让自动通气阀有打开的可能，以免造成损耗。

4. 防止静电导出装置松动和缠绕

应注意保持静电导出装置处于良好的技术状态。静电导出装置的局部松动反而会形成尖端放电的条件，增加危险性。防静电导出装置一头接在浮盘上，浮盘是要经常上下或水平浮动的，这都有可能造成静电导出装置局部松动。在浮盘上下浮动时，导线与其它部件也可能产生缠绕现象，而被拉断，平时也应定期检查。另外也应注意导线的使用期限，使用到一定年限时应及时更换。

5. 要定期检修清罐

内浮盘上部实际上是长期处在有一定浓度的油蒸气中，各种部件很容易受到腐蚀，其中特别是浮盘立柱套管插销或法兰螺栓等，如长期不检修，很可能会完全锈蚀，无法打开和插入支柱。内浮顶油罐由于比拱顶油罐多一个内浮盘，因此其检修周期和清罐周期也应短些。

需要特别强调的是，进罐检修前应先用清水反复清洗。注水使浮盘浮在检修高度，才能进罐操作，如放下立柱等，同时，进罐前还应检查罐内油气浓度。

结合内浮顶油罐清洗，应注意油罐底板的腐蚀情况，尤其是在人孔附近和浮盘立柱附近，腐蚀特别严重。人孔附近腐蚀严重的主要原因是由于施工过程中或清罐结束后人员进出频繁，致使防腐涂料脱落，并加剧腐蚀速度。浮盘立柱附近腐蚀严重主要原因是浮盘经常工作在底部区域，致使浮盘立柱经常工作造成，长期闲置不用也会造成锈蚀。

第三节 油罐的安全监测

一、油罐罐体强度的监测

油罐投入使用后，随着使用年限的增加，罐体锈蚀使钢板变薄，从而使罐体强度下降，给石油库安全生产带来隐患。

1. 罐体最危险圈板的确定

油罐设计时，每个圈板厚度取值留有一定的腐蚀裕量，以保证油罐在腐蚀裕量耗尽时具有足够的强度。目前我国大多数设计部门在设计油罐时腐蚀裕量的取值为1～1.5mm，但并非按腐蚀裕量为零时确定油罐的强度和结构。因而在油罐使用时很有必要知道油罐最危险圈板，以便进行定期检测。

所谓最危险圈板，是指罐壁中腐蚀裕量最小的壁板，当其腐蚀裕量为零时，油罐已处于强度极限临界值。

(1) 罐壁计算厚度的确定

油罐壁板的计算厚度可用0.3米法（1英尺法）计算，即下式：

$$t_0 = \frac{\rho g(H-0.3)D}{2[\sigma]\phi}$$

式中 H——计算圈板底边至罐壁顶部的距离，m；

D——油罐内径，m；

$[\sigma]$——设计温度下罐壁钢板的许用应力，N/mm^2；

ϕ——焊缝系数，取决于焊接方法与无损检测要求，对于油罐一般取为0.9；

ρ——储液密度，kg/m^3（油品密度小于水时取水的密度，否则取实际值）。

例：某油罐（图1-2所示）公称容量为$5000m^3$，全部采用1600mm、Q235-A钢板，油品密度$850kg/m^3$，油罐直径为22m，各圈板实际厚度自下而上分别为12mm、11mm、9mm、8mm、7mm、6mm、5mm、5mm、5mm。试确定罐壁最危险圈板。

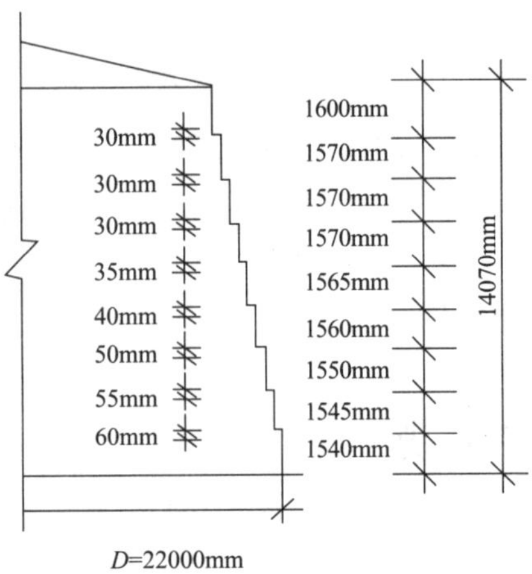

图1-2 例题图

解：根据公式 $t_0 = \frac{\rho g(H-0.3)D}{2[\sigma]\phi}$

ρ取$1000kg/m^3$，查钢材标准，Q235-A钢板$[\sigma]=157N/mm^2$，代入上式：

$$t_0 = \frac{\rho g(H-0.3)D}{2[\sigma]\phi} = \frac{1000\times 9.81\times(H-0.3)\times 22}{2\times 157\times 0.9} = 0.778(H-0.3)$$

(2) 最危险圈板的确定

结合题图，把各圈板不同的H值代入上式，可求出各圈板的计算厚度。计算结果如表1-5所示。

表1-5 $5000m^3$油罐各圈板有关数据 mm

圈板	1（底）	2	3	4	5	6	7	8	9（顶）
计算厚度	10.71	9.51	8.31	7.11	5.89	4.68	3.45	2.23	1.01
实际厚度	12	11	9	8	7	6	5	5	5
腐蚀裕量C_2	1.29	1.49	0.69	0.89	1.11	1.32	1.55	2.77	3.99

由计算可知，最危险圈板位于第三圈板，第四圈板也应加强观测和检测。例题中的腐蚀裕量还没有考虑钢板允许负偏差 C_1 的影响，当腐蚀裕量 $C_2=0.69$mm 耗尽时，油罐已处于强度极限临界状态。随着时间的推移，因油罐强度下降造成的事故隐患将越来越严重。

2. 定期监测

罐壁厚度的监测，应随着油罐使用年限的增加而逐步加强。由于建罐地区地理位置的不同，油罐受腐蚀的程度有很大的区别。关于定期监测的周期我国没有专门规定，笔者认为罐壁厚度的监测应做到一年一次，当腐蚀裕量快耗尽时，应增加监测次数。

罐壁厚度的监测可主要集中在腐蚀裕量较小的几个圈板上。要充分利用清罐的机会对罐底进行厚度检测。

罐壁厚度的监测工具可采用超声波测厚仪，数字化显示，使用十分方便。我国有多家厂家生产超声波测厚仪。但使用时应采用具有防爆性能的测厚仪。

二、 油罐易损部位的定期监测

金属油罐易损部位是指油罐底板、底部圈板、顶部圈板和罐壁上部气相空间圈顶板。

1. 油罐底板的定期监测

油罐底板内侧由于长时间受到油污、水杂的作用，极易锈蚀穿孔。底板的监测必须与清罐结合起来，利用清罐的机会对底板进行全面的检查，特别应检查以下内容：

① 底板剩余厚度；

② 凹坑与麻点腐蚀深度及分布情况；

③ T 形焊缝的锈蚀情况。

应加强计量孔正下方底板的监测。

2. 顶部圈板和顶板的监测

对顶部圈板和顶板的监测可与壁板监测同步进行。

三、 油罐安全寿命的估算

油罐安全使用寿命的估计，可从罐体强度要求来估算油罐使用寿命。而罐体强度要求归根结底是油罐壁板厚度的取值。油罐经过一段时间的使用后，壁板腐蚀变薄至计算厚度时，油罐强度已处于临界状态。此后油罐继续使用将产生壁板裂缝、破损或局部吸瘪失稳等事故。通常的想法是罐体厚度越厚越好，但壁板过厚一方面易造成钢板脆性破裂（北方地区冬天因气温较低这种脆性破坏更严重），另一方面材质耗量加大，一次投入费用将大大增加。众多的工程实践表明，壁板实际厚度比计算厚度大 1.5mm 以上比较合理，即腐蚀裕量

C 值取1.5～2.0mm。

（1）找出腐蚀裕量 C 值为最少的圈板

在油罐设计时，考虑到国家有关规范对钢板最薄、最厚的取值要求，同时还要考虑钢板规格系列，油罐各圈板的腐蚀裕量取值并不一致。这就需要找出油罐腐蚀裕量为最小的圈板，如本章例题中为 $C_{min}=0.69$mm。

（2）罐壁腐蚀速率

据有关资料介绍，油罐罐壁腐蚀速率一般在0.005～0.2mm/a，在热带、滨海地区，加铅汽油罐的腐蚀速率可达0.5mm/a。气相空间的腐蚀速率为0.007mm/a左右。影响腐蚀速率的因素很多。减少腐蚀速率，延长油罐使用寿命最有效的办法是采用合适的防腐涂料。

（3）安全使用寿命的估算

估算油罐安全使用寿命时，罐壁腐蚀速率可取0.05～0.1mm/a。1.5mm的腐蚀裕量，油罐的安全使用寿命为15～30年。本章例题中最小腐蚀裕量为0.69mm，安全使用寿命只有7.15年，显然其设计是有问题的。云南省某石油库1973年建造了若干座3000m^3 油罐，其最小腐蚀裕量为0.91mm，至1983年先后发生罐壁失稳事故。

油罐安全使用寿命的估算，应与罐壁厚度的监测密切结合起来。这样可以做到胸中有数，并进行针对性的油库管理。

四、 罐体壁厚的监测

地面油罐主要采用超声波测厚仪或磁涡流法进行壁厚监测。这里主要讲述常用的超声波测厚。

图1－3　超声波测厚仪

超声波测厚仪是根据超声波脉冲反射原理来进行厚度测量的，当探头发射的超声波脉冲通过被测物体到达材料分界面时，脉冲被反射回探头通过精确测量超声波在材料中传播的时间来确定被测材料的厚度。凡能使超声波以一恒定速度在其内部传播的各种材料均可采用此原理测量。

超声波测厚仪主要由主机和探头两部分组成，如图1－3所示。主机电路包括发射电路、接收电路、计数显示电路三部分。由发射电路产生的高压冲击波激励探头，产生超声发射脉冲波，脉冲波经介质介面反射后被接收电路接收，通过单片机计数处理后，经液晶显示器显示厚度数值，它主要根据声波在试样中的传播速度乘以通过试样的时间的一半而得到试样的厚度。

超声波测厚仪使用要点如下：

① 测量前应清除被测物体表面所有的灰尘、污垢及锈蚀物，铲除油漆等覆盖物。

过分粗糙的表面会引起测量误差，甚至无读数，测量前应尽量使被测材料表面光滑，可使用磨、抛、挫等方法使其光滑，还可以使用高黏度耦合剂，选用粗晶探头。

② 校准。在每次更换探头、电池及环境温度变化较大时应利用随机试块进行校准。此步骤对保证测量准确度十分关键。

③ 选择或输入超声波速度。超声波在不同介质中传播速度不同，因此，应在测试前明确材质及超声波在其中的传播速度。

在实际测量中被测材料的声速可能是未知的，这时可以通过下面的公式计算出被测物体的厚度：

$$H_0 = (h_0/h_1) \times H_1$$

式中 H_0——被测物体实际厚度；

H_1——被测物体用 TT110 超声测厚仪测得的厚度；

h_0——试块的实际厚度；

h_1——试块用 TT110 超声测厚仪测得的厚度。

④ 测量前应在测量点涂抹适量、均匀的耦合剂，以消除探头与测量点间隙，在探头与被测材料之间传递高频超声能量。原因在于超声波在空气中传播衰减很大，如果间隙处存在空气，就会造成很大的测量误差。

选择合适种类的耦合剂是重要的，当使用在光滑材料表面时，低黏度的耦合剂（如随机配置的耦合剂、清机油等）是很合适的。当使用在粗糙材料表面或垂直表面及顶面时，可使用黏度较高的耦合剂（如甘油膏、黄油、润滑脂等）。各种配方的耦合剂各地均有售。

⑤ 测量圆柱型材料，如管子、油桶等，选择探头串音隔层板（穿过探头底面中心的薄层）与被测材料轴线之间的夹角至关重要。简单说，将探头与被测材料耦合，探头串音隔层板与被测材料轴线平行或垂直，沿与被测材料的轴线方向垂直地缓慢摇动探头，屏幕上的读数将有规则的变化，选择读数中的最小值，作为材料的准确厚度。选择探头串间隔层板与被测材料轴线交角方向的标准取决于材料的曲率，直径较大的管材，选择探头串音隔层板与管子轴线垂直，直径较小的管材，则选择与管子轴线平行和垂直两种测量方法，取读数中的最小值作为测量厚度。

为了得到一个令人满意的超声响应，被测材料的另一表面必须与被测面平行或同轴，否则将引起测量误差或根本无读数显示。

⑥ 为了能得到令人满意的测量精度，最好选择具有被测材料相同的材质和相近的厚度的试块。取均匀被测材料用千分尺测量后就能做为一个试块。

⑦ 对于薄材料，在它的厚度接近于探头测量下限时，不要测量低于下限厚度的材料。如果一个厚度范围是可以估计的，那么试块的厚度应选上限值。

⑧ 测量中的几种方法：

单测量法：在一点的测量。

双测量法：在一点处用探头进行两次测量，两次测量中探头串音隔层板（穿过探头底面中心的薄层）要互相垂直。

多点测量法：在某一测量范围内进行多次测量，取最小值为材料厚度值。

⑨ 试块的清洁。由于使用随机试块对仪器进行校准时，需涂耦合剂，所以请注意防锈。使用后将随机试块擦干净。气温较高时不要沾上汗液。长期不使用应在随机试块表面涂上少许油脂防锈，当再次使用时，将油脂擦净后，即可进行正常工作。

⑩ 探头表面为聚丙烯树脂，对粗糙表面的重划很敏感，因此在使用中应轻按。测粗糙表面时，尽量减少探头在工作表面的划动。另外，长期使用会使探头表面粗糙度增高，导致灵敏度下降，如果确定为此原因造成误差的情况下，可用砂纸或油石少量打磨探头表面使其平滑并保证平行度。如仍不稳定，则需更换探头。

被测物表面不应超过60℃，否则探头不能使用。

五、 油罐泄漏监测

油罐使用中的监测主要是渗漏监测。腐蚀是发生泄漏的重要因素。国内外曾发生多起因罐底腐蚀造成的泄漏事故。统计结果表明，在用储罐的罐底板腐蚀普遍非常严重，大多为溃疡状的坑状腐蚀，主要发生在焊接热影响区、凹陷及变形处；罐顶板腐蚀次之，多为伴有穿孔的不均匀全面腐蚀；罐壁腐蚀一般较轻，多为均匀点蚀，主要发生在油水界面、油气界面处，有时外壁也会有局部的坑腐蚀。相对而言，储罐底部的外腐蚀更为严重，主要发生在边缘板与环梁基础接触的一面，所以底板的腐蚀监测尤为重要。

油罐泄漏监测方法按照监测的连续性将其分为在役监测和检修检漏两大类。检修检漏是指在建成和维修以后，对油罐进行内外部全面检验。本章第五节油罐检修详细讲述。

所谓在役监测是指在不开罐、不停车、不影响正常生产的情况下进行连续监测。在役监测方法可以分成罐内监测和罐外监测。

罐内监测方法，即对罐内介质的数量监测（如盘库、人工检尺、油罐完整性测试、自动计量等），过去只能靠盘库，发现库存量减少表明泄漏发生后，进行严密性试验，确定油罐是否确实发生了泄漏。直到20世纪80年代以来，严格的环保法规使得监测技术得到爆炸性的发展，在当时5年中开发的技术比过去50年都多。一系列的油罐自动测量技术得到研究与发展，通常是首先测量液位，然后计算得到体积。罐内监测方法由于油罐的尺寸太大及测量的精度有限，要发现微小的渗漏是相当困难的，灵敏度有限，且不能给出泄漏位置和泄漏物的分布。

罐外监测方法包括对罐体安全监测（如声发射技术）、环境监测（如罐区设置的观察井、感官监测、采用油品检测元件监测环境变化、蒸汽监测、地下水监测等）、基础检漏层监测和声发射监测等方法。

1. 感官监测

感官监测主要是指通过视觉、嗅觉等人体感官对油罐泄漏的直观感知。如查库时检查油罐底部沥青砂有无被稀释的痕迹，地面、排水沟、管沟中有无不正常的油迹，洞库坑道内有无较浓的油气味，可以作为初步判定油罐底有无泄漏的依据。当油罐地基渗透性较高时，渗漏的油品易从地表下层流走，采用此法效果较差。又如，每天查库时，都应仔细认真地查看各场所各设备上、地面上有无油渍、油迹，嗅觉感知一下有无油气味，用手摸一摸各设备表面上有无漏油现象。

2. 直接监测法

利用监测元件直接接触泄漏液体监测其物理、化学特性的变化来测定泄漏的方法称为直接监测法。已开发和正在实际应用的方法有电缆监测法、导电性粉体元件监测法和光导纤维监测法。

电缆监测法为线监测法。使用一种油分监测电缆，同样埋设或搁置在油罐周围。非常适合于管道系统，但最大缺点是被油渗透后就必须更换新的。

以光导纤维为油监测元件，当油类附着在此元件的一部分上时，利用透过的光减少的现象进行监测的一种方法。因监测元件是一种具有挠性的细线状元件，故可作成直线、曲线或片状的元件，可用于管路和各种安装形式的油罐。如果监测汽油等高挥发性油类储罐，监测元件可重复使用；当附着原油、重油类时，监测元件必须更换。

3. 油罐基础检漏层

立式油罐的罐底对于平底罐，若设有环形梁的，底板渗漏初期，其渗漏的油水一般不能流到油罐基础外部，而是长期滞留在基础内部，甚至渗入地基下层随地下水流走。如果设法将渗漏初期的油水聚积并引至油罐基础外部就可以尽早检测出油罐底部的初期渗漏。为此，出现了设置油罐基础检漏层的做法。

油罐基础检漏层由聚四氟乙烯塑料薄膜层、油毛毡层、素混凝土找坡垫层组成，铺设在油罐基础的砂垫层下面。砂垫层渗透性好，可压缩率低，易于汇集渗漏的油水。聚四氟乙烯塑料薄膜按瓦顶屋面构成方式铺设，薄膜层正交的十字轴线在同一水平面上，斜交45°的十字轴线分别坡向汇流口。

汇流口设在靠近环梁内壁处，汇流口下接汇流管，汇流管穿过环梁，伸入到设在环梁外的观测容器内。底板渗漏后，渗漏的油水首先在某处浸透沥青砂层进入砂垫层，再沿铺设在砂垫层中的薄膜层流到汇流口，从汇流口流入汇流管，最后进入观测容器内。如果发现容器内有油水，就可以判断为底板渗漏，并可以初步判定渗漏部位所在区域。也可以在观测容器内设置传感器，连接报警系统，实现底板渗漏自动报警。

此项技术有利于早期测出罐底是否渗漏，但却无法判定漏点的确切位置。图 1－4 为 API650 推荐的油罐基础检漏层的一种做法。

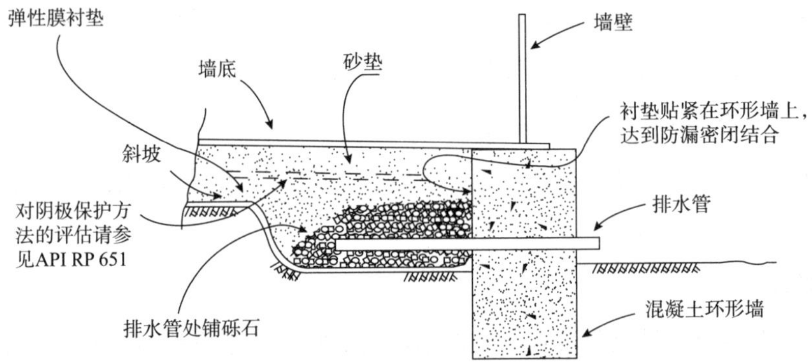

图 1－4　API 推荐可在储罐周边检测罐底泄漏的混凝土环形墙（典型布置）

4. 声发射监测技术

设备在制造和使用过程中，不可避免地会存在或产生各种不同的缺陷，而不同缺陷对设备寿命的影响是不同的，在运行过程中继续发展的活性缺陷，对设备寿命影响重大，这种缺陷一旦失稳扩展，就可能导致设备提前失效，缩短设备的使用寿命，造成泄漏或爆炸事故。在压力（或状态）变化过程中，活性缺陷会发出不同于其他部位的声发射信号，声发射监测就是采用少量固定不动的换能器和放大器，获得活性缺陷的动态信号，根据缺陷的信号判定缺陷的性质，通过时差定位、区域定位等方法来确定缺陷位置的一种新型非常规的无损检测方法。表 1－6列出了储罐声发射监测的优缺点。

表 1－6　储罐声发射监测的优缺点

优　　点	局限性
在线监测，不影响生产； 可以覆盖整个被检结构； 监测系统可快速安装； 监测费用和劳动强度低，检测速度快	设备须有压力或状态变化过程； 监测过程受材料、环境影响； 背景噪声产生干扰； 目前尚无法对缺陷定量； 人员需要持证上岗，解释测试结果需要丰富的检测经验和背景知识

第四节 油罐的清洗

油罐在储油过程中，随着时间的推移，油罐底部积聚了大量的杂质和水分，罐内壁也附上许多油污垢。这些杂质和水分会使油品的质量降低，并影响油品计算的精确度，加速油罐腐蚀，严重时会引起底板穿孔，造成漏油事故。同时，在油品输转过程中，由于杂质和水分较多，容易产生静电并积聚，造成静电事故。因此，油罐必须进行清洗，以保证油品质量，延长油罐使用期限，避免事故的发生。

在下列条件之一的情况下，油罐需要清洗：

① 新建油罐在装油之前需要清洗；

② 换装不同品种的油料时，原储油料对新换装油料质量有影响时需要清洗；

③ 油罐损坏必须采用焊接方法进行修复时，或对油罐进行除锈涂漆时，应先腾空油料、冲洗油罐、排净油气，工程完工后再经过清洗才能装油；

④ 油罐储油到一定期限（轻油、重柴油、润滑油油罐不得超过3~5年），如发现油罐底部含水，杂质多，影响油品质量时，随时进行清洗。储存航空油料，达到油料质量保障条例所规定的清洗时限的油罐需要清洗。

⑤ 油罐拆除前。

一、油罐清洗程序

油库清洗油罐基本方法有干洗法、湿洗法、蒸汽洗法和化学洗法四种。目前一些专业清洗公司采用自动化的清洗方法极大地提高了工作效率，缩短工期，但基本方法仍然为上述四种方法中的一种或多种。无论哪种方法，油罐清洗基本步骤基本一致，都是：作业准备→排出底油→排出油气→油气检测→进罐准备→进罐清洗→验收复位，称之油库立式油罐清洗标准化操作“七步法”。

1. 作业准备

油罐清洗作业必须做好准备工作。准备工作主要包括制定油罐清洗计划、人员组织、安全教育、仪器检查这几项内容。

石油库应根据拥有油罐的数量、清罐周期及作业能力等于年末前作出下年度的清罐计划。对于非正常情况下，临时决定的清罐任务，亦应于10天前向主管部门报告。

清洗前应成立清罐领导小组。为了保证清罐安全，组织人员进行清罐过程危害识别，制定清罐方案及安全措施。同时要对油罐进行计量，估计该油罐的残存油量、积水量和污泥量，估计油罐清洗水总量，使污水处理系统做好准备工作。如果不是油库自己清洗，则应选择合格承包商，指定双方作业监护人，对作业监护人和施工人员进行安全教育，考核合格，并签订安全协议，做好现场交底。另外还要做好安全措施及物资、工具、器材的准备工作。

油罐清洗作业必须有专门的清洗作业队。作业队一般由司泵员、机修工、装卸工、消防队员、计量员、化验员和医务人员等组成，分成现场作业组、输油输水组、调合设备操作组、检测联络组、安全救护组和后勤组，由库领导专门负责，把任务落实到各组及个人，使每人都了解油罐清洗方案。同时要对作业人员进行安全教育，了解防火防爆、防静电、防毒及防工伤各项规定，加强组织纪律，对清洗工作有足够的重视。清洗作业前应准备好必要的器材，并对主要设备作检查，如防毒面具必须进行防毒试验，合格的方可使用。

2. 排出底油

首先通过计量确定罐内油品的数量，按正常的输转流程将罐内剩油放尽，直到液位低于进出油管管口为止。

然后做好作业区域隔离和防护（图1－5）。防止无关人员进入储罐清洗区域。隔离区域设置警戒区、警戒线、警戒标志（注：一般规定罐壁四周35m范围为警戒区）。

图1－5　油罐清洗隔离

做好油罐隔离工作。主要包括管线隔离和电气隔离。管线隔离是指储罐与连接到罐体的全部管线隔离开，包括进出油管线、蒸汽管线、泄放、仪器、取样及排水管路。管路隔离应采取在两法兰间装盲板，用两垫片及配用的螺栓/螺母装入所有螺栓孔，并挂牌标识。油罐清洗期间所有消防管线应保持连接，以防罐内起火。

电气隔离也叫能量隔离，是指截断一切电气连接（如断开电动阀门、计量系统的电源），并挂标识牌，使之成为孤立体。

排出底油有两类方法，分别是机械抽吸排出底油和垫水排出底油。机械抽吸排出底油，具体做法是通过排污阀自流排油，直到油不再能排出为止。或者将胶管由进（出）油管线闸阀处插入罐底，用手摇泵或蒸汽（或气）动容积泵抽吸底油，并通过临时管线放到回空罐、油水分离罐或油桶内。

有条件的油库可采用垫水排出底油，具体做法是：

① 油罐倒空后应精确计量底部的存油（水）并予以记录，以便确定水高度及水泵的运行时间；

② 垫水时应选择其适宜的开孔处（如顶部量油孔或底部的进油口），将胶管伸至油罐底部。对于洞库或覆土隐蔽库油罐应以石棉被封盖好该孔盖。垫水时流速不宜太大，一般初始流速应控制在1m/s左右，待油水界面形成后经过计量，使其界面处于出油管线上沿0.5~1cm为宜；

③ 垫水结束后，从罐内抽出该进水胶管，用临时敷设的管线通过罐排水阀门将垫起的底油放至回空罐或油水分离罐（池）或油桶内。放空后，应再次通过计量检查底油是否完全排空。否则应继续垫水，直至罐内确认排空底油为止。

3. 排除油气

排除油气是清罐作业的重要环节。工作前必须制定好具体方案和作业程序，并检查是否按要求排出底油和水，切断油罐的所有管道系统，断开油罐的阴极保护系统。为提高油气的扩散效果，应尽可能地使油气向高空排放。作业过程中，应始终进行机械或良好的自然通风。排除油气主要有以下3种方法。

（1）通风驱除油气

通风有自然通风和机械通风。

对于小型且空气流通良好的油罐，在排出底油后，可打开罐底和顶部的所有孔盖，采用自然通风10d以上。经测试，油气浓度达到该油品爆炸下限的20%以下后，佩戴相应的呼吸器具和防护措施，方可入罐作业。但如需动火时，则必须进行机械通风。不具备自然通风条件的油罐，如地下或隐蔽油罐，或者为了缩短清罐时间，可采用机械通风。机械通风排出油气时，通风量应大于残油散发量。

机械通风有罐顶引风和罐底通风两种做法。罐顶引风方式主要步骤包括：

① 拆开罐顶透光孔或呼吸阀孔，关闭其它罐顶孔盖，安装用蒸汽或空气驱动的轴流引风机（风量一般在1000~9000m^3/h左右）。

② 打开罐底排污阀和进出油阀门、人孔盖，罐顶引风机低速运行2~3min后，打开罐底部全部人孔盖。

③ 引风机满负荷运行。通风一般采取间歇式。即每通风4h，间隔1h（此间应进行人孔附近的油气浓度测试），连续通风24h以上。当罐内油气浓度达到该油品爆炸下限的20%以下时，即可进行罐油渣的排除工作。

罐底通风方式主要步骤包括：

① 打开罐顶上部光孔、量油孔，卸下呼吸阀等（对于没设通风管道的洞库和覆土隐蔽库

油罐则应只打开罐顶一个光孔，尚应以风筒由油罐光孔等处连接后通向洞外或覆土外，以防油气在洞室或巷道内弥留漫延，其它孔则应关闭）。

② 打开油罐下部人孔，以帆布风筒连接蒸汽或空气驱动的风机与油罐下部人孔。经检查无误后，启动风机，进行强制机械通风（对于洞库或覆土隐蔽库原来装设的风机可根据需要配合工作或单独工作）。

③ 进行间歇式通风。即每通风4h，间隔1h，连续通风24h以上，每小时通风量宜大于油罐容积的12倍以上，直至油气浓度达到该油品爆炸下限的20%以下后，方可佩戴相应的呼吸器具和采取必要的防护措施入罐进行作业。

如因设备难以解决，当使用防爆通风机进行罐底通风时，应注意：

① 必须用长度不小于6m帆布风筒，使风机安装在罐壁3m以外；

② 风机宜设架安装，并宜高于防火堤的高度。动力配电箱应安装在防堤以外。

（2）充水驱除油气

有条件的油库，对于容积较小的油罐可以充水驱除油气。其一般作业程序是：

① 油罐的进出油品或排水口连接充水管线，其间应设置阀门以控制充水流速。

② 在罐顶适宜的呼吸阀等开孔处安装好溢水胶管接头，溢水管线的口径应大于进水管线的口径。检查无误后，启动水泵缓慢充水（初始流速应控制在1m/s）。待水面超过入口高度时，逐渐加大流量；当罐内水量达到3/4罐容时，应逐渐减小流量；待水面逐渐接近罐上沿时，应暂停充水浸泡24h。

③ 然后再启动水泵继续向罐内缓慢充水直到充满，使水和油气从排水管线流至排污池等处。

④ 经过一定时间后即可停止充水而改为由排污管线将污水排至排污池等处（罐内水面降低速度不能超过1m/h）。

⑤ 当污水排放到最低液位，可卸下充水管线，把液（气）动潜油泵或手摇泵的吸入管由此管口伸入到油罐底部，将罐底存水抽至排污池等处。

充水驱除油气时，还必须注意：

① 充水时，洞库油罐或覆土油罐应接好油气排出管路，防止油气进入洞室或巷道，并保证罐内气体空间的压力不超过2200Pa（220mm水柱），以防止油罐翘起变形。

② 排水时，洞库油罐或覆土油罐应向罐内补充新鲜空气，并控制排水速度（罐内液面下降速度在0.5～1m/h之间），使其罐内的气体空间负压不超过500Pa（50mm水柱），以防止油罐抽瘪。

③ 油罐内排出的污水，必须经过处理，并经测定符合国家石油化工水污染物最高允许排

放浓度标准（一级为 10mg/L，或二级为 20mg/L）后方可排出。

（3）蒸汽驱除油气

有蒸汽供给系统的石油库，可采用低压蒸汽驱除油气。蒸汽压力不宜过高，一般应控制在 0.25MPa 左右。当浮顶罐内浮盘的某些部件是用橡胶纤维织物制成时，则不能长时间用蒸汽，且温度不允许高于 80℃。用蒸汽吹扫过的油罐，要注意油罐冷却时产生的真空，防止油罐吸瘪。

4. 油气监测

油气驱除过程中，作业人员进罐作业前及作业过程中都要进行油气浓度监测。气体监测的范围，应包括甲类、乙类、丙 A 类油品的储罐内、洞室或巷道等作业场所及附近 35m 范围内可能存留油品蒸气的油气浓度。在通过取样监测化验，已确知该场所的油气浓度已小于爆炸下限时，可采用可燃气体监测仪，进行现场监测。测试仪器必须采用两台以上相同型号规格的防爆型可燃气体测试仪，并应由经过专门训练的人员进行操作。可燃气体测试仪，必须在计量部门的有效检定期之内，方可使用。若两台仪器数据相差较大时，应重新调整测试。如需动火作业时，尚应增加一台防爆型可燃气体测爆仪。

气体监测应沿油罐圆周方向进行，注意选择易于聚集油气的低洼部位和死角，对于内浮油罐还应测试浮盘上方的油气浓度。每次通风前即使是间歇通风后再通风以及作业人员入罐前都应认真进行油气浓度的测试，并应做好详细记录。作业期间，应定时进行油气浓度的测试，正常作业中，每 8h 内不少于 2 次，以确保油气浓度在规定范围之内。若用于动火分析的油气浓度的测试，应用可燃气体测试仪和测爆仪同时测定，并于动火前 30min 之内进行。如动火作业时间较长，在动火过程中，必须进行复测，以防动火作业时，油气浓度回升超过规定值。

监测的油气浓度值，必须低于防火、防爆和防毒的安全规定值。

5. 进罐准备

进罐前还应做好以下准备工作：

① 办理进入受限空间作业许可证（涉及用电、用火应办理对应许可证）。

② 检查清罐工具、应急救护器具和灭火器材齐备、可靠。

③ 照明应采用防爆手电筒作局部照明或电压不应超过 12V 安全行灯。

④ 清罐作业人员应穿戴防静电服、佩戴安全帽。

6. 进罐清洗

安全监督人员（包括现场安全员、消防抢险人员、医疗救护人员）进入工作岗位后，操作人员方可进罐作业。人员入罐前应当再次复核、确认作业许可证、安全措施，并登记记录入罐人数及工具数量。同时要求作业人员腰部宜系有救生信号绳索，绳的末端留在罐外，以便随时抢救作业人员。应至少指定一名监护人员在罐外承担执勤工作。

当油罐内油气浓度达至该油品爆炸下限的1%时可不戴呼吸器工作8h，油浓度为4%时可不戴呼吸器工作3min，油气浓度为25%时，不戴呼吸器禁止入罐。作业期间每隔4h检测一次油气浓度。作业中应使罐内保持适度的罐顶引风或罐底通风；作业中，如发现油气浓度上升超过爆炸下限的40%时，应立即停止作业，进行满负荷通风。作业间歇中应进行通风。

人工清除污杂的通常做法：

① 人工用特制铜（铝）铲（撮子）或者钉有硬橡胶的木耙子，清除罐底和罐壁的污杂及铁锈。

② 用特制加盖铝桶盛装污杂，并用适宜的方法人工挑运或以手推车搬运等运出罐外。覆土油罐一般可使用手动卷扬机吊运污杂。

③ 将砂子撒入罐底后，用木、铜铲或竹扫帚进行清扫。

④ 对于罐壁严重锈蚀的油罐，可用高压水进行冲刷。但应注意：使用的软管必须有良好的导电性，在干燥条件下电阻不得超过$10^6\Omega/m$；软管对接时，或与固定供水管系之间应达到有效电气连接。

⑤ 如油罐改储其它油品时，应按“油罐重复使用洗刷要求”的规定执行。

⑥ 如油罐需进行无损探伤或做内防腐时，应用铜刷进一步清除铁锈和积垢，再用金属洗涤剂清洗，并用棉质拖布擦试干净。

⑦ 有条件的油库，在人工清污之前或作业间歇期间可用泵以0.2～0.3MPa的热水（30～50℃）冲洗罐底，然后用手摇泵、往复泵（或真空泵）将含渣污水吸出。

机械清除污杂的通常做法：

① 在确认油罐内油气浓度下降到爆炸下限的25%以下时，可将自动洗罐器送入罐内，通过柱塞式高压泵供水冲洗罐内油污。

② 有条件的油库，可用水力冲洗机以1～1.2MPa压力向罐内喷射热水（70～80℃）冲洗罐内油污。

化学清除污杂的通常做法：

① 使用机械清污的设备，用洗涤液代替水进行油罐清污。

② 溶解洗涤液的水，应根据产品说明书的要求进行加温。

③ 冲洗次数及时间，根据冲洗机和自动洗罐器的要求执行。

对于清除的污杂要做好安全处理。作业期间应淋水使其始终保持湿润状态，以防自燃。作业后清罐污杂应运往指定地点进行处理，防止污染农田、水系等。处理方法宜采用晾晒法，也可在控制条件下烧掉。

油罐清洗方法及步骤如表 1－7 所示。

表 1－7 油罐清洗方法及步骤

步骤＼方法	干　洗	湿　洗	蒸汽洗	化学洗
第一步	用锯末干洗	用 0.3～0.5MPa 高压水冲洗罐内油污浮锈	用高压蒸汽蒸煮油污，并用高压水冲洗	用洗罐器喷水冲洗并检查冲洗系统及设备
第二步	清除锯末，用铜制工具除局部锈蚀	尽快排净冲洗污水，并用拖布擦干净	排净污水	酸洗除锈 90～120min
第三步	用拖布彻底擦净	通风除湿	用锯末干洗	排净酸液，清水冲洗约 20min，使冲洗水呈中性为宜
第四步	干洗，质量检查验收	用铜制工具除去局部锈蚀	清除锯末，用铜制工具除去局部锈蚀	排除污水，两次钝化处理。第一次约 3min，第二次约 8min
第五步		湿洗，质量检查验收	用拖布彻底清除脏物	钝化后 5～10min，再次用 0.3～0.5MPa 水冲洗 8～12min
第六步		检查验收洗罐质量	排除冲洗水，用拖布擦净	通风干燥
第七步				检查验收洗罐质量

其操作要点和注意事项有以下几方面：

① 进罐人员必须穿工作服、工作鞋、戴工作手套、防毒面具，并且进罐时间不得太长，一般控制在 30min 左右。

② 清扫残油污水应用扫帚或木制工具，严禁用铁锹等钢质工具。照明必须用防爆灯具。

③ 应用有效的机械排风。

④ 罐外要有专人监视，发生问题及时处理。

表 1－7 中 4 种油罐清洗方法，除干洗法外，其他 3 种洗罐法都有水冲的步骤，只是水量、

水压及冲洗的目的有所不同。

① 湿洗法中，水冲洗是主要步骤，它是利用0.3～0.5MPa的高压水冲洗罐内油污和浮锈。

② 蒸汽洗法中，水冲洗是冲刷被蒸汽溶解的罐壁罐顶的油污。

③ 化学洗法中，水冲洗有几个步骤。开始水冲洗是为了清洗罐体，检查冲洗系统和设备。以后二次水冲洗是为冲去化学溶液，因而都需控制水冲洗的时间，太短了不行，太长了也不好。

④ 干洗法也不是绝对不用水，它在清洗罐壁罐顶时也是需要水的，因此说干洗法仅适用于洗油罐底板，若罐壁罐顶也需洗时不宜用干洗法。

蒸煮是蒸汽洗的主要步骤，也是区别于其他清洗方法的步骤。它主要用于黏油罐的清洗。蒸气洗一开始应封闭罐上所有孔盖，通入蒸汽，待温度达到60～70℃时，再打开孔盖继续蒸气洗，使罐内残油完全溶解，然后用高压水冲洗。

储存航空油料的使用罐和储存罐，一般情况下在例行清洗时，不允许采用水冲方法进行清洗，而应采用同牌号的干净纯洁航空油料进行冲洗。若油罐很脏非采用水冲洗进行清洗不可时，清洗后必须将水吹干后才可装油。

油罐清洗更加详细要求参见《石油储罐的安全进入和清洗》（SY/T 62820—2011）与《Requirements for Safe Entry and Cleaning of Petroleum Storage Tanks》（API STD2015—2001）。

二、油罐除锈

1. 油罐除锈的条件

在下列条件之一的情况下，油罐需要除锈：

① 新建油罐的内外表面进行涂装防腐层时，首先必须对油罐进行表面处理，然后才可以涂漆；

② 油罐内外表面防腐层受到破坏，需要补刷防腐层时，首先应进行除锈；

③ 油罐大修后，进行表面防腐时，应先对油罐表面除锈。

2. 油罐除锈方法

油罐除锈方法有手工除锈、机械除锈、喷砂处理、水射流除锈和化学除锈等。

（1）手工除锈

手工除锈是指采用刮刀、铲、锤、锉、钢丝刷、铜刷、钢丝束、砂布等手工工具，靠人工操作的除锈方法。该方法简单，尤其适用于边、角处除锈。但劳动强度大，除锈质量较差，功效低（每人每天除锈1～3m^2）。

（2）机械除锈

机械除锈是指采用风动刷、除锈枪、电动刷、电动砂轮、针束除锈器等机械工具，利用机械冲击与摩擦的作用去除锈蚀及污物的方法。该方法具有效率较高，除锈质量较好的特点。但不易去除边、角、凹处锈污。

（3）化学除锈

化学除锈原理是由耐酸泵打出酸液，经过自动喷酸除锈器（即洗罐器）的喷嘴喷出，利用射流冲力冲击钢板表面，使酸液与氧化铁发生化学反应，并对疏松锈层产生机械冲击作用，高效率地除掉钢板表面氧化铁。化学除锈的工艺过程如下：

① 清扫除油。酸洗前对新建油罐应认真清扫干净；对装过油的油罐，应进行彻底除油。经过清扫后的油罐，再用洗罐器进行水冲，一般冲洗一遍即可，检查酸泵、管道是否渗漏，并把洗罐器转速预调到规定范围内。

② 酸洗除锈。对于碳钢酸洗液的配方见表1－8。配制时按规定比例，先在清洁的耐酸池中加入工业盐酸；再将乌洛托平加水调合，用水量约60kg左右；同时将平平加用热水溶解（平平加的用量可视罐的油污情况酌量加入），调好后倒入酸液池中；最后将水添加至规定量。该酸洗液的酸度应不高于18%（酸度降到8%时就应更换新的酸液）。

表1－8　酸洗液的配方（以1000kg酸液计）

名　称	规　格	数量/kg	作　用
工业盐酸	浓度28%～32%	600	去锈
乌洛托平	粉剂	5	缓蚀剂
平平加	固体	0.2～0.3	去油（无油污可不加）
水	清水	400	稀释

操作时酸洗时间应根据锈蚀情况、酸液浓度、洗罐器的射程及压力而定。如1000m^{3}油罐中，采用浓度为18%的酸液，泵出口压力0.3～0.6MPa，洗罐器自转周期15s，酸洗时间为90min。

③ 清水冲洗。酸洗后应立即进行水冲，水冲时间一般为20min左右，用pH试纸测定罐壁上的水呈中性即可。该工序应严格掌握，如酸液冲洗不净，会腐蚀钢板，并影响漆膜在金属表面的附着力。

④ 钝化处理。钝化处理是使金属表面生成一层很薄的钝化膜，隔离空气，防止钢板重新锈蚀。钝化液的配制按表1－9进行。

表1-9　钝化液配方（以1000kg清水计）

名　称	规　格	数量/kg	作　用
铬酸	无水铬酸固体（99.5%）	3~6	钝化
磷酸	液体（85%）	2~3	防止金属返黄
水	清水	1000	稀释

配制时先把水放入容器，再慢慢加入铬酸，边加边搅拌防止结块；待铬酸溶解后再加入磷酸，然后将水加到所需用量。钝化液使用时间过长浓度会降低，效果差，应重新配新液。

钝化处理一般采用一次钝化，但因平底油罐排液时间长，金属表面易返黄。用二次钝化效果较好。第一次钝化时间约3min，钝化溶液可不回收；第二次钝化时间约8min，钝化溶液可回收再用。

⑤ 二次水冲。第二次水冲须在铬酸钝化后5~10min进行，使铬酸来得及形成一道防锈膜，水冲是把金属表面黏附的铬酸和磷酸残留液冲净，冲洗时间一般8~12min，冲水压力不宜过大，一般在0.3MPa左右，否则会破坏防锈层。

⑥ 通风干燥。二次水冲后，立即进行加热通风，争取在14h以内吹干，使金属不返锈，其方法是在罐内放10个左右1kW碘钨灯加热，罐口安装通风机通风。

（4）喷砂除锈

喷砂除锈采用压缩空气为动力，先将石英砂或金属磨料与压缩空气混合形成高速喷射束将喷料沿输料管道高速喷出，喷射到待处理工件表面，使待处理工件表面的铁锈等附着物剥落脱离的除锈方法。喷砂除锈又可依据喷料中是否加水分为干喷砂和湿喷砂。

干喷砂利用0.35~0.6MPa的压缩空气将砂由喷嘴喷射至金属表面，可去除表面氧化皮、铁锈、旧漆膜。该方法具有处理效果好、效率高的优点，但喷砂过程砂尘飞扬，容易使操作人员罹患矽肺病，因此操作人员要佩戴眼罩、呼吸面具、特殊盔罩等劳保装备。

湿喷砂针对干喷砂缺点，添加了水罐装置，喷料中有砂、水和压缩空气，并加入1%~1.5%的防锈剂，这样就减少了砂尘飞扬，处理效果好，效率高。但在0℃以下温度时不能采用。

（5）高压水射流除锈法

高压水射流除锈法是依靠高压柱塞泵将水加压，经喷管和喷枪高速喷射至工件表面，利用水的强大动能去除锈蚀。该方法除锈效率高、质量好，劳动卫生条件好，适用于各种形式、形状的构件除锈。但由于水压特高，一般为40~70MPa，有的甚至达到100MPa，应用该技术除锈，高压水的发生设备和辅件（如高压管、接头等）完全依靠国内自给有困难，部分设备需从国外引进，受制于人，另外高压水也具有一定的危险性，安全是一个问题，工艺也要复杂得多，因此应用时必须慎之又慎。

气、液、固三相磨粒流又称为磨料水射流（AWJ）。磨料水射流是20世纪80年代迅速发展起来的摩擦型水射流。磨料水射流中水为载体，磨料微粒被高压水射流加速，由于磨料微粒的质量比较大，且具有锋利的棱角，所以磨料水射流对物料的冲击力和磨削力要比相同条件下的高压水射流大得多。另外，磨粒在水流中是不连续的，由磨粒组成的高速粒子流对物料还产生高频冲击作用。因此，磨料水射流具有很大的威力，对原防腐层具有强大的剥蚀作用，在应用于海轮外壁除锈方面已有成功先例。磨料水射流除锈与常用的化学除锈法、喷丸除锈法相比，具有除锈效率高、费用低，不污染环境，除锈质量好等优点。国内试验资料证明，其除锈效率在工作压力为125MPa时，单喷头最高可达22.0m^2/h。

磨料水射流技术应用于大型油罐除锈时，其工作原理如图1－6所示。

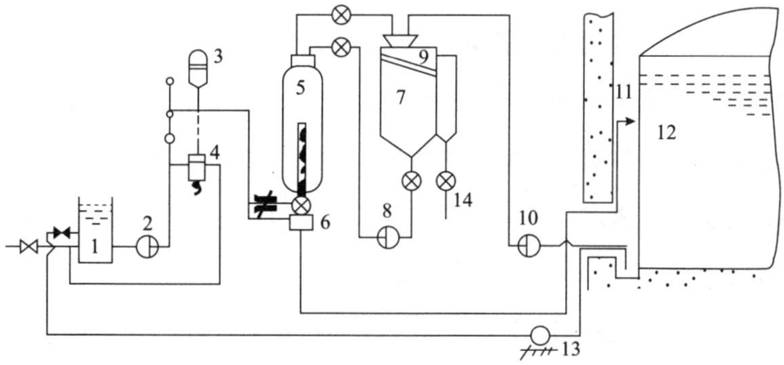

图1－6　前混合磨料水射流除锈机原理图

1—水箱；2—高压水泵；3—蓄能器；4—自动卸荷阀；5—磨料罐；6—混合室；7—储料斗；8—砂浆机；9—筛分机；10—砂浆泵；11—喷枪；12—油罐；13—水泵；14—排渣斗

除锈系统由除锈和磨料回收两部分组成。

高压水泵可选用三柱塞泵，并设有蓄能器和自动卸荷阀，组成卸荷回路，当系统发生堵塞时，高压水泵能自动卸荷，使泵在低压下运行。另外，还设有手动节流阀，平时有少量的水旁路，当喷嘴磨损后系统压力下降时，可关小该阀门，使系统压力达到调定值。

磨料罐、混合室和磨料浓度控制回路组成磨料供给装置。可设2个磨料罐，以使之交替作业，保证除锈作业的连续性。磨料罐为90～100L的压力容器。混合室是一空腔，其内的磨料在涡流的作用下，均匀地混合在水流中，然后经过软管，将磨料浆液输送到喷枪处。其磨料浓度可通过盛料浓度控制回路调节。

磨料回收系统由收集、筛分、灌装3个部分组成。因是湿砂普通振动筛效率低，可采用淹没式振动筛，将其筛网置于水中，无需另加冲刷水，经过筛分的磨料进入储料斗，由砂泵灌入磨料罐。筛网上的粗砂和杂物，流入排渣斗排出。收集池上部的水经水泵送至水箱。

第五节 油罐的检修和维护

一、 油罐的检修周期和内容

1. 立式钢油罐月检查的内容

《石油库设备检修规程》中规定，每2个月对油罐至少进行1次专门性检查，严寒地区在冬季应不少于2次，主要检查内容如下：

（1）各密封点、焊缝及罐体有无渗漏；油罐基础及外形有无异常变形。

（2）检查焊缝情况：罐体纵向、横向焊缝；进出油结合管、人孔等附件与罐体的结合焊缝；顶板和包边角钢的结合焊缝；应特别注意下层圈板的纵、横焊缝及与底板结合的角焊缝有无渗漏和腐蚀裂纹等。如有渗漏，应用铜刷擦光，涂以10%的硝酸溶液，用8~10倍的放大镜观察，如发现有裂缝（发黑色）或针眼，应及时修理。

（3）罐壁凹陷、折皱、鼓泡等现象一经发现，应立即加以检查测量，超过规定标准应大修。

（4）检查油罐进出油阀门及连接部位是否完好，当发现罐体有缺陷时，应作鲜明的油漆标志，以便处理。

2. 油罐全面检查及内容

立式金属油罐应结合每3~5年的油罐清洗进行内部全面检查。主要内容有：

① 对油罐基础的均匀沉降、不均匀沉降、总沉降量、锥面坡度等集中检查一次。

油罐基础稳定后，一般要求5年内均匀下沉量每年不超过10mm。

每年雨季前检查一次油罐护坡有无裂缝、破损或严重下沉。

② 对底板和底层圈板逐块检查，发现腐蚀处可用铜质尖头小锤敲去腐蚀层。用深度游标卡尺或超声波测厚仪测量每块钢板，一般用测厚仪各测3个点。底板剩余厚度要求见表1-10第3条。底板的凹凸变形，在$2m^2$面积内，高度不得超过150mm。罐底不得长期用树脂堵塞和铅丝捻缝的方法堵漏，对发现的裂缝、砂眼等缺陷，必须限期清罐修理。

③ 罐壁的检查。在油罐定期清罐时，可用探针或超声波测厚仪检查罐壁的剩余厚度。低于表 1－11 规定值时，应予更换圈板或报废油罐。底部圈板和顶部圈板更要严格检查。

局部腐蚀严重的壁板，其麻点深度不得超过表 1－11 第 3 条中的规定。否则应换新板或采取其它补强措施。使用 20 年以上的油罐，钢板腐蚀裕量基本耗尽时，要采取防护措施，如减少装油高度，减轻呼吸阀盘重量，改装重质油品，清洗后内涂弹性聚氨酯等。

壁板出现明显的倾斜时，应进行测量。各圈板偏离垂直母线的最大允许值如表 1－10 所示，超过时应修理校正。油罐壁各纵横焊缝，特别是底圈板的 T 形焊缝，应完全无渗油现象。

表 1－10 罐壁偏离垂直母线最大允许值

mm

油罐类型	自下而上各圈板允许值							
	1（底）	2	3	4	5	6	7	>8
立式拱顶油罐	15	20	25	30	35	40	45	50
浮顶或内浮顶油罐	4.5	9	13.5	18	22.5	27	31.5	36

④ 罐顶检查要求。油罐顶板焊缝应完好，无漏气现象，机械硬伤不超过 1mm，腐蚀裕量不小于原设计的 60%，否则应换新板和补强，构架和“弱顶”连接部分无开裂和脱落现象。顶板凹凸变形不应积水。

⑤ 浮盘装置检查要求。浮顶和内浮顶油罐量油导向管垂直度应符合使用要求，垂直偏差绝对值不大于 15mm，最大值不超过 25mm。内浮顶飘浮在任何位置时都平稳不倾不转，不卡不憋。浮盘边缘堰板与油罐内壁间隔偏差不大于 40mm。同时要求浮盘无渗漏，环状密封工作良好，无破损、浸油，无翻折或脱落等现象。

地上卧式油罐每 3～5 年进行一次内部腐蚀检查，并放空油品，顶起油罐，检查罐与座之间的腐蚀情况，且应同时除锈防腐。

3. 油罐大修理项目

凡属表 1－11 列出的内容均为大修理项目。

表 1－11 油罐大修理项目标志

序号	油罐大修理项目	主要标志
1	更换油罐内所有垫片	人孔、进出油短管、排污阀等垫片老化发现两处以上，紧固螺栓无效的
2	油罐表面保温及防腐涂漆	油罐表面保温层或漆层起皮脱落达 1/4 以上

续表

<table>
<tr><th>序号</th><th>油罐大修理项目</th><th>主要标志</th></tr>
<tr><td>3</td><td>罐体、罐顶或罐底腐蚀严重超过允许范围需动火修理换底</td><td>① 罐体圈板纵横焊缝，尤其是T形焊缝，发现连续针眼渗油或裂纹，应立即修理，不得继续储油；
② 圈板麻点深度超过下述规定值（mm）
<table>
<tr><td>钢板厚度</td><td>3</td><td>4</td><td>5</td><td>6</td><td>7</td><td>8</td><td>9</td><td>10</td></tr>
<tr><td>麻点深度</td><td>1.2</td><td>1.5</td><td>1.8</td><td>2.2</td><td>2.5</td><td>2.8</td><td>3.2</td><td>3.5</td></tr>
</table>
③ 钢板表面伤痕深度不大于1mm；
④ 油罐底板允许最小剩余厚度（mm）
<table>
<tr><td>底板厚度</td><td>4</td><td>>4</td><td></td><td></td></tr>
<tr><td>最小剩余厚度</td><td>2.5</td><td>3.0</td><td></td><td></td></tr>
</table>
⑤ 底板出现面积为 $2m^2$ 以上，高度超过150mm的凸隆</td></tr>
<tr><td>4</td><td>油罐圈板凹陷，鼓泡、折皱超过规定值</td><td>① 凹陷、鼓泡允许值
<table>
<tr><td>测量距离/mm</td><td>1500</td><td>3000</td><td>5000</td></tr>
<tr><td>允许偏差/mm</td><td>20</td><td>35</td><td>40</td></tr>
</table>
② 折皱允许值
<table>
<tr><td>圈板厚度/mm</td><td>4</td><td>5</td><td>6</td><td>7</td><td>8</td></tr>
<tr><td>允许折皱高度/mm</td><td>30</td><td>40</td><td>50</td><td>60</td><td>80</td></tr>
</table></td></tr>
<tr><td>5</td><td>油罐基础下沉、倾斜的修理</td><td>① 罐底板的局部凹凸变形，大于变形长度的2%或超过50mm；
② 罐体倾斜度超过设计高度的1%</td></tr>
<tr><td>6</td><td>结构和部件方面损坏或有缺陷，必须进入，罐内修理</td><td>① 浮顶油罐的密封圈开裂、损坏、浮盘渗漏油或其它固定零件与罐壁摩擦；
② 排污管堵塞</td></tr>
</table>

二、 各种附件的检查周期和检修内容

油罐主要附件的检查周期和检修内容如表1－12、表1－13所示。

表1－12　油罐主要附件检查周期

序号	附件名称	检查周期	检查内容	维修养护内容
1	人孔及光孔	每月1次	是否渗油、漏气	
2	量油孔	每月不小于1次	盖与座间密封垫是否严密	密封垫每3年换一次，板式螺帽及压紧螺栓活动关节处加油

续表

序号	附件名称	检查周期	检查内容	维修养护内容
3	机械呼吸阀	每月2次，气温低于0℃时每次作业前均应检查	阀盘和阀座接触面是否良好，阀杆上下灵活情况，阀壳网罩是否完好，有无冰冻，压盖衬垫是否严密	清除阀盘上灰尘、水珠，螺栓加油，必要时调换阀壳衬垫
4	液压呼吸阀	每季度1次	从外面检查保护网是否完好，有无雀窝，测量液面高度	清洁保护网，添注油品，每年秋末应放出油品，清洁阀壳内部，必要时更新油品
5	阻火器	每季度1次，冰冻季节每月1次	波纹板是否清洁畅通，有无冰冻，垫片是否严密，有无腐蚀现象。	清洁波纹板，螺栓加油保护
6	通风管	每季度1次	防护网是否破损	清洁防护网
7	保险活门	结合清洗油罐进行	试验灵活性，检查填料函是否渗漏，检查钢丝绳是否完好	活动关节加油润滑，上紧并调整填料，必要时更新钢丝绳及填料
8	升降管	结合清洗油罐进行		
9	放水阀	每季度1次和清洗油罐时	试验转动灵活性，填料函处有无渗漏，检查内部放水管段完整情况	如活门不灵，卸下整理，修整填料函，冬季要放净管内积水
10	进出油阀门	每年不小于1次和清洗油罐时	检查填料函有无渗漏，检查阀体内部	螺杆加油润滑，清除底部积污。发现关闭不严，及时更换
11	泡沫发生器	每月1次	玻璃是否破裂，有无油气泄出，护罩是否完好	换装已损玻璃，调整密封垫，修理护罩
12	加热器	每年冰冻期前检查1次，冬季每月1次	阀门有无漏气，油水分离器性能是否良好，排水有无带油现象。检查内部支架有无损坏，管道接头外部检查	清理油水分离器积污，不使用时应打开排水阀，每年冰冻期前按试验压力作水压试验

表1－13　内浮顶油罐附件检修内容

序　号	配件名称	检查内容	维护内容
1	带芯人孔	芯板弧度必须同罐壁一致，且边缘无尖角、毛刺，孔盖密封不漏	清理、除锈
2	浮盘人孔	盖板紧闭不漏	清理、除锈
3	量油导向管	导向部分转动灵活，间隙适宜	清理、除锈

续表

序　号	配件名称	检查内容	维护内容
4	自动通气阀	开关灵活，阀盖关闭时密封好	清理、除锈
5	浮盘支柱	完好无严重锈蚀	清理、除锈
6	密封装置	密封胶袋无皱折，无破损，密封良好	修理或更换
7	罐壁通气孔	金属网完好，防雨罩不漏水	更换
8	导静电装置	接触良好，对地电压为零	紧固或更换
9	自动监测报警装置	是否安全、可靠、准确	修理或更换

三、基础检修

油罐基础沉陷一般有大面积沉陷及局部下沉两种情况。前者易造成凹陷，后者易产生倾斜。如直径较大的油罐罐底中部沉陷时，应将凹陷部分用氧－乙炔切割开，采取挖、填、夯的方法处理下沉基础，再铺100mm厚的沥青砂。校整变形钢板，无法校整的钢板应予更换，采用搭接的方法施焊。试漏后，重新投入使用。

如罐基础局部下沉或圈梁罐基断裂局部下沉，油罐倾斜，可在油罐外壁上距罐底40cm处焊上支撑座。支撑座之间的距离为2.5m，支撑座可用角钢或槽钢间断焊固定，四周用千斤顶同时抬起底板，在下面填实填平后，养生12～24h，然后缓缓放下油罐。抬高油罐的办法，也可在油罐四周立上拨杆，用手动葫芦同时升高罐体。

若罐基不均匀下沉严重，不移动油罐无法处理时，视油罐大小，可采用人工绞盘、卷扬机或推土机、拖拉机等设备将油罐移位，或者采取水飘浮法移位。重新构筑基础或整修后，再将油罐复位。

均匀下沉量过大，原因是基础的承载能力发生了变化。如基础为湿陷性黄土，其土壤承载力是在干燥时测定的，后来由于受到水的浸润，承载能力大大减弱或者油罐基础采用了渗透速度太小的粉砂、细砂铺筑，也会降低承载能力。第一种方法，可以采用在油罐四周筑2～2.5m防水层，然后浸润土壤进行强夯，这样可以提高土壤承载能力。另外，可采取向土壤压入水玻璃溶液与磷酸、硫酸、硫酸铝等凝结剂配成的混合剂使基础加强后稳定。对大颗粒松散砂土壤可以压注水泥浆，使油罐基础形成一个加强的圆台或圆环台。

大面积整修油罐基础时，应该将油罐移开进行修理。

一般性补漏，可以在清罐符合动火要求后，用电焊或气焊进行修补。

若是大张钢板拆换或换底，必须先在油罐上开一个1.5m×2.0m的安装孔，油罐罐壁用千斤顶升起150～200cm（换单张板时可不升高罐体）。根据修旧利废原则，分割成若干条，从底部或安装孔抽出。

若更换边缘板，则应把连接“T”形焊缝上200mm割去，厚度大于或等于6mm钢板要打好坡口。换好的底板，应按底板组装要求进行组装和焊接。

罐底边缘板上焊缝的裂纹和孔眼应割去，采用加强板的办法或更换边缘板的办法进行处理。割去的宽度为裂缝两侧各200mm，长度根据边缘长度而定，搭接焊接“T”形焊缝处，按底板组装办法加垫板，重新进行焊接。

中幅板的局部过大损伤和变形，割去全部“病板”，周边尺寸要超过损伤或变形部分周围各100mm，遇到焊缝时，要超过200mm，整平后，覆盖带有圆角的新板，新板边缘超过割去孔洞边缘40mm与幅板焊好。

四、 油罐罐壁检修

油罐罐壁检修前应进行油罐罐壁严密性试验和罐壁厚度检测。罐壁严密性试验方法主要有煤油试漏法和充水试验法。

1. 煤油试漏法

在外侧焊有连续焊缝、内侧焊有间断焊缝的罐体壁上的搭接和对接焊缝都要涂上煤油进行严密性检查。焊缝检查的一侧，要把脏物和铁锈去掉，并涂上白粉乳液或白土乳液，等干燥后，在其另一侧的焊缝上至少喷涂两次煤油，每次要间隔10min。煤油的渗透力很强，能够渗过极小的毛细孔。如果煤油喷涂浸润以后过12h，在涂白色焊缝的表面没有出现斑点，焊缝就符合要求；如果环境气温低于0℃，则需在24h后不应出现斑点。冬天为了加快检查速度，允许用事先加热至60～70℃的煤油来喷涂浸润焊缝。此时，在1h内不应出现斑点。焊在有垫板上的对接焊缝和双面搭接焊缝的严密性试验，通过用10.1MPa压力，经专门钻的孔往钢板或垫板之间的缝隙压送煤油的办法来进行。试验以后，将钻孔喷吹干净并重新焊好。

2. 充水试验法

油罐建成或大修后应进行充水试验。在充水过程中，逐节对壁板和逐条对焊缝进行外观检查。充水到最高操作液位后，持压48h，如无异常渗漏或变形，罐壁的严密性即为合格。

3. 壁板修补方法

换新板时应按照油罐壁板的组装和焊接要求进行修理。钢板上不长的竖向裂缝，要连同裂缝两侧各不小于500mm的钢板割下，涉及环缝处，两边各熔掉500mm焊缝，用一块压好圆弧的新钢板打好坡口，找好间隙镶上焊好。

在圈板上出现横向裂纹，不属于钢板本身质量问题，可在裂纹两端割两个小孔，消除应力集中，凿出坡口补焊。对环焊缝上的横裂纹，可熔掉重焊或用扁凿、砂轮等清除焊缝金属后重焊。

遇有“T”形焊缝上的交叉裂缝，则以交叉点为圆点，以裂纹长加500mm为半径划圆，割下这块金属，再用一块直径比这割下的圆孔大500mm、厚度与罐圈下面一块板相同的金属，压好圆弧后，从里面贴紧油罐内壁，内外都用角焊满焊。施焊时，先焊外面，后焊里面。罐壁上出现局部凹凸超过规定时，可用矫形方法修理，根据具体情况采取顶、压、拉、敲等措施。对于钢板的重皮、局部蚀穿等缺陷，可采取去除交叉裂缝的办法更换钢板。

五、 罐顶检修

一般的裂纹、孔眼，可在裂纹两端割孔，清除孔眼中的夹渣，直接用电焊补焊，如顶板发生较大面积腐蚀，而且很严重，则将该处钢板割下，用一块较大的，比割孔周围大100mm的钢板，压弧后贴上，用分段退焊，将四周焊好。如焊口重合，要宽出200mm，避开在原焊口上重焊。

遇有较大能积水的凹陷，则要整形，可在凹陷处焊个“拉鼻”，用手动葫芦将架子支在凹陷处正常顶板的压板上，将凹陷处拉出。如凹陷图形很复杂，不是一个简单的“锅口”形，可以采用换板方法，将病板割去重换新板，其变形不影响使用时，可不修理。

六、 油罐底板试漏方法

油罐底板在建成和维修以后必须进行检漏。常用的方法有：真空箱试漏法、漏磁检测、气体检漏和充水试压等方法。

1. 真空箱试漏法

用薄板做成无底的长方形盒子，盒顶部严密地镶嵌一块厚玻璃，盒底四周边沿包有不透气的海绵橡胶，使盒子严密地扣在底板上。盒内用反光的白漆涂刷。盒子上装抽气短管和进气阀。试验焊缝时，先在焊缝上涂肥皂水，再将真空盒扣上，用真空泵将盒内抽成55kPa的真空度，观察盒内有无气泡出现，如有气泡，应作出标志加以焊补。

常被用来检查焊缝，特别是圆周焊接部分，不常用于整个罐底。

2. 气体检漏

氦检漏仪也被用于埋地管线和罐底的检漏，它检测埋地管线时，不用清扫油品。罐底的检测步骤为，首先将氦气注入到罐底以下，然后在罐内侧检测是否存在氦气。这种办法被证明在泄漏点定位十分有效。但是它需要在罐底钻孔以注入气体。最重要的问题是气体必须能够扩散到罐底的所有区域，但是由于阻碍和渗透的不均匀性，这是不可能的。气体的扩散会遇到两个难题：

① 罐壁的重量会使气体往罐边缘部分的扩散很困难。

② 当一种黏性产品曾经在罐底渗漏，它会阻止气体的运动。气体扩散的难题会导致不能检测出所有的泄漏点。

3. 氨气渗漏法

① 沿罐底板周围用黏土将底板与基础间的间隙堵死，但应对称地留出4~6个孔，以检查氨气的分布情况。

② 在底板中心及周围应均匀地开出3~5个直径18~20mm的孔，焊上直径20~25mm的钢管，用胶管接至氨气瓶的分气缸。

③ 在底板焊缝上涂以酚酞-酒精溶液。其成分（质量比）为：酚酞4%，工业酒精40%，水56%。天气寒冷时，应适当提高酒精浓度。

④ 向底板下通入氨气，用试纸在黏土圈上的孔洞处检查，验证氨气在底板下已分布均匀后即开始检查焊缝表面，此时在焊缝上刷酚酞-酒精溶液，如呈现红色，即表示有氨气漏出，用铅油标出漏处。

⑤ 底板通氨气时，附近严禁动火。底板补焊前，须用压缩空气将氨气吹净，并经检查合格后方可进行补焊。

4. 漏磁检测

（1）*漏磁检测原理*

金属储罐底板的腐蚀状况，可用专用的检测仪器——磁涡流扫描仪，其原理是漏磁法，仪器上装有强磁铁，磁铁之间装有磁场强度传感器，当工件或材料存在缺陷时，会导致缺陷处及其附近区域磁导率降低，磁阻增加，从而使缺陷附近的磁场发生畸变（如图1-7所示）。此时穿过工件的磁通分为三部分，即：

① 大部分磁通在工件内部绕过缺陷。

② 少部分磁通穿过缺陷。

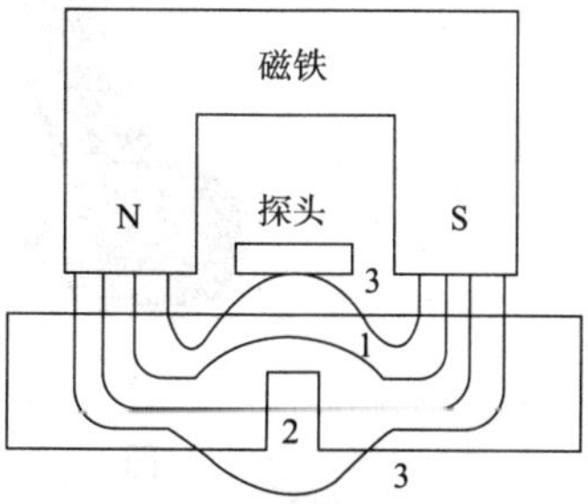

图1-7 漏磁现象

③ 还有部分磁通离开工件的上、下表面经空气绕过缺陷。

第③部分即为漏磁通，通过传感器可检测到。对检测到的漏磁信号进行分析，即可建立漏磁场和缺陷之间的量化对应关系，达到检测和评价的目的。

漏磁检测法是目前国际上比较先进的方法，与超声波检测法相比漏磁检测法具有采样密度高、无漏点、检测效率高、对表面清洁要求低、不需耦合剂等优点。系统具有很强的腐蚀察觉能力，可以准确地判断出缺陷的位置和大小。这些设计使检测人员操作起来更加方便，极大地提高了检测效率。

罐底检漏顺序：首先用漏磁扫描仪检测整个罐底，然后用超声波检测可疑区域，随后用真空箱检测底板焊缝，用磁粉或液体渗透剂检测底板与罐壁间的焊缝。

(2) 漏磁检测的特点

① 漏磁检测方法是由传感器获取信号，然后由软件自动分析判断有无缺陷，非常适合于自动检测。

② 漏磁检测一般采用计算机自动进行缺陷的判断和报警，减少了人为因素的影响，可靠性较高。

③ 漏磁信号与缺陷形状尺寸有一定的对应关系，从而可实现对缺陷的量化。

④ 检测速度快，没有污染，高效、环保。

(3) 漏磁检测的局限性

① 一般只能用于形状规则工件的检测。

② 检测头不可能紧贴被检测表面，必须有一定的提离值，所以检测灵敏度与 RT、MT 相比较低。

基于以上原因目前油库漏磁检测技术主要用于储罐底板检测靠土壤面腐蚀状态。

(4) 最新漏磁扫描仪

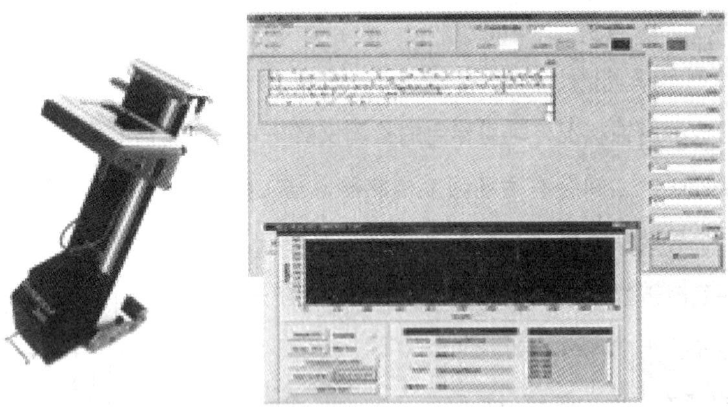

图 1-8　某国外公司罐底板漏磁扫描仪外观及其操作界面

图 1-8 为某国外公司罐底板漏磁扫描仪外观及其操作界面。该罐底板漏磁扫描仪通过扫描，能快速获知罐底板靠土壤一侧的腐蚀状况，通过自带的软件分析，准确确定底板腐蚀的程度（面积和深度）及其位置，以不同颜色区分腐蚀的深度，以坐标表示其位置和大小。可在电脑屏幕上直观的观察检测结果，亦可形成书面检测报告。

该型号漏磁扫描仪主要技术参数如下：

通道：36 组感应探头　　　扫描宽度：250mm

最大扫描长度：15m　　　扫描速度：0.5m/s

最大扫描厚度：12.5mm（自动模式），19.0mm（手动报警模式）

穿透涂层范围：6mm　　　　最大精度：10%（涂层6mm以下时）

20%（涂层6mm以上时）

第六节　油罐动火修理的安全措施

油罐遭受破坏程度严重，或被腐蚀面积很大，且使油罐钢板强度远远低于使用要求，采取不动火修补效果不理想的情况下，往往不得已采用焊接方法进行修补，或更换局部壁板，多数为更换下层或最上层圈板，或更换罐底板。油罐为一级危险场所，动火前必须严格按照有关法规认真做好动火前的各项准备工作，做好各种安全防范措施。

动火作业（hot work）是指能直接或间接产生明火的临时作业。动火修理分两种情况。一种情况是油罐在进行正常检修清洗后发现发现罐体或浮盘某一部位破损或腐蚀减薄量过大等问题需要动火修理，这时可按照清洗进罐要求，确保安全，继续进行维修，检验合格，即可复位验收。另一种情况是在用油罐发生事故，经现场确认需动火修理，应按以下程序进行修理。

一、　申请领取动火作业证

油罐发生事故受到损坏后，应立即初步检查受损部位，基本弄清破坏程度，划定警戒区域，设立警示牌，派出专职监护员，通知消防人员携带消防器材快速到达现场。

在油罐上动火基本上都属一级动火作业，必须按油库所属部门的有关油库动火规定，申请办理《动火作业证》。申请动火人应对动火现场进行认真检查，制定动火方案和防火防爆措施。在给上级呈报的书面申请中要求说明动火理由、种类、地点、时间、项目、工作量、施工人员及其技术业务水平、安全措施等。

《动火作业证》领取后，必须在防火监护人、动火安全责任人都在现场的条件下，在《动火作业证》有效期内动火，愈期者应重新办理《动火作业证》。

二、　腾空隔离、　清洗油罐

油罐遭受损坏后，决定采用焊接工艺修复方案后，应首先将待动火修补油罐内的油料输转至其他油罐。若该油罐为露天油罐，在该油罐周围防火安全距离以内的所有油罐或其他存有油料的设备内的油料都必须腾空。然后，按照油罐清洗规程清洗油罐。

三、 找出渗漏部位

油罐清洗合格后，维修人员可进入罐内开展维修工作。首先需要找出油罐破损位置。

① 对于麻点腐蚀，除应找出腐蚀的面积和部位外，还应量出麻点的深度，其深度用带测深尺的游标尺进行测量。测量时将卡尺跨在腐蚀麻点上，把测深尺插入麻点直接测量即可。

② 对腐蚀穿孔，应把孔数的多少及所在部位标记清楚。

③ 如腐蚀面积很大，可把面积量下来，并准备新板以便调换。

④ 检查焊缝部位时，要清除焊缝周围的脏物，刷肥皂水，用真空盒一段一段检查。当真空盒内出现气泡时，就在出现气泡的地方标出记号，并标记在图上。

⑤ 检查涂漆的罐底焊缝渗漏时，应先用气焊火炬轻轻燎一下（以钢板不红为准），开大风门再吹一下，将焊缝处的油漆、杂物等烧掉，使渗漏点充分暴露出来，然后再扣真空盒。

⑥ 对于裂纹除要量出长度外，还要找出裂纹的原因。

⑦ 对于锈蚀极为严重的罐底板，即整个罐底的腐蚀深度已接近穿孔，而有的已经穿孔的情况下，要更换整个罐底。

⑧ 按待修油罐的罐底，绘制出排版图，将找出渗漏的位置标记在图上。

四、 检测油气浓度

① 必须采用 2 台以上同型号、同规格的可燃气体测定仪进行重复测定。2 台仪器所测结果差别较大时，应重新标定再进行测定，且以较大一组数据为其结果。

② 检测部位应遵循由外及里的原则，并应特别注意易于积聚可燃气体的低凹部位。

③ 现场动火作业时，总后规定应在动火前 30min 内进行检测，动火时复测一次。若动火作业中断 30min 以上必须重新测定，方可继续动火。中国石化的规定是在动火作业前 1.0h 内进行测定，动火时复测一次，若动火作业中断 1.0h 以上，须重新测定，方可继续动火。

④ 测定罐内氧气含量，达到有关规定的要求时，人员才可进罐。

五、 动火修理

为防止动火时危及动火油罐周围的设备设施，应采取以下措施：

① 清除动火点周围最小半径 15.0m 范围内的下水井（沟）、地漏、地沟、电缆沟等处的易燃物，并予以封闭。

② 防止火花飞溅。高处动火（2.0m 以上）时，必须采取防止动火时的火花飞溅措施，根据风力和风向设置适当的挡堵设施。风力大于 5 级时禁止动火。

③ 罐区内动火时，在距动火点防火间距以内的其他油罐也应腾空、换气、清除其周围的易燃物，且应在油罐（设备）内储水，切不可脱水，保证动火时，罐内气相空间中的燃气浓度亦在允许动火的指标以内。

④ 罐底采用“补丁”焊补时，应按以下程序进行施工，否则易引发事故。

a. 先向所有腐蚀孔内注入灭火剂干粉，后用电钻按需要更换的旧底板的周边钻孔，边钻边灌水冷却。钻一圈后，用防爆錾子錾断未钻透部分，不可用割枪直接切割。

b. 将旧板取出后，尽量将其下部及其四周的含油砂垫层取出，再垫无油砂。

c. 焊接时还应采取降温措施，以降低焊点周围底板温度，保证其不被引燃。

d. 电焊回路线应接在焊体上，把线及二次线绝缘必须完好，不得穿过下水井（沟）或其他设备搭火。

六、 注意事项

① 要对参加油罐动火焊补的人员，进行油库有关安全常识的学习和教育，使其自觉遵守各项规章制度，克服麻痹大意、侥幸心理和怕麻烦思想。施工无关人员严禁进入现场。

② 排出油气时，通风和冲洗油污可穿插进行，一般是先通风后冲洗再通风，有的不需要冲洗，有的通一次风即可达到要求，应视具体情况而定。

③ 排出油气通风时，禁止在雷雨天进行。

④ 要处理好残油和罐底清除出来的沉渣，防止污染环境及引起事故。

⑤ 要做好记载。如某罐有多少渗漏点，在什么时候什么情况下进行焊补，电焊条和补板规格，试漏及有关技术鉴定等都要记载清楚，并绘制好焊补图以备存档。

第七节 油罐的不动火修理

生产中，动火修理安全要求高，使得修理成本高、油罐停用时间长、安全隐患多等诸多缺陷，因此可在油罐钢板腐蚀穿孔不太严重的情况下采用不动火修理。不动火修理方法主要有机械堵漏法、黏接堵漏法和采用弹性聚氨酯涂层修复等方法。

一、 机械堵漏法

利用机械形式构成新的密封层，从而堵住泄漏的机械堵漏法，适用于油罐壁的堵漏。这种方法的关键在于两点，一是正确选用密封材料，二是设计选用合适的顶压工具，以保证对密封件能施加上所需的外加压力。密封材料的选用与油管的一样，必须具有耐油性能。适用于油罐的顶压工具有支撑顶、压盖、堵头、螺栓、磁力架等。

修补油罐底的腐蚀穿孔，可在穿孔处用手摇钻钻一长方形孔，大小恰好能将特制的钯钉螺母放在罐底下，用钢丝吊住螺母，再将细砂从螺母孔灌入罐底，使之将螺母托起，灌入油漆包住螺母以防腐蚀，在长方形孔的周围抹一层白铅油或洋干漆，将带有压板和石棉垫的螺钉拧好。对周围表面处理后，抹环氧树脂补漏剂，贴玻璃布。抹补漏剂，刷两道内壁防腐漆罩面，如图 1－9 所示。

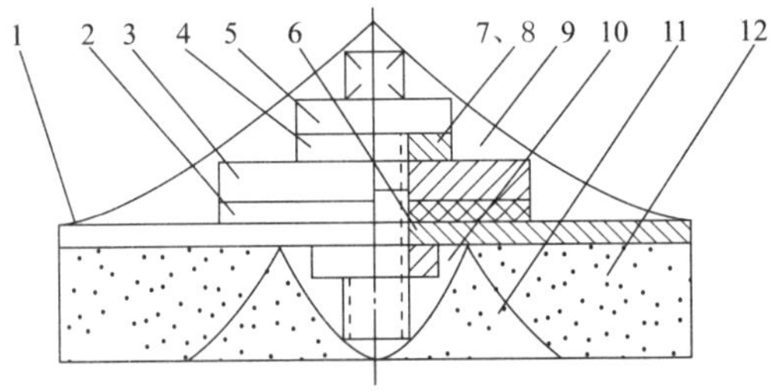

图 1－9　螺栓堵漏示意图

1—油罐底板；2、4—耐油石棉垫；3—钢压板；5—压紧螺钉；6—特制螺母；
7、8—环氧树脂补漏剂；9—玻璃布；10—防腐层；11—细砂；12—罐基础沥青砂垫层

对于罐壁、罐顶的机械性损伤，可用螺栓两端加螺母、上垫片、填盘根、浇洋干漆，然后拧紧螺母，涂抹补漏剂，贴玻璃布，刷油罐面漆即可。

二、　黏接堵漏法

将修补剂封闭堵塞在油罐破损处，在破损处形成一个新的特殊的封闭结构，此方法称之为黏接堵漏法。当油罐需要改造、开孔等修理时，先将修理部位进行表面处理，然后在其上涂抹配制好的修补结构胶，将两金属部件表面粘贴在一起，或将密闭开孔器黏接于油罐上，从而使油罐得到修复，或顺利开孔予以改造。

1. 黏接剂的选择

选择时的主要考虑因素是黏接强度、耐油性、耐水性、耐腐蚀性、耐温性、适应性，以及操作性和经济性等。堵漏时选用密封胶，修补增强或进行油罐改造时选用结构胶或特种胶。

2. 黏接接头设计

使用黏接剂黏接堵漏时不能简单地把它的连接结构作为黏接结构，必须根据具体情况作出相应的改变，应进行黏接接头设计。黏接接头主要有四种形式，即对接、角接、T 形接和平接。实际上所用的接头不管多么复杂，都是由这四种形式或单独采用或多种组合。

对于油罐修复而言一般都采用平接。

3. 表面处理

由于任何物质表面都达不到绝对平滑，均是由峰谷组成起伏不平的粗糙表面。即使高精度的两平面吻合，实际接触面积仅占几何面积的1%。所以任何两个表面不可能通过其大部分分子间的作用力来牢固结合，只有通过黏接剂填充间隙来实现。

表面往往含有大量的灰尘或油污，即使是刚处理好的洁净表面一旦暴露于大气中，该表面也会被大气中的灰尘或其他杂质所污染。表面污染物一般都是疏松的低表面能物质，会导致接触角增大，使黏接剂不润湿表面，不同程度地影响了黏接强度。另外一方面表面通常由气体吸附层、油污和尘埃构成的污染层、氧化层、氧化物与基体间的过渡层所构成。这些自身强度很低的物质隔离了黏接剂与材料的结合，很大程度地影响黏接强度。因此，黏接工艺要求必须除去污物，也就是进行表面处理。

表面处理方法一般分为机械处理和化学处理两大类。

机械处理一般分为使用挫刀、砂布、钢丝刷等工具进行手工打磨和采用喷砂机等设备进行喷砂处理两种情况，用于清除氧化层和疏松层。前者方法简单，操作方便，但手工难以控制质量。后者能获得理想的表面粗糙度。

表面化学处理一般是采用酸性溶液对金属或高分子材料表面进行的酸蚀，操作简便，除氧化层效果好。常用酸性溶液配方见表1-14。一般要求化学处理除锈后，还必须进行溶剂脱脂处理。

表1-14　常用表面化学处理酸性溶液配方

配　方	备　注
H_2SO_4（98%）：20g，HCl（35%）：15g，水：75g	在40℃下进行，时间10min左右
H_2SO_4（98%）：1g，$H_2C_2O_2 \cdot 2H_2O$：9g，水：80g	在82～88℃之间进行，时间10min左右
HNO_3（50%）：10g，水：90g	室温下进行，时间10min左右

溶剂脱脂实际是溶剂洗涤，一般说，动植物油可用强碱溶液除去，矿物油可用洗涤剂清洗；而有机溶剂对动植物油、矿物油都是有效的。一般常用的有机溶剂有丙酮、汽油、氯仿、工业酒精等。

一般机械和化学方法处理可独立使用，若条件允可，两种方法结合使用效果更佳。溶剂脱脂法亦可单独使用，但效果不够理想。采用化学处理法之后，一定要再进行一次溶剂脱脂，作洁净处理，清除化学溶剂。总之，通过机械方法可得到理想的表面粗糙度，化学方法可得到满意的除锈效果。

4. 配胶与涂刷

黏接质量好坏，与黏接剂配制质量的优劣也有很大关系。配胶时应当按照需求量计算各组分的比例，使用规定的工具将各组分搅拌均匀。需要强调的是配胶场所要求明亮干燥、灰尘少，通风性能好。

涂胶的方法很多，如刷涂、自流喷涂、刀刮法等。油库常采用刷涂法、刀刮法。一般要求黏接剂能完全贴附于被黏物表面，并尽量排除胶层中空气，保持胶层厚度均匀。胶层厚度一般控制在0.1～0.5mm之间，太厚影响黏接强度，而太薄时易出现缺胶、弱界面层和应力集中。另外，新制备的表面一旦干燥即黏接，一般不超过2～4h，因为新表面吸附性强，极易污染，形成氧化层。

5. 固化工艺

固化工艺是黏接程序中最后一道重要环节，直接影响到黏接效果的好坏。固化过程有3个重要参数：压力、温度及一定压力、温度下保持的时间。

（1）压力

接触面加压，能使黏接表面间紧密接触，并在整个表面上形成致密、均匀、无气泡的胶层；增加黏接剂对表面的润湿能力和对表面微孔的渗透能力；能使黏接剂中未尽挥发的溶剂迅速逸出，使胶层保持完好性。胶层厚度控制通常也是通过加压来实现的。压力太小，胶层太厚；压力过大，容易缺胶。所以，压力大小一定要按规定控制。

（2）温度和时间

为了固化反应趋于完全，黏接剂需在一定的固化温度条件下保持一定的固化时间。固化时间的长短主要取决于固化温度，因温度作为热能的体现，为加快化学反应和溶剂的挥发提供了充分的能量。另外，固化时间与调胶方法、生产条件和加温方式等因素有关。在一定条件下，提高固化温度可缩短固化时间，并且可以得到同样的黏接效果，反之，就延长固化时间。对某一种黏接剂而言，有一定的固化温度，低于这个范围黏接剂是不能固化的；高于此范围会引起固化反应激烈，胶层变硬发脆，黏接强度下降。但必须说明，严禁明火加温固化，高温固化也需用逐渐升温的方法，防止升温过快，在胶层表面形成一封闭膜阻止内部溶剂向外挥发。

三、 用弹性聚氨酯涂层修复

一般聚氨酯涂料形成的漆膜比较坚硬，弹性伸长率小，用于油罐壁易变形场合，尤其用于罐底易起伏变形条件下，漆膜容易受损。弹性聚氨酯具有耐酸、耐碱、耐油，与钢材附着力强，抗裂防渗性能好的优点。因此，弹性聚氨酯涂料不仅广泛用于油罐内壁防腐，还广泛用于油罐的不动火修理。该方法一般由专业防腐单位实施，这里不再详述。

第八节 事故油罐修复

油罐在建造和使用过程中，由于设计、施工、材质、操作、管理等方面的原因，常常使油罐局部出现变形，如吸瘪、鼓包、翘底等。油罐变形往往由某一种原因引起，多种原因促成，促成超限的因素很多。因此，变形油罐修复之前，应仔细观察，认真调查，找出变形所在，根据变形和损坏程度采取不同的修复方法和工艺。

一、 油罐吸瘪事故及其修复

油库中立式钢油罐吸瘪事故屡有发生。吸瘪事故通常是由于罐内压力过低（超出油罐所能承受的负压值），造成罐壁和罐顶被大气压压瘪的现象，如图 1－10 所示。某油库在半年内竟连续发生三起同类事故。油罐吸瘪事故的发生不仅在经济上造成损失，而且对管理人员的心理上造成很大压力。为了避免此类事故的再次发生，应认真分析其吸瘪原因，做好预防措施。

图 1－10 油罐吸瘪事故

1. 吸瘪的原因分析

油罐被吸瘪究其原因是油罐内介质流出流量大于吸入气体流量，产生负压超出油罐承受范围所致。立式拱顶和准球顶油罐在使用时允许承受的正压为 2～2.2kPa，负压为 0.5～0.65kPa（约 $-50mmH_2O$，或 5% 的真空度）。也就是说立式拱顶和准球顶油罐承受负压能力极低。

在储油过程中，立式拱顶和准球顶油罐内的正负压由机械呼吸阀进行调节。油罐被吸瘪是由于罐内真空度过大所引起，这类事故只发生在发油过程中（包括装水试压后经进出油管向外放水时）。如果单位时间内发出的油料体积大于经呼吸阀补充的空气体积，罐内真空度就会增大。上述差值越大，罐内真空度也随之增大。由于种种原因造成在发油过程中不能及时向罐内补充足够的空气，则可能发生吸瘪事故。因此油罐吸瘪事故的主要原因有呼吸通道进气速度太慢、发油速度过快或油罐承压能力下降未能调节呼吸阀控制压力导致。

（1） 呼吸通道的原因

① 呼吸阀、阻火器堵塞，导致油罐被抽瘪。1985 年 10 月 10 日，某炼厂 G501 油罐在装车

发油过程中被抽瘪，经检查发现，呼吸阀、阻火器内存有大量锈渣等杂物，呼吸阀、阻火器几乎被堵死，呼吸阀堵塞是此次事故发生的主要原因。另外，在检查其他呼吸阀时发现，鸟类在呼吸阀内筑巢也会造成呼吸阀被堵塞。

② 呼吸阀冻结或卡死而失灵导致油罐被抽瘪。1999 年 1 月 5 日，某油库 G203 罐被抽瘪。在此次事故中，呼吸阀冻结是导致事故发生的直接原因。由于天气寒冷，罐内的水汽在呼吸阀的阀盘和阀座间凝聚结冰，导致呼吸阀被冻结堵死，呼吸阀功能失效，在装车发油过程中，罐内负压超标，罐体被严重抽瘪。

③ 液压透气阀装液高度不符合要求时，有可能造成发油时罐内真空度过大。

④ 呼吸阀控制压力过高导致油罐吸瘪。如个别油库不适当地提高立式罐的控制压力，用 *DN*50 的弹簧呼吸阀代替原来安装的重力式机械呼吸阀，若发油时未打开量油孔，油罐可能被吸瘪。

(2) 发油速度过快的原因

① 人为操作的原因。如操作人员不按操作规程操作，发油速度太快，流量过大导致进气流量跟不上，发生吸瘪事故；又如切换油罐时按照“先开后关”原则，开启切换罐（满罐）罐根阀，却未能及时关闭被切换罐（空罐），导致切换罐向外发油和向被切换罐压油同时进行，流量过大导致切换罐吸瘪。

② 对罐区进行工艺改造时，如管道加粗、油泵更换为较大流量油泵等，应同时对相关罐的呼吸阀进行校核、更换，否则也可能会造成发油过快，油罐被抽瘪。如某油库柴油装车系统，原设计装车时只启动 1 台排量为 $360m^3/h$ 的泵，为了提高装车速度，改造成了装车时同时启动 2 台排量为 $360m^3/h$ 的泵，根据《石油化工储运系统罐区设计规范》（SH 3007—2007）的规定，启动 1 台泵装车，需配置 2 台 *DN*250 的呼吸阀，如果同时启动 2 台泵，需配置 3 台 *DN*300 的呼吸阀。由于该厂及时对油罐呼吸阀进行了校核，并根据校核结果对所有的柴油罐出口处的呼吸阀进行了改造，避免了油罐抽瘪事故的发生。

(3) 油罐承压能力下降未能调节呼吸阀控制压力导致吸瘪

当油罐的参数发生变化时，未及时对呼吸阀进行校核、更换，也会造成油罐被抽瘪。当储罐严重受损、罐壁腐蚀减薄或超期服役时，储罐的性能、压力等级等发生了变化，储罐所能承受的最大正、负压值也发生了变化，如果不及时对呼吸阀进行校核、更换，储罐就可能被抽瘪。在实际工作中，这一点常常被忽视。

(4) 自然失稳的原因

自然失稳系指油罐由于腐蚀使钢板变薄，承载能力下降，在罐内真空度未超过允许值的情况下发生塌陷凹瘪事故。

因为钢油罐是一个薄壳结构，罐顶均匀受着方向向着曲率中心的压力作用，在局部薄弱处可出现凹陷；另外由于罐顶的面积很大，而罐身钢板的截面积很小，罐内出现负压时作用于罐身钢板的轴向压力急剧增大，当罐体经受不了轴向压力和方向指向罐体轴心的侧向压力共同作用时，就会失去稳定，使罐身向罐内塌陷。塌陷严重的部位多发生在罐身上部，腰身下部一般不会被吸瘪，因为该处钢板较厚，且经常有油料，其所产生的静压可以抵消负压产生的部分影响。

2. 油罐吸瘪事故的预防措施

针对以上油罐吸瘪事故发生的原因，应采取以下措施：

① 油罐的呼吸阀、阻火器应每年至少清洗1次，每月至少检查1次。在气温低于0℃时，每周至少检查1次。

② 对于罐体受损、腐蚀严重、罐顶或罐壁减薄的油罐，应及时大修，或根据计算结果调整呼吸控制压力，增加呼吸阀，加大通气量。

③ 罐区工艺条件发生变化后，要及时对与之相关的油罐的呼吸阀进行校核和更换。

④ 加强对操作人员的培训，使其了解油罐呼吸系统的重要性，提高分析、判断、应变能力。在收发油作业中，严格按操作规程操作，并认真巡查。

⑤ 在收发油作业或气温骤变时，及时打开通气管道旁通阀，作业结束后及时关闭。

⑥ 天气骤变，剧烈降温后，应立即检查呼吸阀防止呼吸阀和阀座冻结在一起。为了避免呼吸阀冻结，可以考虑更换呼吸阀，有条件的可在罐内增设真空报警装置。

⑦ 对现有在用油罐能否继续使用，应定期逐一对其进行承载能力评估。

3. 吸瘪事故油罐修复

吸瘪油罐的修复方法主要有：气压整形法、液压整形法、机械或人工整形法、换板法或者几种方法的综合应用等。凡是只有吸瘪变形，焊缝没有开裂的油罐，一般采用液压整形法、气压整形法或两者综合应用为好，必要时再进行局部加固。凡是焊缝开裂较大、钢板产生塑性变形，宜采用机械或人工整形法、换板法。吸瘪油罐的修复选用哪种方法，应根据油罐变形情况、损坏程度以及安全、技术、经济要求等情况综合分析择优确定。

（1）*液压整形法*

液压整形法又称注水加压整形法，其程序是：准备工作、罐内注水、加压整形、检查整修、竣工验收。

① 准备工作。包括编制计划、组织人员、准备设备器材、清洗油罐、安装设备、清理现场等内容。组织计划主要是明确组织领导、人员分工、整形的方法和步骤、工艺技术要求以及应采用的安全措施等；清洗油罐应达到安全卫生的要求；设备器材准备和安装是按照工艺技术要求将注水设备、输水管路、测控仪表等准备就绪并安装就位，见图1-11。清理现场是清除不必要的物资器材，保证现场无危险品，道路畅通。

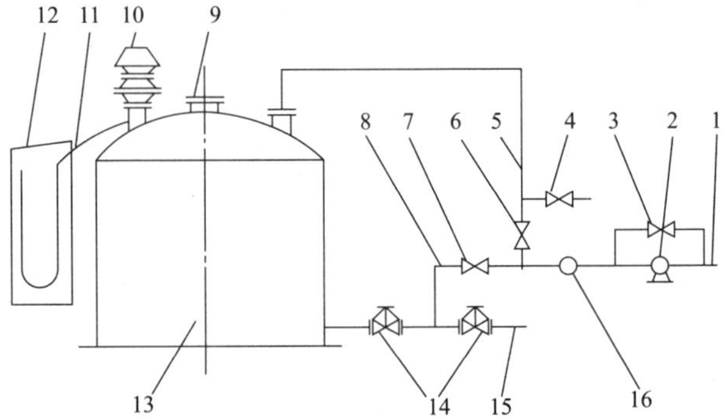

图 1－11　油罐液压整形工艺示意图

1—吸入水管（接水源）；2—注水泵；3—回流阀；4—卸压阀；5—加压水臂；6—加压控制阀；7—注水控制阀；8—注水管；9—采光孔；10—呼吸阀；11—连接胶管；12—U 型压力计；13—油罐；14—进出油阀；15—油管；16—流量表

② 罐内注水。检查油罐液压整形工艺系统无误后，启动注水泵向罐内注水；注水过程中，通过呼吸阀或采光孔保证排气畅通，注水量应掌握在安全高度的 2/3 左右；注水中应注意检查油罐有无渗漏或异常变化，如有问题应根据具体情况，采取相应措施。

③ 加压整形。密封油罐与大气连通的所有孔洞，使罐内形成密闭空间。启动注水泵，向罐内注水，压缩空间气体增压。注水速度应缓慢，流量宜控制在 1～3m^3/min，以便控制罐内升压速度；逐渐消除变形部分内应力，促其复原。每次发出声响后，应关闭加压水管控制阀，开大回流阀，稳压1～2min，并检查复原情况，然后再打开加压水管控制阀往罐内注水，并调整回流阀；发出声响后再停止注水加压，稳压检查。反复进行加压→声响→稳压工序至油罐恢复原状。在油罐复原后应稳压2～3h，以消除变形部分的内应力使其稳定。在稳压过程中，还可用木锤敲击变形部位边缘，特别是皱折部位应反复敲击，以加速内应力的消除。与此同时应进行全面检查，尤应注意焊缝、皱折部位有无渗漏。经稳压、检查后再排气卸压。卸压应缓慢，以防卸压过快再次吸瘪。

④ 检查整修。在加压整形过程中，认真检查油罐各部连接、皱折、焊缝有无变形、裂纹、脱漆等。并根据具体情况加以校正、更换、补焊、加固、补漆，使其处于完好状态。

⑤ 竣工验收。拆除加压整形时安装的工艺设备及封堵盲板，安装油罐附件，接通油管，恢复接地装置，清理现场，整理技术资料，会同有关单位和人员检查验收，填写竣工验收报告，将技术资料移交归档。

(2) 气压整形法

气压整形法与液压整形法程序基本相同，所不同是将注水加压系统改为注气加压系统，见图 1－12。

① 气压整形法有 3 种不同做法。其一是罐内加水垫层送气增压整形，即注水至油罐安全

高度的2/3，送压缩空气进罐，使罐内气体空间增压整形；其二是罐内不加水垫层，直接送压缩空气入罐增压整形；其三是气压加人工整形，即人带木锤进罐，然后密封送压缩空气进罐增压，利用气压及人工敲击修复罐底鼓包和油罐下部圈板的内陷。其根据是“高压氧舱”病员要承受0.117MPa的压力；而油罐整形压力一般低于0.07MPa。

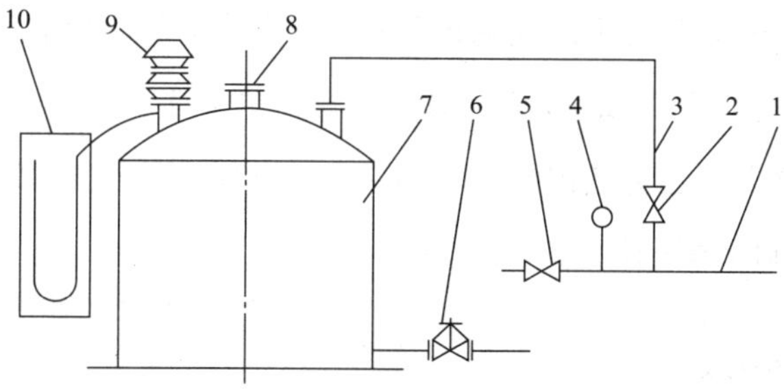

图1-12 油罐气压整形工艺系统示意图

1—供气管（连气源）；2—稳压阀；3—加压气管；4—压力表；5—卸压阀；6—进出油阀；7—油罐；8—采光孔；9—呼吸阀；10—U形压力计

② 气压整形3种做法的比较。罐内加水垫层送气增压整形比较安全，实际中应用较多。直接送气增压整形安全性较差，实际中应用较少。气压加人工整形，适用于罐底鼓包，油罐下部圈板内陷的特定条件，此法虽有的油库做过试验，且取得了成功，但其安全性相对来说更差些。

③ 气压整形同液压整形一样，整形过程也执行加压→声响→稳压，以及油罐复原后稳压的要求。

（3）*注意事项*

① 被整形油罐的隔离、清洗必须按动火作业的要求和程序进行，罐内和现场达到动火作业的安全卫生要求。

② 一般不允许用输油管注水加压。因为输油闸阀不易控制，一旦发生倒流，罐内出现负压可能造成更大的事故。

③ 加压整形时，一定要控制罐内压力上升速度，绝不能过快。升压速度通常应控制在500～1000Pa/min，且应逐渐减慢上升速度。

④ 加压整形过程中，必须升压、稳压相间，不准发生声响后继续加压，以防发生突变造成事故。

⑤ 整形过程中必须有专人观察，将时间、压力、温度以及罐底、罐顶、罐壁等有关参数和变化情况详细记录，发现异常应立即停止加压，并采取措施。

⑥ 凡是经整形的油罐附件、连接短管、修复部位应进行严密性试验。

⑦ 气压加人工整形时，罐内照明应符合防火防爆的要求；规定罐内外联系的信号和方法；罐内人员应有适当的防护（主要是噪声）；油罐下部人孔连接应采用快速方法等安全措施。

⑧ 整形结束后排水时，必须控制好流速，以防罐内出现负压再次吸瘪。最好的预防办法是打开罐顶采光孔。

⑨ 加压整形中，一般都会出现罐底翘起现象，正常情况下，卸压后或经过一段时间则可自行复原。如果出现不能复原的情况，可按本节“罐底的修理”方法处理。

⑩ 加压整形油罐的最大压力宜控制在7kPa以下。从罐内加压整形的实践看，大多在5kPa以下就可复原，超过7kPa情况较少。

二、 油罐上举事故

1. 油罐上举事故原因分析

一般拱顶钢油罐的设计内压其正压为50～200mmH_2O柱，承压能力很低，当油罐的内压力超过了设计压力后，往往会超过向下的反作用力而发生上举破坏，通常造成油罐罐底边缘翘起（即翘底）。油罐的反作用力包括罐壁、罐顶、各罐内附件和锚定螺栓的重量，而罐内液体不能算作向下的反作用力，因为罐内液体的重力作用在地面上而不是作用在罐壁上，它无法阻止罐壁向上移动。

各种容量下标准拱顶储罐的设计尺寸、允许最大上举力、对应算出的临界上举力列于表1－15。

表1－15　不同容量下标准拱顶罐上举力及有关参数表

油罐体积/m^3	油罐直径		油罐高/m	顶板厚/mm	重量		实际容量/m^3	允许压力/mmH_2O	上举力/kgf	净上举力/kgf	顶壁夹角	设计压力/mmH_2O
	罐顶/m	罐底/m			总重/kg	底板/kg						
100	5.3	5.324	6.049	4	4460	748	121	198.8	4425.7	714	109°28′	+200/－50
200	6.5	6.532	7.537	4	6855	1116	228	203.4	6816.1	1077	109°28′	
200	7.7	7.732	7.828	4	8600	1556	320	182.1	8550.3	1506	114°37′	
400	8.0	8.04	9.251	4	10200	1681	414	199.9	10148.8	1630	114°37′	
500	9.0	9.04	9.365	4	11890	2108	524	184.6	11848	2061	114°37′	
700	9.8	9.848	10.838	4	14718	2512	732	192.3	14647	2442	114°32′7″	
1000	12.0	12.048	11.24	4.5	20345	3762	1085	181.5	20691	4109	117°29′	
2000	15.8	15.86	12.938	4	35500	4760	2150	187.7	37091	6351	115°18′	
10000	27.85	28.0	19.65	6	174450	34800	9880	274.9	169270	29620	115°47′	

注：1kgf＝9.806N，1mmH_2O＝9.806Pa。

由于罐体上举，球型化的趋势造成底板上翘，内压使“T”形焊缝变形，罐底成凹形。罐底板严重弯曲常常引起连接底板的焊缝开裂，如图 1－13 所示。

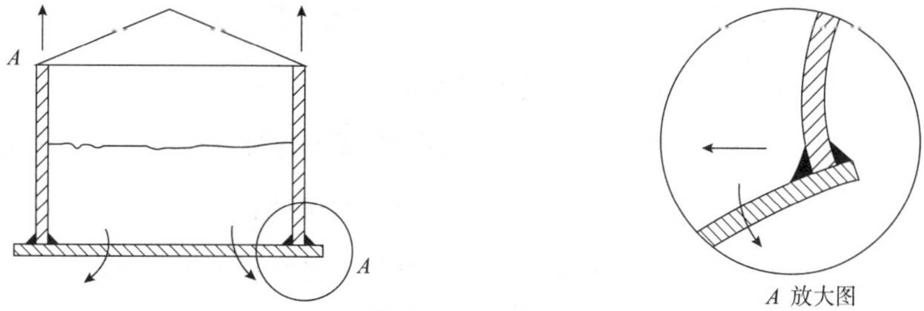

图 1－13　罐壁与罐底接缝破坏机理图

在生产中，油罐发生上举事故的原因主要有以下几方面：

（1）装油过满引起超压上举

因油罐装油过满，罐内液体升至罐顶后进入排气管，在静压头作用下使油罐上举，罐壁与罐底接缝开裂，导致液体外流。

（2）罐内液体蒸气压上升引起超压上举

当高温蒸气或高温油品进入储罐内，罐内油品大量汽化，使得蒸气压升高，当其总压力超过储罐所能承受的压力时，罐体被上举。

（3）油罐呼吸通道堵塞或不够通畅，油品进罐后引起超压上举

当油罐呼吸通道堵塞或不够通畅（如呼吸阀压力阀冻死不能正常打开、呼吸管路堵塞等情况）时，油罐进油，导致罐内憋压，超出油罐承压能力，造成上举事故。

2. 油罐上举破坏的预防措施

防止油罐的上举破坏要从设计、操作、维修 3 个方面着手。

首先是设计上，应规定油罐的工作压力。由于上举多数发生在液体泵入罐时呼吸阀和通气孔关闭或堵塞的情况下，所以确定油罐的通气孔和呼吸阀是很重要的。通常按防止发生直接危及储罐破坏的条例规定设计，即储罐的油品装入和放空应用能力（即呼吸气体流量）应不超过呼吸阀的工作能力（通气流量），通气孔的通气量应以储罐内储液蒸气压变化而产生的呼吸作用来考虑。此外，还应设置液面检测仪表、液面控制器、指示器和液面报警器。

其次是依据操作规程操作，要对操作人员培训，阐明储罐因超压容易受到损坏，重要的是使操作人员懂得储罐不能装得过满或超压，使其了解储罐能承受多大的压力。在开泵操作前，应确认所有活门均已正确打开或关闭以后才允许开泵。在储罐溢流管要求越来越少的情况下必须比以往任何时候都要更加依靠液面检测仪表工作，要小心操作，切不可大意掉以轻心。

第三是精心维护，保持通气孔、呼吸阀及其他检测仪表完好。对于易挥发的油品要防止在排气管上凝结和固化。对于低温上冻、积雪掩埋或飞散液滴的附着和凝结使通气面积减少以至

堵塞，或者罐内藏物、鸟类、昆虫堵塞排气孔的现象都应随时注意，发现后立即清除。

3. 油罐上举后的处理

油罐发生上举破坏后，不一定都报废，经修复后均能继续使用。

罐内超压出现上举时，可能严重也可能不严重。

严重上举是指罐壁与罐底焊缝开裂，底板分开，且罐壁与罐底接缝变形。严重情况时应分析钢板是弹性变形，还是塑性变形。若是弹性变形可用机械整形、焊修加固即可；无法用机械整形、焊修加固时，应将变形钢板割掉换板。若是塑性变形有时必须将变形部分割掉换板。

不严重的上举常指罐体上升，罐壁与罐底接缝有变形的趋势，开裂或未开裂，底板未分离，罐壁与罐底连接部分没有变形，这类变形修复的办法是，将罐壁与罐底按缝及第一层圈板的焊缝进行染色检查，如没有发现开裂，为防止进一步复位时可能使罐壁与罐底的焊缝引起破坏，往罐的边缘灌注水泥。

三、 油罐脆裂事故

钢质油罐长期使用后，在各种因素的影响下，容易发生后果严重的脆性破裂，造成严重的油料泄漏事故。在实际使用过程中，采取积极有效的预防措施是能够减少事故发生的。

1. 油罐脆性破裂原因分析

先看两个事故案例：某座使用了10年的5000m^3的立式拱顶汽油罐，进行大修后，再次装油前进行充水试压，发生破裂。该罐内径22m，罐壁高为14.27m（罐总高为16.3m），充水高度为13.2m。整个罐壁分9圈搭焊而成，最底一圈板厚14mm，最上一圈板厚6mm。破裂时壁温为3℃，破裂始于在充水试压前修补过的底层壁板上一条长50mm的立缝处。这条立缝是由于在焊接时，更换焊条而漏焊的隐裂纹引起的。破坏是从第一圈焊缝顶250mm处开始上下扩展的。

某库一座装0号柴油的10000m^3的拱顶罐发生脆性破裂。该罐内径28.5m，壁高15.86m，油高14.2m。底层壁板厚度22mm，壁温为1℃，破裂始于壁板与底板连接处附近的对接焊缝。该焊缝的焊接质量差，除渣不干净，有气泡，而且又产生较严重的局部腐蚀。

通过对两例油罐发生脆性破裂的调查分析，发现油罐发生脆性破裂时的共同点，主要有以下几方面：

① 在建造和大修油罐时，存在着焊接缺陷；

② 发生事故时罐壁温度都比较低；

③ 破裂发生部位都处于关闭下部较厚钢板。

通过分析及实验证实，油罐的壳体脆性破裂是由许多因素共同引起的，主要包括以下因素：油罐壳体的最低使用设计壁温；罐体板材的韧性；板材厚度；存在焊缝裂纹之类的原始缺陷；罐壁受到拉伸和剪切应力；充水试压时的间隙性超载等。

（1）设计温度

油罐设计温度是油罐设计选材的主要依据之一。最低使用设计壁温是影响油罐脆性破裂的主要因素。这是因为在 -5 ~5℃低温下，钢板的韧性会下降，而韧性的降低，就容易在焊缝附近和有形状变化出现局部的应力集中，这将会增大油罐脆性破裂的危险性。因此，根据 GB 50341—2003 规定，油罐最低设计温度，在寒冷地区，对既无加热又无保温的油罐，等于最低日平均气温加 13℃；最低日平均气温等于最高气温加最低气温的一半。

（2）壳体的韧性

在最低设计温度下的壳体板材，应有足够的冲击韧性，以防在最不利工况载荷下，发生脆性破裂。而冲击韧性是用在规定温度下的夏氏 V 形切口冲击值表示的。在调查中发现，发生脆性破裂时，断裂区的韧性都是很低的，很少有塑性变性或者根本没有出现。因此，破裂所需的能量很少。所以，建设油罐时，如设计温度较低时，应对壳体钢材进行夏比 V 形缺口低温冲击试验。

（3）罐壁厚度

罐壁是油罐的主要受力构件。罐壁厚度是上小下大。试验表明，壳体壁厚对脆性破裂有直接影响。对于相同质量的材料来说，壳体壁厚的增加，脆性破裂的危险性则增大。厚板更加脆弱。其原因在于，随着厚度的增加，其缺陷附近存在的三维应力作用越来越明显，因而不再是单纯以拉应力为主。多数情况下，破裂源于厚度超过 10mm 的板材上。

（4）罐体存在缺陷

焊接接头中常有诸如气孔、夹渣、未熔合和一些小裂纹等缺陷的出现，并导致应力集中。这些缺陷使壳体钢板的屈服强度不可能达到理论中的强度标准。当材料有足够的韧性时，能阻止缺陷的快速扩展，但是当壳体局部的高应力以及反复循环的载荷共同作用下产生破坏。这些微小缺陷称为裂纹源，裂纹源在较高应力作用下，边缘硬化、变脆、开裂，碰到延性材料即停止发展。如果继续受反复应力，裂缝就会继续展开，如此继续便导致最终破坏。

（5）拉伸应力

一般认为，在充水试压过程中，容许应力为材料屈服强度的 60% ~70%，而实际上，罐壳体中的应力是不会超过材料屈服强度的 40% ~55%。这是因为油罐中油料密度比水小，仅为 0.7 ~95g/cm^3。脆性破裂发生在低温并由厚钢板引起。因此，脆性破裂是从厚板应力集中处开始的，而不是屈服强度不够引起的。只要采用低温冲击韧性高的钢，改善施工质量（特别是焊缝质量）即可。目前我国油罐设计一般要求，沸腾钢只用于由刚度决定厚度的罐壁板、顶板和中幅板，而不用于有强度要求的壁板。

（6）充水试压

充水试压是防止油罐脆性破裂的主要安全措施。根据规范要求，每个油罐在大修后，正式使用前必须充水试压，这是因为油罐储存油品密度为0.7～0.95g/cm^3，而充水试压为使用载荷的1.05～1.43倍。试压中，高应力集中处（缺陷或不连续）的材质将屈服，使应力峰值下降，裂纹尖端变钝。由于油料的密度比水小，所以以后使用时，应力集中处的峰值应力不可能达到充水试压的应力水平。但是必须重视的是：在试压过程中，遇到低温情况时，不要进行充水试压。这是因为除了结冻问题外，还有如果壳体温度过低，韧性就会降低，使应力集中区域材料屈服，不足以有效降低应力峰值，有可能在试压中突发罐体的脆性破裂。

2. 油罐脆性破裂的预防措施

① 储罐设计和制造时应特别注意壳体材质和焊缝质量。

采用符合油罐使用要求的钢材和焊条。板材的选择要从机械强度、低温工作性能、可焊性、抗腐蚀性以及价格等因素综合考虑。对于罐壳体壁厚超过10mm的要进行仔细检查，防止因错边强制组对时，产生很大的组装应力。焊接时，采用合理的焊接工艺以减小降低焊接应力。注意控制纵缝端部质量，防止产生各种微缺陷。消除不合理的结构，焊缝尽可能都做X射线检查，消除油罐本身的几何形状缺陷，保证不超过允许公差。对于每个影响脆性破裂的因素都要彻底加以审查。

② 采用必要的罐体保温层。

罐体保温层能使罐壁温度接近于油料的温度。通常情况下，油品温度大于最低使用设计壁温。因此，提高壳体温度，保持其韧性，减少因韧性降低而导致脆性破裂发生的可能。

③ 在冬季，当材料的韧性为最低时，应适当降低老油罐的储油高度，减少应力水平，这时，储油高度应低于壳体高度的70%左右。

④ 应选择在气温较高时进行充水试压，可减少壳体缺陷开裂的可能性。特别是当老油罐使用一段时间后，进行大修、改造或者在重新调整其地基水平后，都要按规定重新进行充水试压。

⑤ 对于有较严重的壳体下部、底板，特别是最大厚度底层壁板上有严重腐蚀，应在冬季前进行除锈防腐维修。要保证修补处焊缝、防腐层的质量，特别是填角焊缝、焊缝的咬边和不良的垂直焊缝。必须在试压、投产前补好壳壁的各种损伤。

⑥ 严格控制油料进出油罐的速度。找出并消除产生冲击载荷的根源。根本消除气体随油料进入油罐的现象。有水垫层的老油罐，应当减少水层厚度，使之低于加热器，以免当水层与

加热器接触发生爆发性的蒸发，从而使壳体受到剧烈的冲击和振动。

四、 立式油罐换底修复

经大量的调查证明，即使使用期长达20~30年以上的油罐，除油罐底严重腐蚀或穿孔外，油罐内壁钢板（第一圈钢板300mm高处以下除外）腐蚀都不严重，没有超出《石油库设备检修规程》的标准范围。因此，一般都不需拆掉重建，而可采用换底施工修复的方法，以节省资金，提高经济效益。

1. 焊补换底方法

（1）目前国内外立式油罐换底的常用施工方法

① 顶升法。视油罐的总重量，用若干个千斤顶将整个油罐顶升高2.0~2.5m。然后将整个底部用乙炔焰割去底板；修好旧罐基础和防护层，换上新的油罐底板后，慢慢将罐身放下对好位后与新底板焊接。用此法已成功修复容量大小不等的很多旧油罐。包括直径达80m、容量达12000m^3的大型立式油罐。只要罐顶上空有2.5m以上的空间，均可采用此法。

② 移位法。将油罐整体用吊机吊起移开原位。割除旧罐底板，然后修复好旧罐基础，焊接好底板；再将油罐吊回原处对好位并与新底板焊接好。此法适用于300m^3以下的立式油罐，但油罐周围要有较平坦宽敞的场地。

③ 加层法。此法是在原底板不割除的基础上，进行防腐处理后，再焊上一层同厚度的油罐底板。其方法为：先在油罐壁第一圈钢板上割开一块长约2m左右的进料口，以便进料和方便人员入罐施工。

将油罐清洗干净后，在旧罐底板上用填充料（一般用环氧树脂黏合剂）把穿孔部位堵死。然后按技术要求在旧底板上铺上一层厚100mm的沥青砂（起防腐和隔离作用，确保施工和油库安全），再焊上一层与原罐底板同样厚度的底板，罐壁300mm高度以下处视腐蚀情况决定是否作加层处理。

加层法施工不受场地限制，施工简单，工期短，投资小，收效快。

（2）换底方法的比较

油罐底板穿孔漏油后，油罐基础的局部沥青砂层基本处于油气饱和状态，在变形翘起的底板下的空隙部位充满了油蒸气。另外，维修的油罐常常处在罐群区域之中，因此，施工动火作业的安全问题，成了施工的最大难点和焦点。所以，选用哪一种方法施工，首先要看现场的各种因素和条件；其次是考虑投资对比；但最重要的是要保证施工中的安全问题。当然，不论用何种方法油罐在施工前都要清洗干净，用测爆仪检测达到可以动火施工的有关规定的要求。

① 顶升法。由于油罐被顶升高大约2.0~2.5m，油罐与油罐基础分离，沥青砂层容易处

理。因此，施工中动火焊接作业时的着火、爆炸问题危险性小，人员施工作业方便。缺点是施工机具多，油罐顶升、下降操作要求严格；另外，罐体垂直度难以控制，所以，施工工艺要求较高；而且整体费用较高，施工工期稍长。此法只适用于油罐罐顶上空有2.0~2.5m以上空间及罐周围有较宽位置的油罐。

② 移位法。优缺点与顶升法相同，但吊装费便宜。主要缺点是此法施工受地形、场地限制，一般只适用于300m³以下的小容量立式油罐。

③ 加层法。由于省去了顶升法的机具和移位法的吊装费用，所以，整体费用较低；在原位施工，油罐体的垂直度不受施工影响；动火作业在罐内进行，罐区内防火多了一道屏障。因此，罐区安全防护较好处理。主要缺点是原损坏的沥青砂层不能修复处理，底板内的含油、油气层较难清除干净。因此，施工中防止着火、爆炸事故的难度较大，施工作业人员、安全监察人员心理上也承受着巨大压力。此法适用于各种库型，特别适宜于半地下、洞库的油罐换底施工。

(3) 原基础处理

用顶升法和移位法换底时，应处理好原基础。

由于罐底漏油，罐底基础的沥青砂垫层如严重软化，使基础原来的弹性显著下降，如不处理即使铺上新的钢板，仍会引起油罐的不均匀沉陷和底板变形。因此，必须对已严重软化的原基础进行处理。

需换底的油罐基础，是否需要进行处理，应先在锈蚀严重的地方，离罐壁20cm以远处割开罐底板，检查油罐基础软化情况，如果基础软化严重需要处理，就将距离罐壁20cm范围内的底板全部割除，将废板运出罐外。

处理方法与油罐基础做法相同。

(4) 底板制作

按照待修油罐原施工图纸制作新底板。

(5) 试漏防腐

罐底试漏前，应清除杂物，将焊缝上的焊渣、铁锈清除干净，进行外观检查。如发现缺陷、伤痕应进行补焊修理。外观检查合格后，采用真空法或氨气渗漏法进行严密性检查。如发现漏点，补焊后再进行试漏。试漏检查合格后，方可进行防腐处理。

2. 用FRP衬里代替罐底板更换

更换储罐底板是一项既花钱，又费时的工作。现推荐一种新的方法，用树脂膜玻璃纤维加强塑料（FRP）衬里涂刷在旧储罐底部，可以节省时间与资金，并且能够在10~20年的时间里防止钢制储罐底板的内腐蚀。膜状衬里能够像第二层底板一样紧密地粘结到原来的底板上。

既可以防止内腐蚀又可以防止外腐蚀穿孔而引起的泄漏（衬里的干膜厚度少于0.5mm时不能防止底板穿孔引起的泄漏，薄膜衬里只推荐用于新储罐）。

FRP衬里能够保证足够的强度来覆盖罐底板上的小穿孔。涂刷衬里时对罐底板表面粗糙度要求不高，可以将小坑点和凹凸处盖住。

涂刷玻璃纤维加强衬里包括使用底漆、腻子、催化型树脂、玻璃纤维与密封涂层。储罐腾空、罐底表面清扫干净之后，用于涂刷衬里的时间远远少于更换底板的时间。

以下是FRP衬里制作主要步骤。

（1）罐底清理工作

罐底表面的清理是保证FRP衬里黏附力和寿命的关键一步。不适当的表面处理可能导致衬里的失败。正确的准备工作是使罐底具有清洁的表面和外形，从而保证涂层具有良好的化学和机械黏附力、与储罐底板紧密结合。

储罐内油品抽干后，操作人员要清除罐底渣滓。在此之前要由有资格的检定人员来测定罐内可燃气体的含量，在确保达到安全值范围时才开始进行清理，才允许动焊，允许喷砂。

如果储罐有内浮顶，其浮顶下面也要清扫干净，防止在涂刷衬里过程中有脏物从内浮盘上掉下。对罐底表面进行清理，必须将可见的油、润滑脂、灰尘、脏物、氯化物、铁锈及剥落的油漆清除干净。通过喷砂去掉铁锈、油迹或其他有害污染物。选择喷砂的范围类型取决于罐底表面状况。罐底板清理完毕符合要求即可进行涂刷FRP衬里的工作。

该步骤应按有关标准规范和规定要求进行操作，符合相关标准后，人员才可进罐作业，及从事相关作业。

（2）钢板缺陷修补和试验

储罐底板表面清理干净后，就可通过对该底板进行检测分析来测定厚度、坑洼点和穿孔程度。用无损探伤的方法来测出钢板的实际厚度，测量罐底的腐蚀。根据底板金属的腐蚀程度，进行相应的修补。修补完成后，进行喷砂处理。再用压缩空气吹扫或真空吸的办法进一步清扫，去掉一切外来废物与尘土。

表面准备工作完成，即可进行涂刷衬里的工作。第一道涂层完成后18～24h逐渐变干。如发现坑洼处不能再用焊接的方法填充，可用柔性的腻子补平。对于铆接储罐，可用腻子覆盖铆钉头部和所有的缝隙。所需腻子较少，但用腻子填充以保证罐底与叠层衬里系统的紧密粘结仍然是十分重要的。

（3）涂刷催化树脂装入玻璃纤维

腻子填充完毕，就在罐底及离罐底610mm高的罐壁上均匀涂上一层催化树脂膜，操作温度应高于15.6℃，相对湿度低于90%。树脂膜尚未变干即开始安放玻璃纤维。将预先准备好的玻璃纤维置于树脂膜上，然后用特制助辊将玻璃纤维压入树脂膜，形成 1 ~ 1.2mm 的衬里层。玻璃纤维应完全压入膜中以保证黏附力及形成连续的表面，杜绝气泡和皱折的产生。

为了更好地密封缝隙，距罐底 75mm 以下的罐壁部位都要用玻璃纤维覆盖，在树脂膜未干时压平，整个过程在 24 ~ 48h 之内完成。在衬里涂刷过程中，可以通过肉眼观察与试验来检验。检验涂层是否完整的方法之一是用带电的钢刷在涂层表面连续运动。如涂层有针眼存在，就会在带电钢刷与暴露的钢板之间产生电弧，于是报警提醒检测者该处有缺陷。如发现缺陷，再用催化树脂与玻璃纤维进行修补，将露铁处覆盖住。

通过所有的检测试验之后，FRP 涂层衬里系统即告完工。旧储罐涂刷一次可以保证使用 10 年以上。

五、 内浮顶油罐沉盘事故

内浮顶油罐在各级成品油库应用十分广泛，它可减少轻质油品损耗，增加油品储油安全性和保护环境等方面起到了明显的作用。但内浮盘沉盘是该类油罐的主要事故，且发生事故后的复原处理十分困难，因此应引起足够的重视。

1. 发生内浮顶油罐沉盘事故的原因

① 浮盘变形。浮盘在长期频繁运行过程中，要受到油品腐蚀、油品温度变化、罐体的变形、浮盘附件是否完好等因素的影响，使浮盘逐渐变形，出现表面凹凸不平。变形后浮盘在运行中，由于各处受到的浮力不同，以致出现浮盘倾斜，浮盘量油导向管滑轮卡住，浮盘运动倾斜逐渐增大。当浮盘所受浮力不能克服其上升阻力时，最后导致油品从密封圈及自动呼吸阀孔跑漏到浮盘上而沉盘。当浮盘密封圈局部脱落或压破后，在上述情况下，油品进入浮盘上的可能性增大，更易造成沉盘。浮盘施工质量差也是沉盘的主要原因之一。如罐体直径、垂直度、表面凹凸度不合要求、浮盘变形与歪斜、导向柱有间隙、罐周密封不好等，易使油气、油液上升，形成“泛液”，使浮盘沉没。

② 浮盘支柱松落，失去支承作用。内浮顶油罐浮盘上支柱均匀分布在浮盘底部。当浮盘在上下运动过程中如支柱销轴安装不当，或销轴因销没有反脚而滑落，将导致浮盘支柱掉入罐底。当浮盘处于低位工作时，由于失去支柱支承，使浮盘受力不均匀，浮盘变形，严重时浮盘部分或全部倒塌，造成沉盘。

③ 维护管理不当。内浮盘导向轮要定期加油润滑，浮盘自动呼吸阀、浮盘表面、浮盘密封圈、油罐内表面防腐情况都要及时了解，发现问题及时解决，否则因操作不当很可能造成沉盘事故。

另外进油速度过快，油品中含气量较多会导致浮盘受力不均匀，处于摇晃状态；浮盘、罐体建造质量有缺陷也将造成沉盘事故。

2. 防范措施

① 操作上的防范措施。内浮顶油罐实际储存油品高度严禁超过油罐的安全储油高度。空罐进油时油品初速不得超过1m/s，油品浸没进出油短管后油品流速不宜大于4.5m/s。内浮顶油罐新投入运行或清罐后第一次进油，最好先用水将浮盘浮起（浮盘在水中的浮力比在油中大），然后进油，进油大于300t后缓慢将水脱尽。

发油时浮顶罐内存油量不得低于浮盘起浮点以下，否则在下次进油时如油品流速过快可能会因气体作用使浮盘各处受力不均，倾斜卡死而沉盘。表1-16为油罐发油时最低液位，供参考。

表1-16 内浮顶油罐作业最低液位

油罐容量/m^3	最低液位高度/mm
5000	1200
3000	1500
2000	1500
1000	1500

② 定期检查。对内浮顶油罐应每月检查浮顶密封装置、导向轮完好情况，浮盘面的凹凸情况和浮盘平稳状况，发现异常，及时采取措施。检查时切记要制定严密可靠的安全措施。

③ 报警装置。充分利用内浮顶油罐附设的高低液位报警装置，以便操作人员引起警觉，减少失误。

六、 内浮顶油罐倾斜的修复

若油罐基础设计不当或施工质量差，易造成油罐建成试水（或投用）后基础不均匀下沉，严重者会影响油罐的正常运行。对于环舱式内浮顶油罐（图1-14）极易造成内浮盘卡死或沉盘事故，罐体也随之倾斜。对于这样的倾斜油罐宜采用以下步骤和方法进行矫正处理。

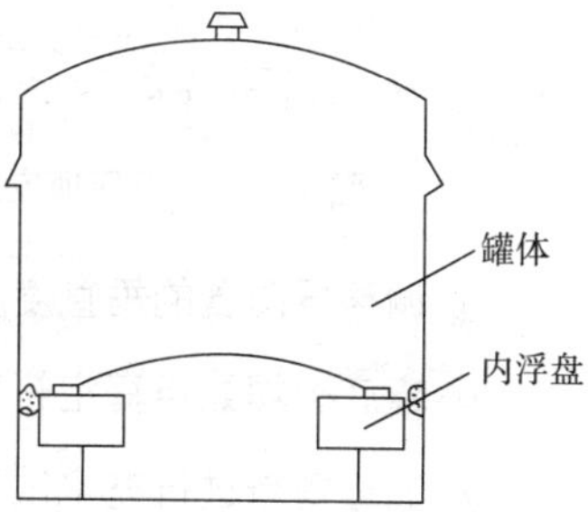

图1-14 环舱式内浮顶油罐

1. 准备工作

矫正前应准备好电焊机、火焊架、千斤顶、枕木、槽钢、钢板、喷砂机、细砂机等设备工具。对施工现场应清除罐内积水，断开与油罐相连的出入口管道，断开油罐防静电接地线、拆下油罐消防设备（施），做好附近油罐、下水井、管道的防火防爆措施。

2. 修复过程和方法

由于环舱式内浮盘坐在罐底上，为防止在支承罐体时罐底受力太大而造成罐体和罐底变形，可采取如下措施：

① 在油罐基础沉降量较大一侧用千斤顶将浮盘船舱支起，在罐底浮盘支腿处，切割一个略大于支腿外径的圆洞，让支腿先落在原基础上，使浮盘不随罐体一起升降（图 1－15）。

② 在罐壁外底圈板距罐底 400mm 处打一道支承横梁，用钢托架将其固定在罐壁上（图 1－16）。

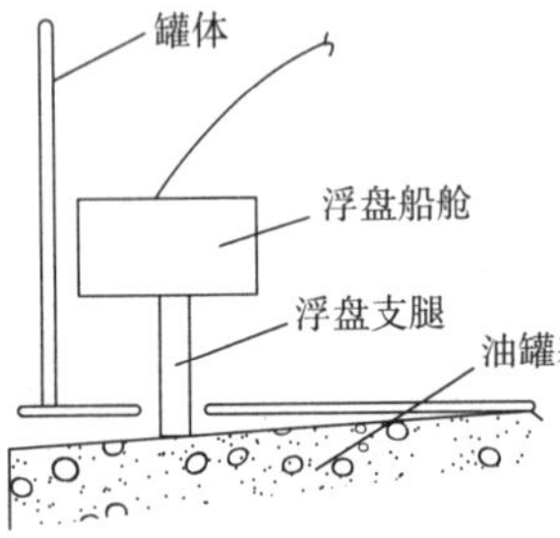

图 1－15　浮盘支腿落到罐基础上

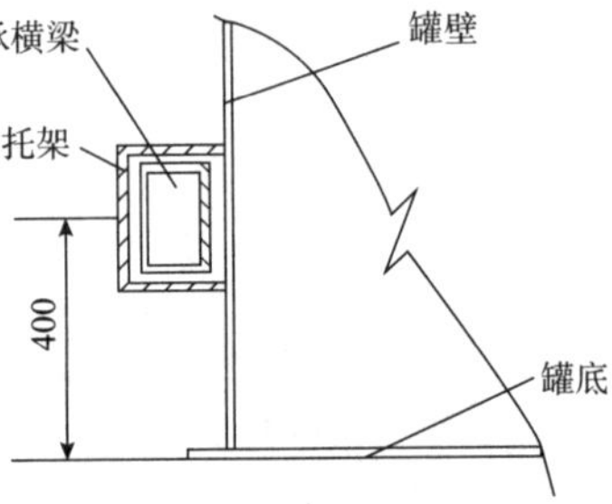

图 1－16　支承横梁用钢托架固定

③ 在支承横梁下等间距摆放千斤顶，千斤顶下垫枕木支在基础面上（图 1－17），用千斤顶缓缓将罐体顶起，使罐壁在 8 个方位都符合规范标准；然后，用喷砂机将细砂喷到罐底与基础的间隙处，砂子必须喷满；最后，在外圈灌注细混凝土灰浆。

④ 罐体调整垂直后，再修补罐底，用数个千斤顶将浮盘一边顶起，用厚 14mm 钢板补焊罐底切割的圆洞（图 1－18）。

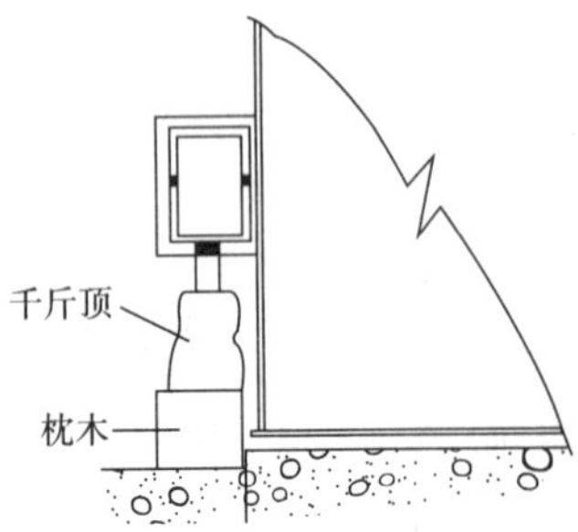

图 1－17　千斤顶安装图

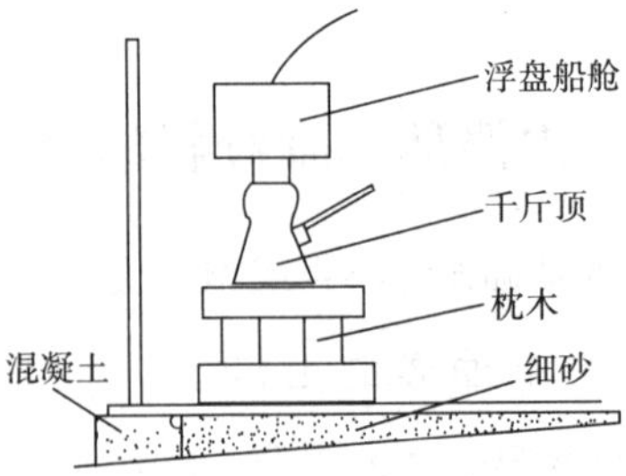

图 1－18　施工图

⑤ 调整导向管的垂直度。

⑥ 罐底补焊处用真空箱法做严密性试验，试验压力为 －53kPa，无渗漏为合格。

⑦ 油罐重新进行充水试验，按坚实地基基础进行充水观测。

七、卧式油罐变形的修理

卧式钢质油罐在运输、安装、使用过程中会受到外力的作用，当外力的作用超过一定限度时，就会发生变形。卧式钢质油罐的变形有凹陷、折皱等。

卧式钢质油罐发生变形后，可通过矫正来修理，也可通过切除发生变形的部分并焊上长1000mm以上的新钢板来处理。

1. 罐壁凹陷

卧式钢质油罐发生凹陷的原因有罐身局部受外力作用并超过其承受能力；油罐基础下陷，使进出油短管受力引起罐顶或罐身局部变形，也可能直接造成罐体局部变形。其修理方法是：

① 因外力作用而发生凹陷的修理。小直径的卧式油罐，可以从油罐内用千斤顶来矫正变形；若场地环境条件较好，也可利用外部矫正变形的办法。具体方法是：在凹陷中心用断续焊，焊上一块厚5~6mm，直径为150~200mm的钢板，再在该钢板上焊一个用角钢制作的拉钩，在上面系上一根钢丝绳，在变形周围的折棱附近加热烘烤，采用适当的牵引机械（卷扬机等）缓慢拉出。然后，从油罐里面的矫正的部位横向装上角钢，角钢的弯曲半径必须与罐体弯曲半径相同，其长度约较凹陷大400~500mm。角钢用100/300mm的断续焊缝施焊。

② 因油罐基础下陷造成进出油管等连接部位的局部变形，可先松开油管，利用千斤顶来矫正变形，矫正结束后，重新改变连接油管。如果有必要，可以改变油管的长度。

当利用千斤顶从罐内矫正变形时，要对支承点采取必要的辅助保护措施，避免产生新的变形。矫正完毕后，应仔细检查一遍有过凹陷部位的金属是否有裂缝，若已产生裂缝，必须更换该部位的钢板。

2. 罐壁折皱

卧式钢质油罐的折皱，主要是发生于油罐内部出现真空，外部受到外压力作用的情况下。其中罐内部出现真空是主要原因，埋地使用的卧罐尤其明显。另外，罐体钢板有气泡、夹层、夹灰等冶炼轧制时的缺陷，油罐局部被腐蚀，外力载荷超过设计要求等，也是造成油罐折皱甚至被破坏的原因。

罐身发生整块钢板径向折皱时，应将整块钢板切除，用同质量、同规格钢板焊补。对予其他方向的折皱，轻微的可进行矫正整形，方法同罐壁凹陷的矫正方法。严重的可视情况更换钢板或申请报废。对于大面积吸瘪油罐，可参照立式钢质油罐液压整形法修理。

八、 油罐大修后的验收与试投产

油罐大修后，其质量应不低于《石油库设备完好标准》的要求。

① 所有焊缝在检验和总体试验合格前，严禁涂刷油漆。

② 全部焊缝应进行外观检验，并符合下列规定：

a. 焊缝的表面质量应符合《现场设备、工业管道焊接工程施工规范》（GB 50236）中规定的焊缝表面质量中Ⅲ、Ⅳ级焊缝的标准。

b. 焊缝表面及热影响区不允许有裂纹。

c. 焊缝表面不允许有气孔，夹渣和熔合性飞溅等缺陷。

d. 对接接头焊缝咬边深度应小于0.5mm，长度不应大于焊缝总长度的10%。且每段咬边连续长度应小于100mm。

e. 对接接头焊缝表面加强高不应大于焊缝宽度的0.2倍再加1mm，且最大为5mm。

f. 对接接头焊缝表面凹陷深度，壁厚4~6mm时应不大于0.8mm；6mm以上时应小于1mm，长度不应大于焊缝全长的10%，且每段凹陷连续长度应小于100mm。

g. 角焊缝的焊脚尺寸应符合设计规定，外形应平滑过渡，其咬边深度应不大于0.5mm。

③ 油罐焊缝探伤应符合《无损检测常压钢质储罐焊缝超声检测方法》（JB/T 9212—2010）的要求。

④ 罐壁对接焊缝射线（或超声波）探伤检查数量见表1-17。

表1-17 罐壁对接焊缝射线（或超声波）探伤检查数量

<table>
<tr><th colspan="3">检查项目</th><th>底圈板厚 $S\leq10$</th><th>底圈板厚 $10<S\leq25$</th><th>底圈板厚 $S>25$</th></tr>
<tr><td rowspan="3">纵焊缝</td><td colspan="2">基本检查数量</td><td colspan="3">对于每一焊工的每种形式和板厚的焊缝，在最初3m的任意位置取一个拍片部位。以后对于每种形式和板厚的焊缝，从每30m焊缝及其余的部分内任意取一个拍片部位（每座罐至少两处），应位于纵、环缝交叉点上</td></tr>
<tr><td rowspan="2">补充检查数量</td><td>底圈</td><td>全部纵焊缝中任取1点拍片</td><td>全部纵焊缝中任取2点拍片，其中一点应尽量靠近底板</td><td>纵焊缝100%（全长）拍片</td></tr>
<tr><td>其他各圈</td><td>全部纵焊缝中任取1点拍片</td><td>全部纵焊缝中任取1点拍片，全部 T 形焊缝处拍片</td><td>纵焊缝100%（全长）拍片</td></tr>
<tr><td colspan="3">横焊缝</td><td colspan="3">对于每一焊工的每种形式和板厚的焊缝，在最初3m的任意位置取1个拍片部位。以后对于每种形式和板厚的焊缝，从每30m焊缝及其所余的部分内任意取1个拍片部位</td></tr>
</table>

a. T形焊缝系指罐壁环焊缝上、下两侧的罐壁纵焊缝与环焊缝相交处，T形焊缝拍片时以纵缝为主。

b. 每个拍片点所拍底片最小有效长度不得小于200mm。

c. 射线探伤的一个拍片点，相当于超声波探伤焊缝长度300mm。

⑤ 公称容积等于或大于5000m^{3}的储罐壁与弓形边缘板的T形角焊缝，焊完后应对其内侧

角焊缝进行磁粉探伤，罐体总体试验后再次探伤。

⑥ 弓形边缘板对接焊缝在焊完第一层后，应进行渗透探伤，在全部焊完后，应进行磁粉探伤。

⑦ 上述焊缝的无损探伤位置，应由质量检查员在现场确定。

⑧ 油罐大修完毕，在罐底严密性试验后，应针对大修理项目的具体内容和实际情况，有选择地进行充水试验。

⑨ 验收时应提供以下资料：

a. 大修前检查记录，设计预算及审批等资料。

b. 大修后检查、验收记录。

c. 更换零部件记录及合格证。

d. 焊缝探伤和测厚等记录以及所用金属、电焊条等质量合格证。

e. 试压、试水记录以及油罐接地测试等记录。

验收结束后，上述资料应存入设备档案。

第九节 油罐呼吸系统使用与检修

一、 呼吸阀

呼吸阀目前采用标准为《石油储罐附件第 1 部分：呼吸阀》（SY/T 0511. 1—2010），该标准适用于原油、汽油、煤油及其他轻质油品储罐上安装的储罐呼吸阀（以下简称呼吸阀）。

对于呼吸阀首先应清楚以下两个定义。

（1） 操作压力

当呼吸阀通气量达到额定通气量时，石油储罐空间气体的压力称为呼吸阀的操作压力。

（2） 开启压力

通气过程中，当呼吸阀的阀盘呈连续“呼出”或“吸入”状态时的压力称为呼吸阀的呼气开启压力，或呼吸阀的吸气开启压力。

呼吸阀的结构型式分为全天候型和普通型两种，其操作温度分别为 -30 ~ 60℃、0 ~ 60℃。

呼吸阀的产品型号表示为：GF × ××× —×

其中 GF 为呼吸阀产品名称代号，是由“罐”和“阀”两个汉字的汉语拼音字头组成的。

第二部分表示结构型式代号，如为普通型呼吸阀用P表示，也可省略不写。若为全天候型呼吸阀，则用Q表示。第三部分为尺寸规格，以连接法兰的公称通径表示。第四部分为开启压力代号。

如：GFQ150－E表示开启压力为＋1765Pa和－295Pa，公称通径为150mm的石油储罐全天候呼吸阀。

1. 呼吸阀的完好标准

（1）选型安装正确使用正常

① 口径与油罐进出油排气量相适应，大小符合要求。

② 正负压力调整：由于呼吸阀出厂时是按标准分级整定正负压力值的，所以在实际使用时，应按所装油罐的设计正负压力重新调整。

③ 安装位置正确，地面罐和半地下罐安装在顶部，人工洞油罐安装在靠近油罐的呼吸管道上。

（2）阀体整洁维护完好

① 阀体无裂缝，阀座、阀盘、导杆无锈蚀，阀盖螺帽齐全、严密，滤网完好。

② 阀座、密封圈接触面光洁、严密，无锈蚀、缺陷。

③ 阀座密封平面导杆中心线垂直，活盘在导杆上能自由移动，无倾斜及卡阻现象。

④ 外观整洁，油漆完好无脱落。

（3）技术资料齐全准确，有校验、检修记录

2. 呼吸阀的技术要求

① 应按照规定程序批准的图样和技术文件制造。

② 呼吸阀壳体、阀盘、导杆及连接件所用材料性能应符合有关规定。

③ 性能要求：

a. 呼吸阀的阀体应能承受0.20MPa的水压，无渗漏和永久变形。

b. 呼吸阀（普通型）在常温下，全天候型呼吸阀在空气相对湿度大于70%，最低温度为－30℃±1℃时，经过24h的冷冻后，其开启压力值皆应不大于表1－18中的数值。允许偏差是：正压时为－20Pa～0，负压时为0～20Pa。

c. 呼吸阀的阀盘部件工作时，动作应灵敏可靠，其动作完成后，应保证密封。

d. 呼吸阀壳体宜用铸铁和铸造铝合金，其性能应分别符合GB/T 9439—2010和GB/T 9438的规定，或用其他等效材料；阀盘、导杆及连接件宜用不锈钢材料，其性能应符合GB/T 4237和GB/T 1220的规定；密封件和滑动套宜用聚四氟乙烯材料，其性能应符合QB/T 3624、QB/T 4041和QB/T 3627的规定，或用其他等效材料。

e. 呼吸阀开启压力分级如表 1－18 所示。

表 1－18　呼吸阀开启压力分级表

等　级	开启压力 p_s/Pa	等级代号
1	+355，－295	A
2	+665，－295	B
3	+980，－295	C
4	+1375，－295	D
5	+1765，－295	E

注：正号表示呼出时开启压力，负号表示吸入时开启压力。

f. 以 0.75 倍的控制压力作为试验压力来标定呼吸阀泄漏量，当 $DN \leqslant 150$mm 时，泄漏量应不大于 0.04m^3/h；当 $DN \geqslant 200$mm 时，泄漏量应不大于 0.4m^3/h。

④ 制造和装配技术要求：

a. 所有零部件的加工制造应符合有关标准的规定；

b. 阀体试压后，腔内试验介质应全部清除干净，并涂防锈底漆；

c. 零件必须经检查合格方可进行装配；

d. 阀盘密封件如采用非金属的薄膜片时，其厚度应均匀，平面平整光滑，不应有裂痕、碰伤及影响质量的其他缺陷；

e. 阀盘与密封件镶装后要保证紧密，保证其密封性，密封口不应有碰伤等任何缺陷；

f. 呼吸阀装配完后，阀盘应开启灵活，不得有卡阻现象。

3. 呼吸阀的常见故障

呼吸阀常见故障主要有：漏气、卡死、粘结、堵塞、冰冻、生锈以及正压阀和真空阀常开等。

漏气一般是由于锈蚀或硬物划伤阀与阀盘的接触面，或者由于阀盘导杆倾斜等造成密封不严而漏气。

卡死多发生在阀盘导杆歪斜、生锈的情况下，使阀在沿导杆上下活动中不能到位，将阀盘卡于导杆某一部位。

粘结是因油蒸气、水分与沉积于阀盘、阀座、导杆上的尘土等杂物混和发生化学物理变化，久而久之使阀盘与阀座或导杆粘结在一起。

堵塞主要是由于呼吸阀长期未保养，致使尘土、锈渣等杂物沉积于呼吸阀内或呼吸阀连接的管线内，甚至有蜂或鸟在呼吸阀口筑巢使呼吸阀堵塞。

冰冻是因气温变化，空气中的水分在呼吸阀的阀体、阀盘、阀座和导杆等部位凝结，进而结冰。

生锈是由于空气中所含腐蚀气体、氧气、尘土中的腐蚀性物质等对阀体、阀盘、阀座、导杆、弹簧等零部件的腐蚀生锈。

以上这些故障，有的使呼吸阀达到开启压力时不能动作，造成油罐超压，危及油罐安全；有的则使呼吸阀失去作用，造成大小呼吸失控，从而增加油品的蒸发损耗，使油品质量下降，加重区域大气污染，影响操作人员身体健康，增加区域危险因素。

4. 呼吸阀的检查维护

在例行查库和每次作业时，要从外观和现象上加强检查分析，及时发现问题，及时解决。如检查油罐罐体和呼吸阀阀体有无异常变化；油罐进出油作业时，呼吸阀运行情况是否正常；U 形压力计的压差是否正常；封门网有没有破损，是否畅通；洞库油罐管道式呼吸阀阀体有无漏气等。

另外还要定期对呼吸阀进行较全面的检查维护。对于地面罐和半地下罐安装的机械呼吸阀，一、四季度每月检查 2 次，二、三季度每月检查 1 次；对于安装在洞库内的呼吸阀，每半年检查 1 次。

检查维护的主要内容有：打开顶盖，检查呼吸阀内部的阀盘、阀座、导杆、导孔、弹簧等有没有生锈和积垢，并进行清洁，必要时用煤油清洗；检查阀盘运行是否灵活，有无卡死现象，密封面（阀盘与阀座的接触面）是否良好，必要时进行修理，由于密封面的材料为有色软金属，在对其研磨时，要选用较细的研磨剂（如红丹润滑油）；检查阀体封口网是否完好，有无冰冻、堵塞，擦去网上的污锈和灰尘，保证气体进出通畅；检查压盖衬垫是否严密，必要时进行更换；给螺栓加油。

二、 液压安全阀

液压安全阀实际上是液压呼吸安全阀的简称，它也是一种油罐呼吸阀。适用标准为《石油储罐附件　第 2 部分：液压安全阀》（SY/T 0511. 2—2010）。

通常与呼吸阀一起使用，其控制的压力和真空值一般都比呼吸阀高出 5% ~10%，正常情况下它不动作，只在呼吸阀失灵或因其他原因使罐内出现过高的压力或真空时它才动作。所以液压安全阀起到安全作用，也因此而得名。

液压安全阀主要由阀罩、阀体和中心管等组成，如图 1－19 所示。液压安全阀是利用液体的静压力来控制油罐的呼气压力和吸气真空度的。为了保证在较高和较低的气温下液压安全阀都能正常工作，阀内应装入沸点高、不易挥发、凝固点低的液体作为密封液，如轻柴油、煤油、变压器油等。

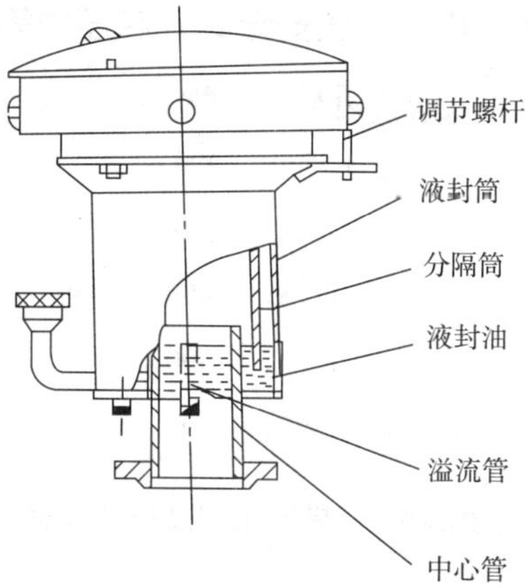

图 1-19　液压安全阀结构示意图

液压安全阀的工作原理如图 1-20 所示。当罐内压力与当地大气压相等时，内外环液封液面相平；当罐内气体空间处于正压状态时，气体由内环空间把密封液挤入外环空间中，压力不断上升时，液位也不断变化。当内环空间的液位与隔板的下缘相平时，罐内气体将通过隔板的下缘和外环液封逸入大气，使罐内正压不再增大。相反，当罐内出现负压时，外环空间的密封液将进入内环空间，当外环中的液位与隔板的下缘相平时，大气将进入罐内，使罐内负压不再增大。隔板的下缘做成锯齿形，使密封液流动时比较稳定。

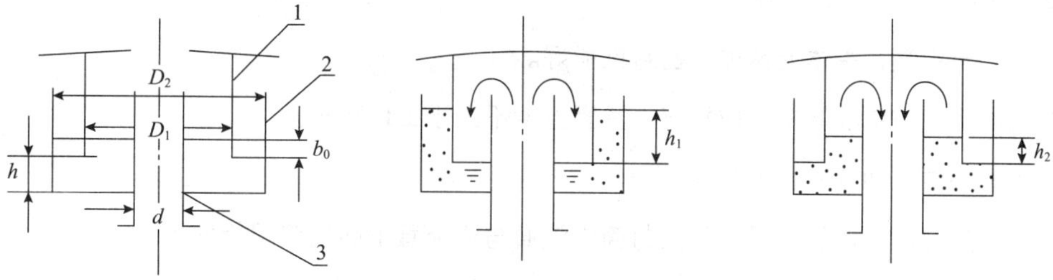

(a)罐内压力为当地大气压时　(b)油罐向外呼气时　(c)油罐向内吸气时

图 1-20　液压安全阀工作原理示意图

1—阀体；2—阀罩；3—中心管

液压安全阀的规格按其中心管公称通径（mm），可分为 7 种规格，即：50，80，100，150，200，250，300。

液压安全阀名称代号由“罐”、“液”、“安”三个字的汉语拼音字头“GYA”组成。产品代号表示方法为：GYA-XXX-X

其中第二部分为产品规格；第三部分为开启压力等级代号。例如：中心管公称通径 150mm，开启压力 +549Pa，-490Pa 的安全阀，其产品代号为 GYA-150-A。

液压安全阀的开启压力等级，应符合表 1-19 的规定。

表1－19　液压安全阀开启压力等级

等　　级	开启压力/Pa	等级代号
1	+550，－490	A
2	+860，－490	B
3	+1176，－490	C
4	+1570，－490	D
5	+1960，－295	E

注：正号表示呼气开启压力，负号表示吸气开启压力。开启压力允差，正压$\binom{0}{-49}$，负压$\binom{+49}{0}$

1. 液压安全阀的完好标准

（1）选型安装正确，使用正常

① 口径与油罐进出油排气量相适应，大小符合要求。

② 正负压力调整：由于呼吸阀出厂时是按标准分级整定正负压力值的，所以在实际使用时，应按所装油罐的设计正负压力重新调整。

③ 安装位置正确，地面罐和半地下罐安装在顶部，人工洞油罐安装在靠近油罐的呼吸管道上。

（2）阀体整洁，维护完好

① 阀体无裂缝，主体无锈蚀，密封性能好。

② 液封筒底与中心管轴线应垂直，其竖直度不大于⊥1.5mm。

③ 外观整洁，油漆完好无脱落。

④ 安全阀在压力泄放前后，其液封筒内液面与溢流管上端均应保持水平。

⑤ 安全阀应有液面指示及液封油回收设施。

⑥ 液封筒及其筒底、分隔筒、阀罩上不应有大于2mm的凹凸不平。

⑦ 阀罩调节螺杆应保证调节灵活，不得有卡阻现象。

⑧ 所有焊缝应光滑平整，焊渣清理干净，液封筒和分隔筒上的焊缝应保证致密不漏。

（3）技术资料齐全准确，有校验、检修记录

2. 油罐呼吸阀和液压安全阀的技术标准

（1）开启压力

呼吸阀开启压力依据油罐竣工图纸提供的油罐允许压力确定。液压安全阀开启压力（在实际使用时换算成液柱高度），通常比呼吸阀控制压力大5%～10%。

油罐随着运行时间增加，各部位腐蚀加重，钢板减薄，呼吸阀、液压安全阀开启压力应加以调整，凡符合下列条件之一者，宜调小25%：

① 顶板、圈板 $2m^2$ 以上的面积，腐蚀量达钢板厚度的 30%；或顶板、圈板 $2m^2$ 以上面积出现大量麻点，深达钢板厚度 1/3；

② 顶板、圈板凹陷、鼓包偏差达 8%（凹陷、鼓包高除以测量距离）；

③ 顶板、圈板折皱高度为钢板厚度 7.5 倍。

（2）封口网

呼吸阀、液压安全阀直接敞口通大气的出口应加装金属封口网，网格单孔面积不大于 $1cm^2$，其所有孔径总有效面积不小于阀体进出口截面积。

3. 液封油与油标

液封油的选择，其密度应使液封筒浸没深度不超过给定的调节范围；其凝点应保证在本地区冬季最低气温条件下仍具有良好的流动性，凝点一般宜低于当地最低气温 5℃ 以上；并应选择稳定性好，不易挥发的油品。通常情况下，推荐使用变压器油。不同季节可使用不同凝点的液封油，但液位高度应作相应调整。

液压安全阀上必须设置指示液封油高度的指示器（尺）——油标。下部设有放油口，上部设有加油孔，加油口应加盖。

4. 安装

呼吸阀、液压安全阀应垂直安装，与法兰水平偏差不大于 1mm。

安装全天候呼吸阀的油罐，可不设置液压安全阀。

三、油罐呼吸阀、液压安全阀的技术检定

油罐呼吸阀、液压安全阀的技术指标（状况）应符合其技术标准的各项要求。技术检定是对呼吸阀、液压安全阀主要技术指标的检验和整定，分安装前技术检定和年度例行技术检定两种。

1. 检定项目

① 安装前技术检定项目为：产品类型、规格型号、制造质量、通气量、水压试验、开启压力、泄漏量、低温试验、封口网规格、装油高度校核等。

② 每年度例行技术检定项目为：呼吸阀控制压力（正压、负压）；液压安全阀装油高度校核；清洗保养。

③ 每 2 年例行检定项目为：泄漏量；液压安全阀的控制压力检验。

2. 检定方法

① 产品类型、规格型号、制造质量、封口网项目按 SY/T 0511.1、SY/T 0511.2 的有关要求检验。

② 水压试验、通气量、低温性能、控制压力、泄漏量项目按 SY/T 0511.1、SY/T 0511.2 中的有关规定检验。其中水压试验、通气量、低温性能项目可抽样检验，如确信厂方提供的型式检验技术文件符合 SY/T 0511.1、SY/T 0511.2 的各项要求，并已通过型式检验，产品附有《产品合格证》，可免做这三项检定。

为了减少拆卸，每年例行技术检定中对呼吸阀开启压力的检定，可以取出阀芯，在标准试验台的阀体上检验，试验阀体应与被检验呼吸阀同型号、同规格、同厂家，且阀座内径与被检验的阀座内径相同，误差不得超过 1mm。

纯阀盘重力式呼吸阀（包括正压、负压）控制压力的检定，可以采用阀盘称重计算法间接检验；但首次使用前必须按 SY/T 0511.1 的规定复验。检定时，测量阀盘重量和阀座内径的量具精度应高于 0.5%；呼吸阀正压阀盘、负压阀盘应标注明显标志，不得装反。

③ 液压安全阀首次安装前，应按 SY/T 0511.1 的有关规定要求，进行控制压力校核复验，液封油高度误差不得大于 ±5mm。在液压安全阀的阀体上应标明应装液封油高度和液封油品名等数据。

④ 清洗保养内容是除锈、除垢、补漆、更换不合格的密封垫。

⑤ 每 2 年例行检定时，必须拆下整个阀体按有关标准进行检验。

⑥ 弹簧式呼吸阀（或重力、弹簧复合式）检定完毕后，必须锁定弹簧调整螺母，并封漆。

⑦ 不得在呼吸阀、液压安全阀检定期间进行油罐油料收发作业，确需作业时，应安装备用呼吸阀。拆卸呼吸阀、液压安全阀后应封堵拆卸口，防止油气逸散，拆卸送检时间超过 4h，应安装备用呼吸阀。拆卸或安装时，应先平衡油罐内外气压，必须使用防爆工具，轻拆轻放，不得敲击，拆装人员应着防静电服装。

⑧ 检定结束并安装后，填写《油罐呼吸阀、液压安全阀技术检定表》，交油库资料室归档。

3. 呼吸阀的自动检定技术

目前市场上存在着各种各样的呼吸阀自动检定设备，这极大地简化了检定工作，并提高了检定精度。下面简单介绍油库使用较多的一种类型——YHAT410 - S 型呼吸阀智能检测仪。

检测仪由气源、电磁阀、缓冲压力容器、压力传感器、呼吸阀构成。进行检测时，启动气源并通过开启的电磁阀向缓冲压力容器提供正压或负压的气压。在气压达到开启压力时，呼吸阀出现泄气动作，此时缓冲压力容器内的压强会由于进气量与泄气量的动态平衡而逐渐趋于稳定，压力传感器测出缓冲压力容器中较为稳定的压强值，即呼吸阀的控制压力或泄气压强。若测出的数值处于预设的合格，并自动停止气源关闭电磁阀。

该仪器具有自动化程度高、检测准确、性能稳定、操作简单、移动灵活、对环境要求低等特点。油罐呼吸阀智能检测仪在油库安全保障工作中具有很强的实用性。

4. 液压安全阀装油高度的确定

安全阀在使用现场安装后，应以使用的液封油进行性能试验。以液封油的密度核算安全阀的正、负压值，并标定此时的分隔筒浸没深度。隔板浸入液封油内的深度 h_0 可由下式算得：

$$h_0 = \frac{h_1 \cdot h_2}{h_1 + h_2}$$

根据液体静力学基本方程知：

$$p_{控正} = \rho_{液} g h_1$$

$$p_{控负} = \rho_{液} g h_2$$

所以：

$$h_0 = \frac{p_{控正} \cdot p_{控负}}{p_{控正} + p_{控负}}$$

式中 h_0——液压安全阀内隔板浸入液封油中的深度，m；

$p_{控正}$——液压安全阀控制正压，Pa；

$p_{控负}$——液压安全阀控制负正，Pa；

$\rho_{液}$——液封油的密度，kg/m^3；

g——重力加速度，$g = 9.8m/s^2$。

液压安全阀液面指示器（或称油标）刻度的0点应与阀内筒隔板下部的锯齿口相平，此时，液封油高为 h_0；否则，液封油高应为 h_0 加上（或减去）隔板锯齿口至指示器刻度0点的距离。在通过油标检查液封油高度时，应使油罐内外压力平衡。

5. 液压安全阀的检查维护

液压安全阀的检查维护主要有两个方面：一是阀体，二是液封油料。特别是液封油料，由于在使用过程中，它要挥发损耗一部分，另外，水蒸气及罐内排出油气要凝结一部分到其中，因此，长期使用后，液封油料的数量和重度都将有所变化。为保证其控制压力的正确性，必须定期进行检查和校正。

日常查库和作业时，要加强对液压安全阀的检查，如检查阀体有无异常变化，阀体有无渗漏，液封油高度是否符合规定，必要时添加同类油品；检查油罐进出油作业时，液压安全阀运行情况是否正常；检查封口网是否完好和畅通。

定期检查每季度1次。检查维护主要内容：检查内筒隔板有无锈穿而造成进出口旁通，内筒油标尺密封垫是否良好；检查液封油高度是否符合要求，必要时添加液封油；检查液封油是否合格，放出底部水杂，必要时化验油品质量或更换油品（更换品种后的液封油高度应通过换算确定）；每年秋末放出液封油，清洁阀壳内部一次，必要时更新油品；检查封口网是否完好，有无鸟窝，并进行清洁。

四、阻火器

阻火器又称防火器，是油罐的防火安全设备，是呼吸系统的重要组成部分之一。它允许气体通过，但阻止罐外火焰经呼吸系统向罐内传播，从而保证油罐的安全。

阻火器主要由壳体和阻火芯两部分组成，如图 1－21 所示。壳体应有足够的强度，以承受爆炸时产生的冲击压力。阻火芯是阻止火焰传播的主要构件，有金属网型、波纹板型和其他型式。

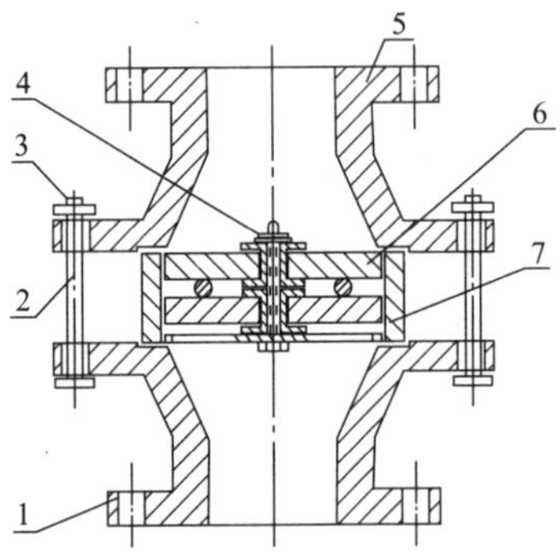

图 1－21　阻火器

1—安装螺栓孔；2—连接螺栓；3—固定螺栓；
4—阻火芯；5—壳体；6—柱形阻火芯；7—阻火芯套管

阻火器的阻火层结构型式一般为波纹型，也可采用其他型式，其表示方法是用汉语拼音字头，由制造厂确定。如：波纹型表示为 B。

按照 SY/T 0512—996 规定：阻火器的名称型号为 GZ，由“罐”、“阻”两个字的汉语拼音字头组成。产品型号表示方法为：GZ XXXX

其中 GZ 为名称型号。第二部分为阻火层结构型式（B 代表波纹板式，S 代表丝网式，Q 代表其他类型）；第三部分为产品规格。阻火器的规格用连接法兰的公称通径表示。常见规格有：50、80、100、150、200 和 250 六种。如公称通径为 150mm 的波纹形石油储罐阻火器表示为：GZB150。

而按照《石油储罐阻火器》（GB 5908—2005）规定，阻火器产品型号表示方法为 ZHQ－X－X－X。如公称通径为 100mm 的波纹板式阻火器表示为 ZHQ－B－100－X。ZHQ 表示阻火器。最后一位为企业自定义项。

根据连锁反应理论，可燃混合气的燃烧并不是两种分子直接碰撞发生化学反应的结果，而是极少数气体分子受到光、热辐射或通过其他方式接受外界提供的能量后，首先离解为活化分子自由基（带自由电子的原子或原子团），这些活化分子自由基与另一些分子碰撞产生新的自由基，新自由基又与其他气体分子碰撞，从而形成一系列的连锁反应。这种连锁反应使火焰迅速向未燃气体传播。如果活化分子自由基碰撞到器壁上，就会被器壁吸附，在器壁表面与来自器壁的自由基相互作用形成不活化分子，从而使连锁反应的速度减慢，如果吸附于器壁的气体活化分子自由基足够多，就有可能扼制火焰向未燃气体传播，这种现象称为连锁反应的器壁效应。

阻火器就是利用阻火芯吸收热量和产生器壁效应来阻止外界火焰向罐内传播的。火焰进入阻火芯的狭小通道后被分割成许多小股火焰，一方面散热面积增加，火焰温度降低；另一方面，在阻火芯通道内，活化分子自由基碰撞器壁的机率增加而碰撞气体分子的机率减小，由于器壁效应而使火焰前锋的推进速度降低，使其不能向罐内传播。

1. 阻火器的技术要求

① 阻火器结构设计应保证检修方便，并按照经规定程序批准的图样和技术文件制造。

② 阻火器壳体宜用铸铝，其性能应符合 GB/T 9438 的规定；也可用铸铁，其性能应符合 GB/T 9439 的规定；也可采用其他等效材料，并按相应标准执行。阻火层的零件必须选用在使用条件下耐腐蚀的金属材料，通常宜采用不锈钢制造，其性能应符合 GB/T 4237 的规定；阻火器内及连接处的垫片不得使用动物、植物纤维或影响使用性能和寿命的其他材料。

③ 性能要求：

a. 阻火器壳体耐压能力应为 0.9MPa，无泄漏或永久变形。阻火器阻爆性能应能连续阻爆 13 次，每次都能阻火。阻火器耐烧性能应能经受耐烧试验 1h，此期间无回火。

b. 阻火器的流体压力损失应不大于表 1-20 的规定。

表 1-20 阻火器的流体压力损失

罐内压力/Pa	295	540	800	980	1300	1765	2000
压力损失/Pa	10	11	16	20	26	36	40

也可依据下式计算的结果。

$$\Delta p = \lambda \frac{L_e u^2 \rho}{2d}$$

式中 Δp——压力损失，Pa；

λ——摩擦系数（按表 1-21 选用）；

L_e——阻火器当量长度（按表 1-22 选用），m；

u——平均流速，m/s；

ρ——气体密度，kg/m^3；

d——阻火器公称直径，m。

表 1－21　摩擦系数与当量长度

公称通径/m		50	100	150	200	250
当量长度 L_e/m	波纹型	6	8	10	12	14
摩擦系数 λ		0.0284	0.0234	0.0211	0.0196	0.0185

c. 波纹型阻火器的通气量应不小于表 1－22 的规定。

表 1－22　波纹型阻火器的通气量

公称通径/mm	50	80	100	150	200	250
通气量/（m^3/h）	150	300	500	1000	1800	2800

d. 具有低温性能要求的阻火器在空气相对湿度大于 70%、最低温度为 －30℃ ±1℃ 的条件下，经过 24h 的冷冻，其气体压力损失应符合规定，允许偏差为 ±20Pa，其通气量应符合规定，并应不小于 2%。

e. 阻火器隔爆结合面要求：

隔爆结合面（$A+B$）应不小于 20mm，见图 1－22；

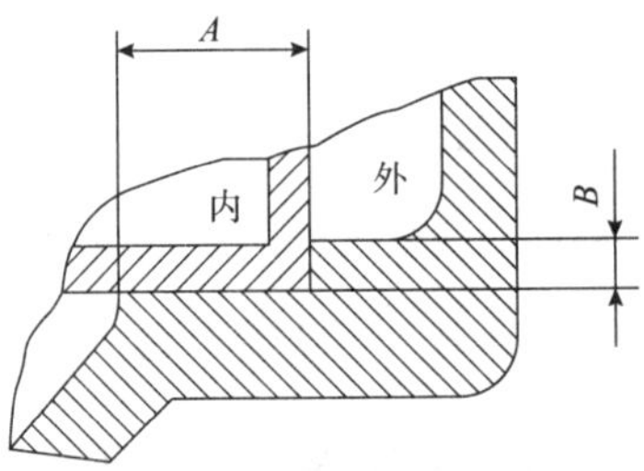

图 1－22　隔爆结合面

隔爆表面粗糙度 R_a 的最大允许值为 12.5μm；

经加工后的隔爆表面不应存在气孔、砂眼和裂纹等缺陷；

隔爆表面偶然产生的伤痕，其深度和宽度不应大于 0.5mm，其长度不应大于隔爆表面有效宽度的 1/3，伤痕凸起部分必须修平。

④ 制造和装配技术要求：

a. 所有零部件的加工制造应符合有关规定；

b. 壳体试压后，腔内试验介质应全部清除干净，并涂防锈底漆；

c. 所有的零件必须经检验合格方可进行装配；

d. 阻火匣部件装入壳体内不应有卡阻现象，阻火层在阻火匣内位置应正确，隔爆结合面应符合规定；

e. 阻火器连接型式应符合有关规定。

2. 阻火器的检查维护

对阻火器应每季度检查1次，冰冻季节每月检查1次。检查内容：阻火芯是否清洁畅通，有无冰冻，垫片是否严密，有无腐蚀现象。维护内容：清洁阻火芯，用煤油洗去尘土和锈污，给螺栓加油保护。

实操项目一　输转作业

1. 考试要求

（1）必须穿戴劳动保护用品。

（2）必备的工具、用具准备齐全。

（3）考试前统一抽签，按抽签顺序对考生进行考试。

（4）符合安全、文明生产。

2. 准备要求

（1）材料准备。

序　号	名　称	规　格	数　量	备　注
1	安全帽		1顶	
2	工作服		1套	
3	棉手套		1副	
4	棉纱或棉布		若干	
5	作业票		1套	
6	操作卡		1份	

（2）工具准备。

序　号	名　称	规　格	数　量	备　注
1	通讯器材		若干	

3. 操作程序说明

（1）准备工作。

（2）油罐间输转工艺复核。

（3）油罐间输转作业阀门开启。

（4）油罐间输转作业机泵启闭。

（5）油罐间输转作业现场监控。

（6）填写记录。

4. 考试规定说明

（1）如操作违章，将停止考试。

（2）考试采用100分制，扣分标准按各单项分值扣完为止，然后按鉴定比重进行折算。

（3）考试方式说明：该项目为实际操作题，考试过程按评分标准及操作过程进行评分。

（4）测试技能说明：本项目主要测试考生对油罐间输转作业的熟练程度。

5. 考试时限

（1）准备时间：5min（不计入考试时间）。正式操作时间：30min。

（2）提前完成操作不加分，超时操作按规定标准评分。

6. 评分记录表

序号	考试内容	评分要素	配分	评分标准	检测结果	扣分	得分	备注
1	准备工作	着装、戴安全帽	3	不整洁、不规范、没系扣各扣1分（小翻领、拉链服除外）				
		戴手套	3	未戴扣1分；选用不当扣2分				
		计量（口述）	5	未口述计量结果扣5分				
2	输转工艺复核	签收“作业通知单”	5	未签收“作业通知单”扣5分				
		复核输转工艺	10	开阀未考虑油罐内液位扣10分				
3	阀门开启	确认胀油泄压	5	未关闭进、出油罐膨胀管阀门扣5分（如其他泄压方式，未检查扣5分）				
		开启油罐进、出油阀门	10	开阀顺序错误扣8分；开阀操作不规范扣2分				
4	机泵启闭	启动机泵	15	未告知司泵员罐区准备状态、确认泵房准备状态各扣7.5分				
5	现场监控	油量监控	15	未估算输转需要时间扣15分				
		阀门、管线巡检	10	未巡检扣10分；巡检未报告结果扣5分				

续表

序号	考试内容	评分要素	配分	评分标准	检测结果	扣分	得分	备注
6	作业结束	停泵	5	未通知司泵停泵扣5分				
		现场清理	10	阀门、管线泄压未复位各扣2.5分；关阀操作不规范扣5分				
7	运行记录填写	填写输转油品作业记录	4	未填写记录扣4分；填写有缺项的、涂改不规范、字迹不清楚每项扣1分				
8	安全文明操作	按国家或企业颁发的有关安全规定执行操作		违规操作1次从总分中扣5分；严重违规者取消考试资格				
9	考试时限	在规定时间内完成操作		每超时1min从总分中扣除5分，超时3min停止操作				
	合　计		100					

考评员：　　　　核分员：　　　　年　月　日

实操项目二　检查保养油罐呼吸阀

1. 考试要求

（1）必须穿戴劳动保护用品。

（2）必备的工具、用具准备齐全。

（3）考试前统一抽签，按抽签顺序对考生进行考试。

（4）符合安全、文明生产。

2. 准备要求

（1）材料准备。

序　号	名　称	规　格	数　量	备　注
1	安全帽		1顶	
2	工作服		1套	
3	棉手套		1副	
4	棉纱或棉布		若干	
5	作业票		1套	
6	操作卡		1份	

(2) 设备准备。

序　号	名　称	规　格	数　量	备　注
1	呼吸阀		1台	

(3) 工具准备。

序　号	名　称	规　格	数　量	备　注
1	活扳手		2把	
2	润滑油		若干	
3	石棉垫		若干	

3. 操作程序说明

(1) 准备工作。

(2) 油罐呼吸阀的检查。

(3) 油罐呼吸阀的维护。

(4) 填写检查维护记录。

4. 考试规定说明

(1) 如操作违章，将停止考试。

(2) 考试采用100分制，扣分标准按各单项分值扣完为止，然后按鉴定比重进行折算。

(3) 考试方式说明：该项目为实际操作题，考试过程按评分标准及操作过程进行评分。

(4) 测试技能说明：本项目主要测试考生对检查保养油罐呼吸阀的掌握程度。

5. 考试时限

(1) 准备时间：5min（不计入考试时间）。正式操作时间：20min。

(2) 提前完成操作不加分，超时操作按规定标准评分。

6. 评分记录表

序号	考试内容	评分要素	配分	评分标准	检测结果	扣分	得分	备注
1	准备工作	穿戴劳保用品	3	不整洁、不规范、没系扣各扣1分（小翻领、拉链服除外）				
		工具、用具准备	2	工具、用具选择不正确一件扣1分				
2	呼吸阀检查	检查阀盘与阀座接触面	15	未检查阀盘与阀座接触面扣15分				
		检查阀杆灵活性	10	未检查阀杆灵活性扣10分				
		检查阀壳网罩	10	未检查阀壳网罩完好状况扣10分				
		检查压盖衬垫	10	未检查压盖衬垫严密性扣10分				
		检查冰冻状况(冬季)	10	冬季未检查冰冻状况扣10分				

续表

序号	考试内容	评分要素	配分	评分标准	检测结果	扣分	得分	备注
3	呼吸阀维护	清洁阀盘	10	未清除阀盘上的异物扣10分				
		润滑	10	螺栓未加油润滑或接触面未上油各扣5分				
		紧固或更换阀壳衬垫	10	阀壳衬垫未紧固或更换（必要时）处理扣10分				
4	记录	填写检查保养记录	5	未如实进行操作过程及操作参数记录扣5分				
5	使用工具	正确使用工具	2	工具使用不正确扣2分				
		正确维护工具	3	工具乱摆、乱放扣3分				
6	安全文明操作	按国家或企业颁发的有关安全规定执行操作		违规操作1次从总分中扣5分；严重违规者取消考试资格				
7	考试时限	在规定时间内完成操作		每超时1min从总分中扣除5分，超时3min停止操作				
		合计	100					

考评员：　　　　　　　核分员：　　　　　　　　　　年　月　日

实操项目三　测量管线壁厚

1. 考试要求

（1）必须穿戴劳动保护用品。

（2）必备的工具、用具准备齐全。

（3）考试前统一抽签，按抽签顺序对考生进行考试。

（4）符合安全、文明生产。

2. 准备要求

（1）材料准备。

序　　号	名　　称	规　　格	数　　量	备　　注
1	安全帽		1 顶	
2	工作服		1 套	
3	棉手套		1 副	
4	棉纱或棉布		若干	
5	面布		1 块	
6	砂纸		若干	
7	作业票		1 套	
8	操作卡		1 份	

（2）设备准备。

序　　号	名　　称	规　　格	数　　量	备　　注
1	管线		1 组	

（3）工具准备。

序　　号	名　　称	规　　格	数　　量	备　　注
1	超声波测厚仪（含电池）		1 台	
2	耦合剂		1 瓶	

3. 操作程序说明

（1）准备工作。

（2）选择测量点。

（3）测量管线壁厚。

（4）测量记录。

（5）清理现场。

4. 考试规定说明

（1）如操作违章，将停止考试。

（2）考试采用 100 分制，扣分标准按各单项分值扣完为止，然后按鉴定比重进行折算。

（3）考试方式说明：该项目为实际操作题，考试过程按评分标准及操作过程进行评分。

（4）测试技能说明：本项目主要测试考生使用测厚仪测量管线壁厚的方法、效果及熟练程度。

5. 考试时限

（1）准备时间：5min（不计入考试时间）。正式操作时间：15min。

（2）提前完成操作不加分，超时操作按规定标准评分。

6. 评分记录表

序号	考试内容	评分要素	配分	评分标准	检测结果	扣分	得分	备注
1	准备工作	着工作服、戴安全帽	5	不整洁、不规范、没系扣各扣2分（小翻领、拉链服除外）				
		仪器准备	5	未正确安装电池扣5分				
			5	未正确安装探头扣5分				
			5	未涂抹耦合剂扣5分				
			5	未测试仪器是否正常扣5分				
2	选择测量点	选择测量点	10	未制定测量方案扣10分				
			10	测量点选择不正确扣10分				
			5	未用砂纸将测量点打磨平整扣5分				
			5	未将打磨处擦拭干净扣5分				
3	测量管线壁厚	测量步骤及注意事项	5	未在测量点涂抹耦合剂扣5分				
			5	测厚仪探头位置放置不正确扣5分				
			10	耦合不正常即读取数据扣10分				
			5	每个测量点测量次数少于3次扣5分				
4	测量记录	填写“管线测厚记录”	5	未进行数据分析扣5分				
			10	未填写记录扣4分；填写有缺项每处扣3分；使用非法定计量单位每处扣3分				
5	现场清理	现场清理	5	探头不擦拭扣2分；电池不取出扣1分；砂纸、抹布不清理各扣1分				
6	安全文明操作	按国家或企业颁发的有关安全规定执行操作		违规操作1次从总分中扣5分；严重违规者取消考试资格				
7	考试时限	在规定时间内完成操作		每超时1min从总分中扣除5分，超时3min停止操作				
	合计		100					

考评员： 核分员： 年 月 日

实操项目四　油罐液压安全阀的检查维护

1. 考场准备

（1）考核场地整洁规范，无干扰，标志明显。

（2）安全防护齐全，且符合标准。

（3）设备、工具、材料等：

序　　号	名　　称	规　　格	数　　量	备　　注
1	液压安全阀		1台	
2	活扳手		2把	
3	润滑油		若干	
4	抹布		若干	

2. 考生准备

序　　号	名　　称	规　　格	数　　量	备　　注
1	安全帽		1个	
2	工作服		1套	
3	笔			检查记录用品

3. 考核方式

现场模拟（或笔试或口试）

4. 考核时间（以现场模拟为例）

准备工作5min。正式操作15min。

5. 考核要求

（1）考核采用百分制，60分为合格。

（2）每超过规定考核时间1min从总分中扣5分，超时3min停止操作。

（3）考核前统一抽签，按抽签顺序对考生进行考核。

（4）考生须穿戴劳保用品。

（5）考生违章操作或发生事故须停止操作，成绩计零分。

6. 评分记录表

序号	考试内容	考核要点	配分	评分标准	检测结果	扣分	得分	备注
1	准备工作	穿戴劳保用品	3	未穿戴整齐扣3分				
		工具、用具准备	2	工具选择不正确扣2分				
2	操作程序	液压安全阀检查	40	未检查封油高度扣10分				
				未检查封油质量扣10分				
				未检查阀壳完好状况扣5分				
3		液压安全阀维护	45	未清洁阀壳内杂质扣10分				
				变质润滑油未更换扣10分				
				封油缺少未添加扣10分				
				作业现场杂物、油迹未清理扣5分				
4		操作记录	5	未如实进行操作过程及操作参数记录扣3分				
5	使用工具	使用工具	2	工具使用不正确扣2分				
		维护工具	3	工具乱摆乱放扣3分				
6	安全及其他	按国家法规或企业规定		违规一次总分扣5分；严重违规停止操作				
		在规定时间内完成操作		每超时1min总分扣5分，超时3min停止操作				
	合计		100					

考评员签字： 年 月 日

实操项目五　测量油罐壁厚

1. 考试要求

（1）必须穿戴劳动保护用品。

（2）必备的工具、用具准备齐全。

（3）考试前统一抽签，按抽签顺序对考生进行考试。

（4）符合安全、文明生产。

2. 准备要求

（1）材料准备。

序　号	名　称	规　格	数　量	备　注
1	安全帽		1 顶	
2	工作服		1 套	
3	棉手套		1 副	
4	棉纱或棉布		若干	
5	面布		1 块	
6	砂纸		若干	
7	作业票		1 套	
8	操作卡		1 份	

（2）设备准备。

序　号	名　称	规　格	数　量	备　注
1	油罐		1 座	

（3）工具准备。

序　号	名　称	规　格	数　量	备　注
1	超声波测厚仪		1 台	含电池
2	耦合剂		1 瓶	

3. 操作程序说明

（1）准备工作。

（2）选择测量点。

（3）测量油罐钢板厚度。

（4）测量记录。

（5）现场清理。

4. 考试规定说明

（1）如操作违章，将停止考试。

（2）考试采用 100 分制，扣分标准按各单项分值扣完为止，然后按鉴定比重进行折算。

（3）考试方式说明：该项目为实际操作题，考试过程按评分标准及操作过程进行评分。

（4）测试技能说明：本项目主要测试考生使用测厚仪测量油罐壁厚的方法、效果及熟练程度。

5. 考试时限

（1）准备时间：5min（不计入考试时间）。正式操作时间：15min。

（2）提前完成操作不加分，超时操作按规定标准评分。

6. 评分记录表

序号	考试内容	评分要素	配分	评分标准	检测结果	扣分	得分	备注
1	准备工作	着工作服、戴安全帽	5	不整洁、不规范、没系扣各扣2分（小翻领、拉链服除外）				
		仪器准备	5	未正确安装电池扣5分				
			5	未正确安装探头扣5分				
			5	未涂抹耦合剂扣5分				
			5	未测试仪器是否正常扣5分				
2	选择测量点	制定测量方案；选择测量点	10	未制定测量方案扣10分				
			5	测量点选择不正确扣5分				
			5	未用砂纸将测量点打磨平整扣5分				
			5	未将打磨处擦拭干净扣5分				
3	测量油罐钢板厚度	测量步骤及注意事项	5	未在测量点涂抹耦合剂扣5分				
			5	测厚仪探头位置放置不正确扣5分				
			5	耦合不正常即读取数据扣5分				
			10	每个测量点测量次数少于3次扣10分				
4	测量记录	填写“油罐测厚记录”	5	未进行数据分析扣5分				
			10	未填写记录扣4分；填写有缺项每处扣3分；使用非法定计量单位每处扣3分				
5	现场清理	现场清理	5	探头不擦拭扣2分；电池不取出扣1分；砂纸、抹布不清理各扣1分				
6	安全文明操作	按国家或企业颁发的有关安全规定执行操作	5	违规操作1次从总分中扣5分；严重违规者取消考试资格				
7	考试时限	在规定时间内完成操作		每超时1min从总分中扣除5分，超时3min停止操作				
	合计		100					

考评员：　　　　　　　　　　核分员：　　　　　　　　　　年　　月　　日

实操项目六　便携式可燃气体报警仪的操作

1. 考场准备

（1）考核场地整洁规范，无干扰，标志明显。

（2）安全防护齐全，且符合标准。

（3）设备、工具、材料等：

序　号	名　称	规　格	数　量	备　注
1	可燃气体报警仪		1	便携式

2. 考生准备

序　号	名　称	规　格	数　量	备　注
1	工作服		1	
2	安全帽		1	

3. 考核方式

现场模拟（或笔试或口试）

4. 考核时间（以现场模拟为例）

准备工作 5min。正式操作 30min。

5. 评分记录表

序号	考核内容	考核要点	配分	评分标准	检测结果	扣分	得分	备注
1	准备工作	穿戴劳保用品	3	未穿戴整齐扣 3 分				
		工具、用具准备	2	工具选择不正确扣 2 分				
2	操作程序	安装报警仪的电池和采样管，注意要在安全环境下进行此项操作	20	未安装电池扣 10 分 未安装采样管扣 10 分				
3		开机检查电源供电是否充足	10	未检查电源扣 10 分				
4		调整零点：在清洁空气中，将方式选择钮置“L”挡调零	25	操作不正确扣 20 分				

续表

序号	考核内容	考核要点	配分	评分标准	检测结果	扣分	得分	备注
5	操作程序	测试：先在“H”挡进行测试，当指针稳定后方可读数。气体浓度超标时会有报警。若表的读数低于10% LEL，可改变灵敏度“L”挡，使读数更精确	35	操作不正确扣15分				
				操作不正确扣15分				
6	使用工具	正确使用工具	2	工具使用不正确扣2分				
		正确维护工具	3	工具乱摆乱放扣3分				
7	安全及其他	按国家法规或企业规定		违规一次总分扣5分；严重违规停止操作				
		在规定时间内完成操作		超时1min总分扣5分，超时3min停止操作				
		合　计	100					
否定项说明：若出现×××等情况，该题计零分。								

考评员签字：　　　　　　　　　　　　　　　　年　　月　　日

本章作业：

1. 简述收油作业规程。
2. 简述发油作业规程及注意事项。
3. 为什么要设定安全装油高度？设定的依据是什么？
4. 油罐清洗方法有哪些？简述清洗操作要点。
5. 什么是钝化处理？
6. 什么是油罐的吸瘪事故？造成吸瘪事故的原因主要有哪些？
7. 什么是油罐的上举事故？造成上举事故的原因主要有哪些？
8. 如何防止油罐脆性破裂事故发生？
9. 常见立式油罐换底方法有哪些？试比较各种方法优缺点。
10. 简述油罐动火修理需要做哪些准备工作？

第二章　石油库管道使用与维护

第一节　油库管道的技术要求

一、输油管的技术要求

1. 输油管的完好标准

《石油库设备完好标准》中规定油库输油管道的完好标准为：

① 输油管线的安装、防护符合 GB 50074《石油库设计规范》的要求。

② 管线及附件的外表面无重皮、夹渣、裂缝等缺陷，法兰不能直接埋入地下。

③ 煨制管的曲率半径不小于管子外径的 3.5 倍，弯管的椭圆度不大于 7%。

④ 管线对焊符合《现场设备、工业管道焊接工程施工规范》（GB 50236—2011）的规定。

⑤ 法兰与管线焊接，密封面与管线轴线垂直度符合要求。工作压力小于 4MPa，最大偏差不大于 2mm。

⑥ 连接法兰的两密封面相互平行，两对称点间最大与最小间隙之差（$a-b$）不超过表 2－1 规定。

表 2－1　连接法兰的两密封面两对称点最大与最小间隙之差

公称通径/mm	公称压力 < 1.6MPa 法兰间隙（$a-b$）/mm
100	0.2
>100	0.3

⑦ 连接法兰盘不允许加双垫、偏垫。垫片内径比法兰内径大 2～3mm；法兰螺栓齐整满扣，螺丝露出帽 2～3 扣。

⑧ 新安装及使用中的管线 1.5 倍工作压力的条件下试压不渗漏。

⑨ 所有管线均应编号。

⑩ 管线检修记录、试压记录、管网的平面布置和纵断面图以及焊缝探伤检测记录技术资

料齐全、准确。

2. 输油管路的报废条件

① 管路超过折旧年限（30 年），管子成片腐蚀（当蚀孔沿管路均匀分布时），腐蚀余厚小于 2.0mm，且每 10m 管段发现 2 处以上蚀孔时，该管段应予报废。

② 经强度试验不合格的管段或管件应予报废。

二、油库蒸汽管道系统简介

蒸汽管路一般从外部架空引进，然后经过或不经过减压，进行计量后分送至各使用设备。蒸汽管路应根据热伸长量和具体位置选择好补偿形式和固定点。优先考虑自然补偿，然后考虑其他各种类型的补偿器。常用减压装置的安装如图 2－1 所示。

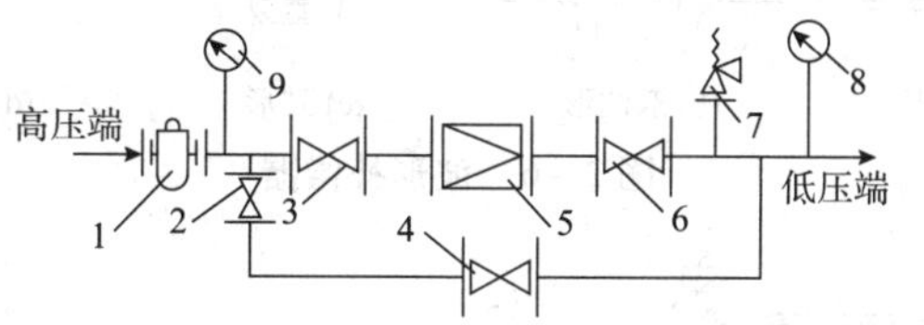

图 2－1　蒸汽管道的减压装置

1—过滤器；2—旁路阀；3—高压进口减压阀；4—旁路截止阀；
5—减压阀；6—低压出口减压阀；7—弹簧安全阀；8、9—压力表

为保证安全，尽量不要将高压蒸汽直接引进低压蒸汽系统使用。应安装减压阀，并在低压系统上设置安全阀，以免低压系统超压产生危险。

为了便于管路疏水，宜将流量测量装置（如测量孔板）装于垂直管路上。

蒸汽管路要适当设置疏水点，中途疏水点采用三通接头，将冷凝水分离出去，如图 2－2 和图 2－3 所示。末端也要设疏水点。

疏水管一般应设置疏水器。过热蒸汽管路疏水可不设疏水器而设置双阀。

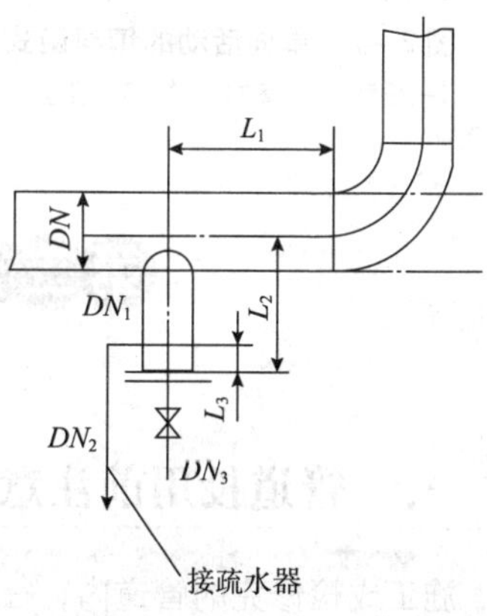

图 2－2　蒸汽管路中途疏水装置

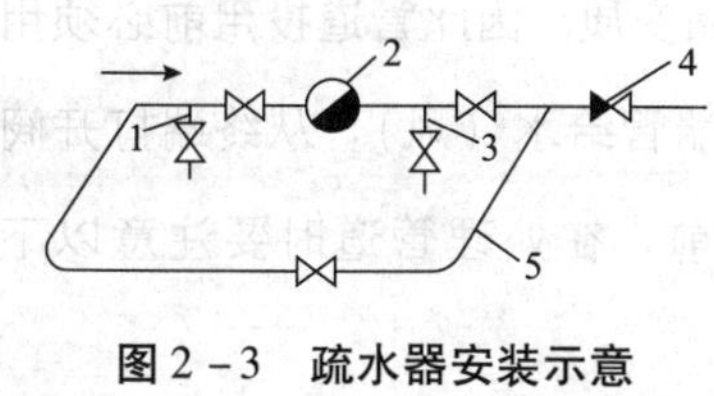

图 2－3　疏水器安装示意

蒸汽加热设备的冷凝水，应尽量回收。冷凝水排出时，均应经过疏水器，以免带出蒸汽，浪费热能。为保证冷凝水能畅通返回，回水管的管径不可太小。一般回水管的尺寸不小于疏水器的出口直径。

补偿器是用于补偿管道由于介质、环境温度变化，所引起的热胀冷缩变形，减少并释放管道受热膨胀时所引起的应力。

常用补偿器有弓形补偿器（图 2 -4）、袋形（Ω 形）回折管式补偿器（图 2 -5）、波形补偿器（图 2 -6）和填料函式补偿器（图 2 -7、图 2 -8）。

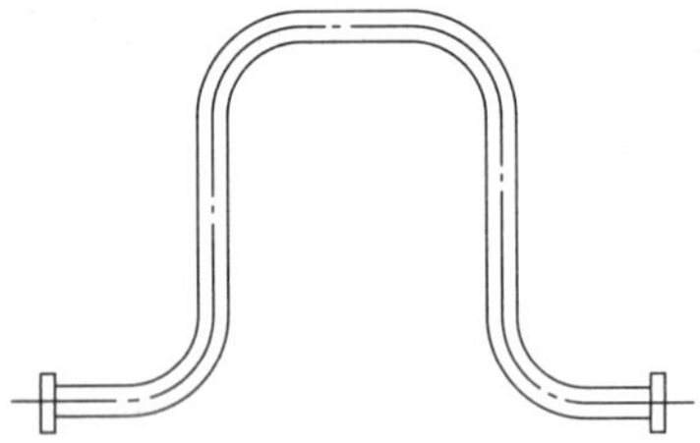

图 2 -4　弓形（Π 形）回折管式补偿器

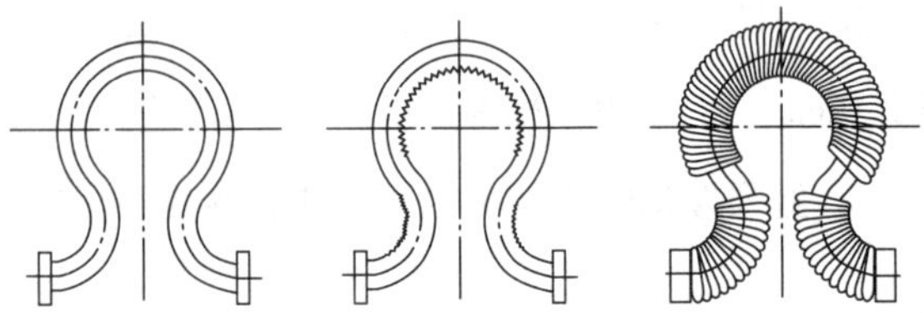

(a) 光滑的　(b) 皱褶的　(c) 波形的

图 2 -5　袋形（Ω 形）回折管式补偿器

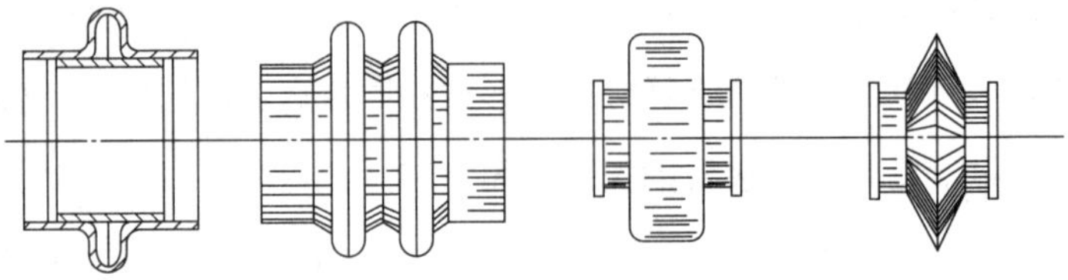

(a) 单波形　(b) 双波形　(c) 鼓形　(d) 盘形

图 2 -6　波形补偿器

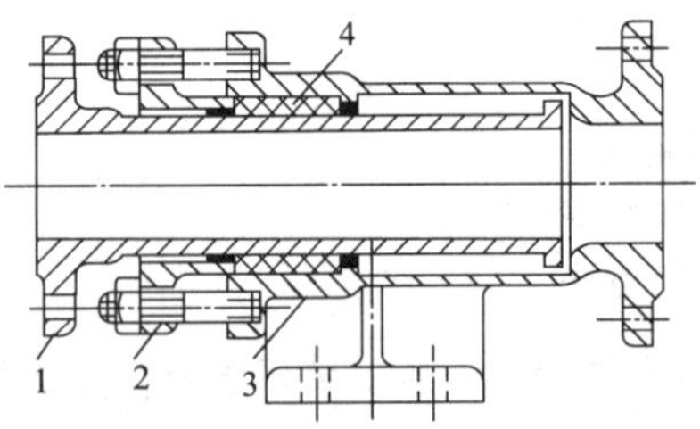

图 2 -7　单向活动的填料函式补偿器

1—插管；2—填料压盖；3—套管；4—填料

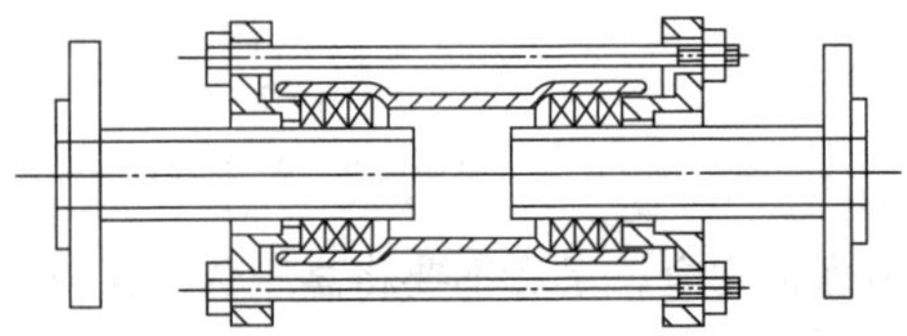

图 2 -8　双向活动的填料函式补偿器

第二节　油库管道的检查使用

一、管道投用前注意事项

施工或检修完的管道内，往往留有焊渣、泥土、铁锈、焊条头等杂物，如不及时清除，投用后将会堵塞管道，损坏阀门和设备，甚至污染油品，致使油品变质。因此管道投用前必须用水冲洗，然后再用压缩空气吹净管内存水。清洗或吹扫都是从端管给水（风），从终端打开阀门或卸开法兰进行排空，直到清洗吹扫干净为止。管道投用前，在处理管道时要注意以下几点：

① 用于输送不能含水的介质（如航空煤油和润滑油）的管道，在水洗后应用热风吹干管道，热风温度一般应不小于 80℃。

② 流量计或控制阀带副线的，吹扫时应走副线，无副线时卸下控制阀和流量计，用短管代替。

③ 管道吹扫时，压力表应关闭，吹扫经过过滤器时，吹扫后要打开过滤器，清除滤网上杂质，防止滤网堵塞，影响流道畅通。

④ 清洗与吹扫管道不能留有死角，低点之处应逐段排空，直至全线畅通。

二、 管道试压

管道试压是对管道强度和严密性进行检验的重要方法，它是新管道投用和管道大修、更新改造后必须进行的检验项目。管道试压有水压试验和气压试验两种方法。根据施工和使用单位自身条件，采用哪一种方法都可。

1. 水压试验

水压试验的介质是清水，管道充满水后，用试压泵加压。地上钢管道强度试验压力应为设计压力的 1.5 倍。埋地钢管道的试验压力应为设计压力的 1.5 倍，且不得低于 0.4MPa。液压试验时，应缓慢升压，待达到试验压力后，稳压 10min，再将试验压力降至设计压力，稳压 30min，以压力表压力不降、管道所有部位无渗漏为合格。

不锈钢、镍及镍合金管道，或连有不锈钢、镍及镍合金管道组成件或设备的管道，在进行水压试验时，水中氯离子含量不得超过 25×10^{-6}（25ppm）。

2. 气压试验

气压试验介质应采用干燥洁净的空气、氮气或其它不易燃和无毒的气体。试验压力为设计压力的 1.15 倍，气压试验时应装有压力泄放装置，其设定压力不得高于试验压力的 1.1 倍。

气压试验前，应用空气进行预试验，试验压力宜为 0.2MPa。气压试验时，逐步缓慢增加压力，当压力升至试验压力的 50% 时，如未发现异状或泄漏，应继续按试验压力的 10% 逐级升压，每级稳压 3min，直至试验压力。在试验压力下保持 10min，再将压力降至设计压力，应以发泡剂检验无泄漏为合格。试压完毕，应在高点放压排空。

三、 输油管的检查和维护

1. 输油管的检查

输油管道在使用中应积极做好管线的检查工作。输油管的检查和维护分为日检和月检。

① 日常所做的检查与维护的主要内容有以下几点：

a. 管道及其附件检查应作为岗位操作人员巡回检查的一项重要内容。储运系统的管网应配专职巡线员负责定时巡回检查。巡检中发现问题，应及时汇报并做记录。

b. 管道输油开始时和作业过程中，应沿流程仔细检查各阀门开关是否正确，各法兰、弯头、焊缝、低点放空及其他附件是否完好，各处有无渗漏或跑油。

c. 检查管道保温是否完好，油漆是否脱落，管道支承有无掉离支座或扭曲变形。

d. 新更换的阀门或装卸油罐管、胶管必须试压合格，更换的填料、垫片其材质应符合要求，螺栓要上紧，露出的丝扣应不大于2~3扣。

e. 系统管网的Ⅰ、Ⅱ、Ⅲ类管道，特别是输送液化石油气的，每年至少进行一次全面检查，包括测厚。液化气装车胶管应每2~3年试压一次。

f. 法兰严禁埋在地下，对废弃不用又与在用管线相连的管道，应及时拆除或断开，防止发生串油或跑油。

g. 含有油品或油气的管道或容器，在经吹扫或氮气置换后，经化验含氧量符合要求方准动火施工或进入容器作业。

h. 管道、容器、设备检修动火时，与其相连部位应关闭阀门并加盲板，所加盲板的材质和厚度应符合要求，检修结束及时拆除。

② 每月应对管路外表至少进行一次全面的检查，内容包括：

a. 管路连接部位（如法兰、丝扣、焊缝等）有无裂缝、渗漏；

b. 管路、管件的密封（动、静）有无渗漏；

c. 管路支座及管路本身有无异常振动或变形；

d. 管路上各种仪器、仪表指示值是否正常。

另外，根据季节情况，入冬前维修人员应对管路进行排水防冻检查，春季化冻季节应认真检查管路，防止冻胀损坏处跑油；夏季应适时做好管路的防洪排洪检查。

③ 每2年应对使用5年以上的管路进行以下项目的检查：

a. 对管路进行壁厚定点测量（可用超声波测厚仪等）。

b. 对管路及管件（阀门、过滤器、补偿器等）进行抽样（不少于管件数的10%）做水压试验。

c. 每年对埋地管路使用防腐检漏仪检查1次，对所有发现的漏点，均应开挖或钻孔取样检查。如无仪器，则应在低洼、潮湿地方，挖开或钻孔多处进行检查。

④ 管路阴极保护装置检查。

a. 对电气设备的检查每周不得少于1次。主要检查电路联接是否牢固，导线是否完好。配电盘熔丝是否完好，观察电气仪表的电压、电源是否正常；恒电位仪的全部零件是否正常，元件有无腐蚀、脱焊、虚焊、损坏，内部是否清洁，硫酸铜电极清洁，溶液充足、不漏；阳极地床线路完好，埋设标志明显，电阻值（每月测1次）合格；检查接头装置的接线柱与大地绝缘电阻应大于100kΩ，端盖螺钉是否锈蚀等；绝缘法兰是否清洁干燥、漏电。

b. 检查片每1~2年挖检1次，判定阴极保护效果（保护度大于85%为合格），分析检查片的腐蚀原因、特点、性质，注意每取出一组应补充埋设一组。

⑤ 牺牲阳极保护装置检查。

a. 每月进行1次管对地电位差、阳极对地电位差、阳极对管电位差、保护电位、阳极组输出电流、阳极接地电阻及埋设点土壤电阻率测定，并做好记录。

b. 阳极性能变坏时，则增加或更换阳极件。

2. 输油管的正确使用

应建立必要的制度，按操作规程办事，这是防止事故发生的有力措施。

收发油作业按调度指令执行，并应仔细核实工艺流程。管道输油开始，初速控制在1m/s以内，汽、煤、柴等轻质油品流速不宜大于4.5m/s。输油过程中，操作人员应注意机泵压力、电流和温度，定时检测油罐液位，掌握油罐液位变化情况，并及时沿管道作业流程巡检。

① 熟悉管组结构连接形式、坡度方向和管路布置情况，确实掌握管路规格、技术状况及每个阀门的位置和作用；搞清楚地下管路分布位置，并应绘制平面流程示意图，以指导操作。

② 输送两种以上油品时，要合理安排输油顺序，规定流程和操作参数指标（流量、油泵进出口最高、最低操作压力）。尽可能采取大批量输送减少批次。油品停输时，尽量使油管内只充满一种油品。如果调度不开时，应使混油段停在管路平坦地段或在倾斜地段让轻质油品在上坡，较重油品在下坡，以减少混油量。

③ 正确开关阀门防止水击破坏。错开阀门或关闭不严、不及时会发生混油、跑油事故；排出管阀门未开便启动容积泵，管路则可能超压损坏设备，开关阀门过快、过猛，产生水击现象，损坏管路和管件。

④ 及时放空管路：

操作完毕，及时放空管道，其目的在于：

a. 防止因阀门渗漏，使油料串混。

b. 保证管理安全。如果管道中充满油料，当温度升高时，油料的膨胀大于管体金属的膨胀，使管道压力增高，可能引起管道渗漏（如法兰连接外等），阀门开启困难，甚至胀裂管道。这是因为对于密封管道内充满油料，在温升1℃时的膨胀压力可增加0.7MPa左右。对于未安装胀油管或安全阀的管道系统，可放掉部分油料，使管道内存在一定的气体空间，由于气体具有可压缩性，可以防止温升超压。

c. 防止重油管路中的油品凝管，影响输转。

⑤ 防止渗漏。法兰、焊缝、阀门填料、伸缩器填料等处，是管路容易渗漏的薄弱环节，应加强检查和维护，适时更换法兰垫片和阀门填料。

地上管路渗漏比较直观容易发现，但地下管路检漏比较困难，目前还没有方便可靠的检漏仪器和方法，这就要求我们在工作中，正确掌握地下管路的技术状况，根据下列症候判断地下管路是否漏油：

a. 收、发油时油泵出口压力表读数是否有突然下降或比正常读数小的现象，进口真空表的读数是否相应增加；

b. 一次作业中收油或发油是否有不正常的差额；

c. 平常管内有无流水般的声响；

d. 通过管路的地面上有无油迹，周围植物生长是否正常。

上述各种方法在管路大量漏油时能及时发现，微小渗漏时很不容易察觉。

综上所述，若初步断定有渗漏情况时，应及时进行液压试验，试验有困难时，可做静压试验。所谓“静压试验”是将有一定坡度的管路下端盲死，接上压力表或U形水银测压计后，使管内充满油料，观察管路静压是否保持不变。若静压逐渐降低证明管路漏油，应查出渗漏部位及时进行修补。

⑥ 防止冻害。寒冷地区入冬前应放尽闸阀或管路低洼处的积水，以防冻裂。

⑦ 适时清洗和扫线。

管道在安装、检修后，内部存在一些焊渣等杂物，应进行冲洗。管道经过一定时间使用后，在管道的内表面上会覆盖一层铁锈或从油料中析出的沉淀物，这样就会减少管道横截面积，并增加流动阻力，降低输送能力及油品质量。所以，管道使用一定时间后，必须根据情况适时清洗。

管道长期停用或需动火检修，均应扫线处理。扫线推荐的介质见表2－2。

表2－2 管道扫线推荐选用介质

扫线介质 管道内介质	蒸汽	空气	氮气	水
原油	好	不能用	不能用	不用
汽油/石脑油	不用	不能用	可用	好
煤油	不用	不能用	好	可用
航空煤油	不用	不能用	可用	不能用
柴油	好	不用	不用	好
润滑油	不用	好	不用	不用
燃料油	好	不用	不用	不能用
沥青	好	不用	不用	不能用
液化石油气	不用	不能用	好	可用

注：有沥青的地下管道，不准用蒸汽吹扫，以免沥青受热软化，防腐层受到破坏。无论何种扫线介质，都不准往正常使用油罐扫线，以防油品被污染而影响质量。用蒸汽扫线时，阀门不得开得过快或过大，以防水击损坏管道和设备。闪点低于60℃的油品管道禁用压缩风扫线，以防油气与空气混合，形成爆炸混合物引起着火、爆炸。

⑧ 做好管道防腐。

除了采取应有的防腐措施外，平时应经常检查管道锈蚀情况，发现脱漆处，应及时补漆。为防止管道底部锈蚀，在可能时，结合大修转动管段，使其原腹面向上。管道周围的污水、杂草应随时清除。地下管道在使用一定年限后，应在腐蚀严重地段挖坑检查地下管道锈蚀情况，以便采取相应措施。

另外，还应检查支座、管沟的状况，修理其损坏部分；检查管道的静电接地装置的连接是否牢靠，有无严重腐蚀现象。寒冷地区，入冬前应放空闸阀及管道低凹处的积水，以防冻裂。

⑨ 管道表面色和标识。为了便于识别与管理，各种管道（包括保温）应涂刷不同颜色的油漆。中国石化系统石油库中常见的管道色标如表 2－3 所示。工艺管道表面色为灰白色（C6Y6），在油罐进出口阀门外侧、管道穿越防火堤外侧、油泵站外及露天泵组处涂刷油品指示标志。油品指示标志为三道色环，中间色环宽度 0.5m，色环上方用宋体字标注介质名称。字体颜色为红色，字高 0.1m，宽高比为 0.8。两侧色环宽度 100mm，色环间隔 100mm，有突出箭头的色环，其箭头方向表示油品流动方向。消防冷却水管道表面色为绿色（C56Y43），泡沫混合液管道表面色为红色（M91Y87）。油库管道表面及色环标志色如图 2－9 所示。

表 2－3　管道色标

介质名称	汽油	煤油 航空煤油	柴油	润滑油	泡沫 混合液	消防 冷却水	真空管道	蒸汽
颜色	银白色 或红色	黄色	灰色	深灰色 或黑色	红色	绿色	天蓝色	（淡红色）

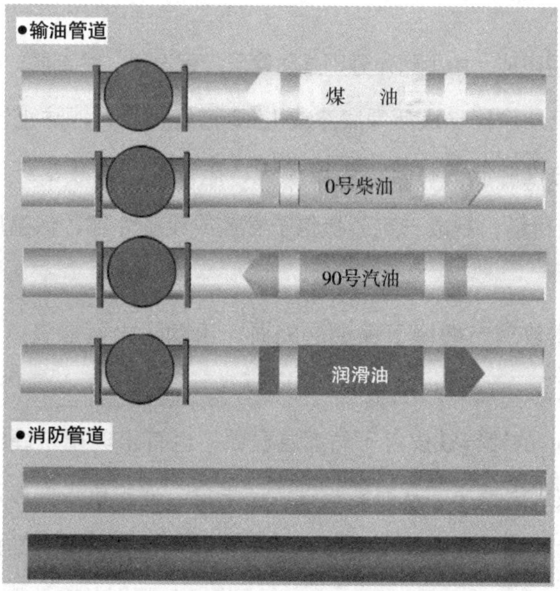

图 2－9　油库管道表面及色环标志色示意图

四、 管道保温与伴热

1. 伴热

对于黏度大、易凝的石油及其产品，如原油、重柴油、润滑油等都需加热输送。为减少输送过程中热损失，除需在管道外进行保温外，有时还需逐段对管道预伴热。表 2-4 为蒸汽伴热管道选用表。

表 2-4　蒸汽伴热管道选用表

输油管道 *DN*/mm	40	50	65	80	100	125	150	200	250	300
伴热管道 *DN*/mm	15	15	15	20	25	15	15	20	25	20
伴热管数量	1	1	1	1	2	2	2	2	2	3

注：*DN*150 以上输油管，为了施工和管理方便，工程上常用 1 根 *DN*40 或 *DN*50 管作伴热。

蒸汽伴热管道敷设应注意以下几点：

① 伴热蒸汽应从供热管上方引入，压力保持在 0.5～1.0MPa。

② 伴热管道与被伴热管道应捆牢紧贴在一起，外包保温层。

③ 伴热管道尾端应在低点通过疏水器排除冷凝水。

④ 伴热管道应在适当距离和位置设补偿管道。

2. 保温

除加热输送的油品管道需保温外，还有一些介质如蒸汽、自来水、液化石油气等管道也需保温。输送的介质不同，保温目的也不相同。蒸汽管道保温是为了防止热损失，自来水管道保温是为了防止冻凝，而液化石油气管道保温是为了保冷。因此，对不同管道的保温结构及其使用材质也不相同。

保温管道一般由 4 层组成，由里到外分别是防腐层、保温层、防潮层，最外一层是保护层。

① 防腐层是在管壁外涂刷一道沥青底漆或 1～2 道红丹漆，以防止管道外壁氧化腐蚀。

② 保温层采用导热性能低的材料，如玻璃布、矿渣棉、硅酸铝纤维、泡沫石棉、微孔硅酸钙和海泡石复合保温材料，制成一定形状包于管道或设备外部，保温层厚度视管径大小和介质温度而定。

③ 防潮层是用沥青玻璃布缠绕于保温层外面，用以防止雨雪浸入保温层破坏保温效果。包扎层数根据设计而定。

④ 保护层用 0.5mm 的镀锌铁皮包于防潮层表面，也有用玻璃布缠绕或石棉水泥抹面，这样可以保护保温层不被人为损坏，从而延长保温层寿命。保护层表面应涂刷 1～2 道醇酸磁漆。

保温管道应格外注意施工质量。主要质量要求有：法兰处应留有卸螺帽间隙；转弯处应留有膨胀间隙；直立管段设托架；保温块应用铁丝捆牢；预制块间隙应用灰浆灌满；玻璃布缠绕应搭接一半；保温层要求密实。管道色标与前述相同。

第三节 管道水击与防止

一、 水击现象

水击又称为水锤，在管道中液体的运动状态突然改变的情况下发生（例如阀门的突然关闭或突然开启，水泵的突然启动或停止，水轮机或液压油缸突然变化负载等）。由于流速突然发生迅速变化，结果由于流体惯性，必然引起管内压强的剧烈波动，即压强的突然上升与突然下降，并在整个管长范围内传播。压强突变使管壁产生振动，并伴有似锤之声，故将这种现象称为管内水击现象，或水锤现象。当阀门迅速关闭时，管内流速急剧下降，压强迅速上升，称为正水击。正水击可能使管道爆裂。而当阀门迅速开启时，管内流速急剧上升，压强迅速下降，称为负水击。负水击可使管道产生真空和汽蚀，使管道变形。以下仅讨论正水击。

水击现象所引起的压强上升，轻微时，只表现为噪音与振动，严重时，压强变化甚至可超过管内原有正常压强的几十倍甚至上百倍。以致超过了管壁材料的允许应力，造成管道和管件的变形，甚至破裂。所以，了解水击现象的发生、发展和消失过程，对避免削弱水击所产生的危害是十分必要的。

当阀门突然关闭时，由于水击，将在该处引起压力的突然上升。压力上升的数值 Δp 与管路中的流速变化（在突然停止的情况下即为初始流速 v）成正比。其关系为：

$$\Delta H = \frac{\Delta p}{\rho g} = \frac{a(v_0 - v_1)}{g}$$

式中 a——水击波在该管路中的传播速度，m/s；

ρ——液体的密度，kg/m^3；

g——重力加速度，m/s。

水击波在密闭管路的池流中的传播速度 a，不仅决定于液体的压缩性，还与管壁的弹性变形有关。可按下式计算：

$$a = \sqrt{\frac{g}{\rho\left(\frac{1}{K} + \frac{d}{\delta E}\right)}}$$

式中 d——管内径，m；

δ——钢管壁厚，m；

E——钢材的弹性模量，kg/m^2；

K——液体的体积弹性系数，kg/m^2。

管路末端产生的水击压力波将以速度 a 向管路上游传播，直至达到上游的端点。如忽略压力波在传播过程中的衰减，则随着压力波的到达，管路沿线各点的压力值将依次增加。

水击波在密闭管路的池流中的传播速度 a，不仅决定于液体的压缩性，还与弹性变形有关。

水击危害较大，严重时可击破管线、法兰、阀门等，故在操作中应严加注意。水击现象尤以蒸汽扫线时发生较多。

二、蒸汽扫线时发生水击现象的原因

蒸汽含水：管线内存水与冷凝水。

扫线蒸汽压力过大。

蒸汽扫线阀门开度过大，使扫线速度过快。

管线太长，而且弯多，阀门多。

扫上坡管路。

管线温度低。

三、避免方法

蒸汽扫线前，应先排除主蒸汽线冷凝水，缓慢开启蒸汽阀门，控制扫线速度。也可采用蒸汽与压缩空气轮换扫线，以扫出蒸汽冷凝水。

第四节 油库管道的常见故障与维修方法

一、管路的常见故障

管路、闸阀和各种连接件渗漏、松动脱漆，阀门外壳出现裂纹、锈蚀塞紧，管路焊缝裂纹、重皮锈蚀，管墩管沟损坏，静电接地装置锈蚀，接地电阻超标准，管路扭曲变形、腐蚀穿孔、保温层脱落、管件破裂、补偿器变形、电位保护失效等是输油管路常见故障。

二、 输油管路检修方法

1. 焊补

修补输油管路最可靠的方法是焊补。发现管路有裂痕、腐蚀穿孔或有剥层时应切除至少500mm管段以同材质和管径的新管段换焊。对管路未穿透的少量蚀孔，可清除铁锈后用电焊填补，但焊迹必须超出锈蚀外边沿10mm，成片腐蚀的管子（当蚀孔沿管路成均匀分布时），必须进行局部更新。

管路在施焊过程中，应进行中间工序的检查，其主要内容为：

① 管路和焊接材料的质量；

② 焊缝坡口的加工质量；

③ 管路的装配质量和焊缝点质量；

④ 焊缝外部质量；

⑤ 性能试验结果。

2. 环氧树脂补漏

环氧树脂可以及时修补管路的腐蚀穿孔、砂眼、裂纹等渗漏处，不受安全条件限制，大大减少明火修焊的危险性，安全可靠有利生产。

补漏应在管内无压力及放空情况下进行，清理管子表面污锈后，先沿渗漏处涂环氧树脂补漏剂，涂层厚度1～2mm，在涂层上缠绕一层玻璃丝布，再在玻璃丝布上涂补漏剂。周而复始缠绕玻璃布3～5层，最后以补漏剂覆面，干固后即可投入正常使用。

3. 减少静电接地电阻

由于土壤干燥造成接地电阻增大时，可设法保持土壤潮湿，即在接地周围埋些木炭，保持水分，或者在接地周围埋一些食盐，增加导电能力。如接地电阻增大是由于接地极锈蚀严重所造成的，可除去锈垢或换上新接地极，也可通过增加接地极数目以及采用降阻剂来达到降低接地电阻的目的。

4. 更换或增加牺牲阳极保护装置

当阳极性能变坏时（保护度≤85%）则增加或更换阳极件。

5. 更换阀门、补偿器填料

阀门及补偿填料松动、磨损、老化应及时更换压紧。

6. 除锈补漆

发现脱漆处应及时除锈补漆，管路外部局部涂漆，一般是每年1次，雨季前后进行，要特别注意焊接处锈蚀情况，为防止地面上管路底部锈蚀穿孔，延长使用寿命，对投用多年的管路，根据锈蚀情况结合大修可将管段翻转使其腹面向上，进行防腐处理。

三、 管道应急抢修

管道由于腐蚀穿孔、焊缝缺陷、冬季冻裂、高温胀裂以及密封垫圈损坏等原因，将造成泄漏。对于地面管道的渗漏容易发现，埋地管道的泄漏就不易发现，只有通过间接的方法加以判断。

作为一种管道维护的特殊工作，应急抢修对减少管道泄漏造成的损失很重要。下面介绍几种应急抢修的方法。

1. 木塞堵漏

木塞的形状、规格，根据需要预先制作。一旦管道出现穿孔泄漏，用预制好的木塞打紧即可。此法简单、效果好、操作迅速。但需要注意如果钢管由于腐蚀减薄，打入木塞时，会使腐蚀穿孔扩大化。因此，该方法不适用于整体腐蚀严重的钢管。

2. 堵漏栓

堵漏栓是用于抢修管道穿孔时的一种简便方法。堵漏栓的结构如图 2－10 所示，它制作简单，携带方便，效果好。

当管道出现穿孔泄漏时，可根据孔洞的大小，选择合适的堵漏栓。使用时先使活动杆和螺杆平行，穿入洞内，然后慢慢拉动螺杆，使活动杆和螺杆垂直并紧贴在管子内壁，接着拧动元宝螺母，将密封胶垫压紧即可。

3. 环箍堵漏

当管道受腐蚀穿孔泄漏，孔洞周围的管壁亦已很薄，强度也较低，这时采用环箍堵漏比较理想。环箍的结构如图 2－11 所示，它既可作管道单面穿孔堵漏，也可用双面穿孔堵漏。使用时用适当大小的橡胶垫片贴在渗漏处，套上弧形铁板拧紧即可。

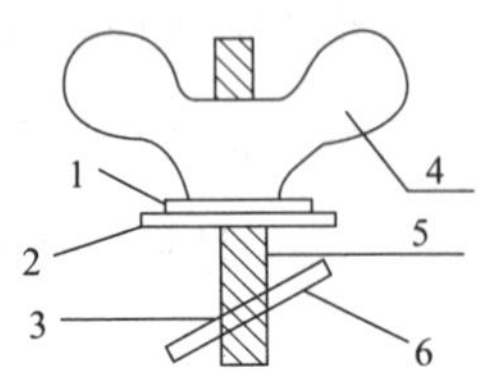

图 2－10　堵漏栓

1—金属垫片；2—橡胶密封垫；3—活动轴；
4—元宝螺母；5—螺杆；6—活动杆

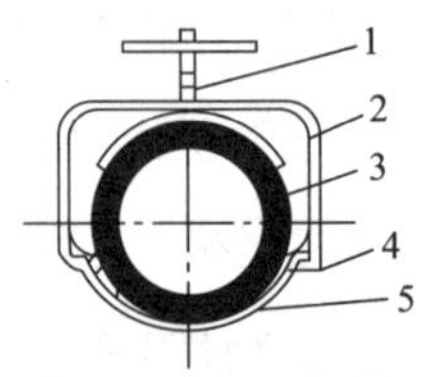

图 2－11　堵漏环箍

1—转动螺栓；2—支架；3—油管
4—橡胶垫片；5—弧形铁板

四、 输油气管线带压封堵抢修作业

在油气储运生产中，有时会出现要求不停产的情况下进行管线泄漏封堵或更换管线的情况。但是油气管线由于介质特殊，不停输带压封堵或更换管线具有危险性。下面简要介绍近年来广泛使用的一种不停输抢修作业方法。以国内某石化公司更换部分输油管线为例，其工艺图如图 2－12 所示，具体施工方法如下。

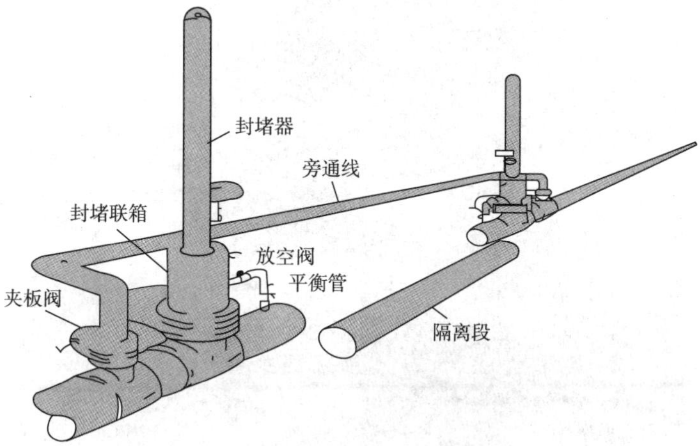

图 2－12　某石化公司不停输更换管段工艺图

① 根据要求确定施工位置。

② 根据封堵（更换）长度，开挖作业坑，尺寸为 6m × 12m，深度为距施工管道下底部 0.5m。考虑到该处为地下水富集区，加设排水泵 2 台。

③ 在更换管段上下游，确定旁通口和封堵口开孔位置。通过上下游旁通口，形成旁通管线，便于更换管段时不停输。上下游封堵口用于给管内安装封堵器，便于封堵后更换管段。

④ 去除管道 3PE 防腐层。

⑤ 在封堵口处加等径三通，在旁通口处加焊变径三通，并对三通件焊缝进行渗透检测，确保焊接质量。

⑥ 在三通上方增加液压闸阀（夹板阀），在法兰与闸阀之间装金属缠绕垫石墨（高温高压），并涂抹高温黄油（锂基脂）增加密封性。

⑦ 在封堵口之间紧靠封堵口一侧开放空口，在进行开孔作业和封堵作业时做为旁通口 A，用作平衡开孔器内压力。

⑧ 将装好道具的液压开孔器吊装在闸阀之上，接好旁通 A，打开闸阀进行开孔作业，见图 2－13。

⑨ 打完孔后关闭旁通，关闭闸阀，进行放空，放空完后取下开孔器。

⑩ 在封堵口的液压闸阀上安装封堵器，安装时注意封堵头的方向。

⑪ 对旁通管线进行试压，打水试压至 6MPa，进行 24h 试压，完毕后放水，干燥确认合格。

⑫ 打开旁通口的闸阀，使用旁通管线进行油品的输送，后打开封堵口的液压闸阀、下封堵头（如果封堵头密封效果不够，可再加一道气囊封堵），打开放空阀进行放空，在确认已经放空完毕后进行切割连接或换管作业。

图 2－13　带压开孔

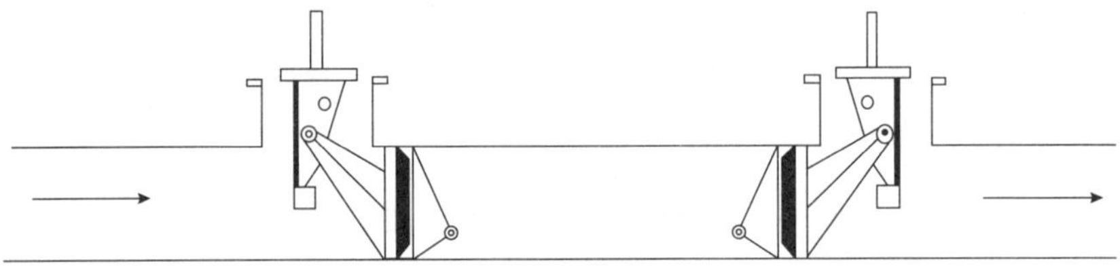

图 2－14　封堵头在管道内示意图

⑬ 换管作业后，打开封堵头，关闭液压闸阀，进行正常输油，关闭旁通口液压闸阀、对旁通管线进行放空，拆除旁通管线，做报废处理。

⑭ 使用封堵器将封堵头换成封堵饼，装在旁通口和封堵口的液压闸阀之上，打开液压闸阀，将封堵饼放置在三通法兰处，用法兰上的 4 个锁死机构将封堵饼锁死。

⑮ 拆除液压闸阀，用盲板将封堵饼和液压闸阀封死，做防腐保护。

⑯ 清理现场，做好记录，回填作业坑，恢复地貌。

第五节　输油管道泄漏检测

油库管道尤其是输油管道在使用过程中为使管道安全运行，必须对其进行检测，尤其应经常对管壁剩余厚度和内外涂层的厚度进行检测，供油库管理者正确地评估管道地安全可靠性。

管壁剩余厚度的检测采用电脑超声波测厚仪进行检测，而内外涂层厚度一般用电脑涂层测厚仪检测。同时，还应对管道进行经常性的泄漏检测，尤其输油管道，以减少油料损失，减少油品对空气、环境的污染，减少油库的安全隐患。

管道的泄漏检测技术基本上可分为两类，一类是直接检漏方法，另一类是SCADA系统检漏。直接检漏法是指对泄漏物进行直接检测，如直接观察法、检漏电缆法、油溶性压力管法、放射性示踪法、光纤检漏法等。SCADA系统检漏是检测因泄漏而造成的影响。如依据流体压力、流量的变化来判断泄漏是否发生及泄漏位置。具体软件算法有压力/流量突变法、质量/体积平衡法、实时模型法、统计检漏法、PPA（压力点分析）法等。除上述两类主要方法外，还有其他的一些检测法，如清管器检漏法。各类方法都有一定的适用范围。

一、 直接检漏方法

1. 直接观察法

有经验的管道工人或经过训练的动物巡查管道时通过看、闻、听或其他方式来判断是否有泄漏发生。近年美国OILTON公司开发出一种机载红外检测技术，由直升飞机带一高精度红外摄像机沿管道飞行，通过分析输送物资与周围土壤的细微温差确定管道是否泄漏。

2. 检漏电缆法

检漏电缆多用于液态烃类燃料的泄漏检测。电缆与管道平行铺设，当泄漏的烃类物质渗入电缆后，会引起电缆特性的变化。目前已研制的有以下几种电缆。

① 油溶性电缆：电缆的同轴结构中有一层导电薄膜，当其接触烃类物质时会溶解，从而失去导电性。从电缆的一端发送电脉冲信号，因电路在薄膜溶解处被切断，从返回的脉冲中能检测出泄漏的具体位置。另一种结构的电缆中有两根平行导线，导线外都覆盖有一层绝缘油溶性膜，当油渗透进电缆后，溶解薄膜使两根导线之间短路，测两导线之间的电阻值能推测出漏油位置。

② 渗透性电缆：这种电缆芯线导体的特性阻抗为定值。当油渗透进电缆后，会改变电缆的特性阻抗。从电缆的一端发送电脉冲，通过反射回来的电脉冲可知阻抗变化的位置，从而可确定泄漏的位置。

3. 声学方法

当管道发生泄漏时，通常在泄漏点会产生噪声，声波沿管道向两端传播，管道上的声音传感器检测到声波，经处理后确定泄漏是否发生及漏点位置。由于受到检测范围的限制，若要对长距离的管道检漏，则必须沿管道安装许多声音传感器。

4. 负压波法

管道发生泄漏时，泄漏部位的物质损失会导致压力的下降，压降沿管道向两端扩散而形成负压波。其传输速度与声波在流体中的传播速度相同，传输距离可达几十公里。根据安装在管道上、下游的传感器检测到负压波的时差及负压波的传播速度，可确定泄漏的具体位置。

二、 SCADA 系统

软件方法主要利用 SCADA（监控与数据采集）系统提供的压力、流量、温度等数据来检测管道的泄漏。它的主要优点是适应性广、安装简单。主要有下面几种类型的检测方法。

SCADA 是 Supervisory Control and Data Acquisition 的简称，即监控和数据采集。它利用计算机技术收集现场数据，通过通信网传送到监控中心，在监控中心监视各地的运行情况，并发出指令对运行状况进行控制。SCADA 系统对提高管道自动化水平有重要意义。SCADA 系统的主要组成部分是：远程终端设备（RTU）、主站计算机（包括硬件和软件）、操作人员数据显示和控制盘及有关的外围设备。SCADA 系统的控制过程是由设在控制中心的主控计算机对远程终端装置 RTU 进行定时询问，把分散在各个站的情况通过通信线路传送给中央主控计算机进行全线的统一管理和监视控制。而各个站的监视控制一般由 RTU 或可编程序控制器来独立完成，泵站可以无人值守，从而形成可靠的计算机网络式分布控制系统。图 2－15 为输油管道现代 SCADA 系统配置图。泄漏检测是管道 SCADA 系统的重要组成部分，SCADA 系统一般采用软件方法检漏。

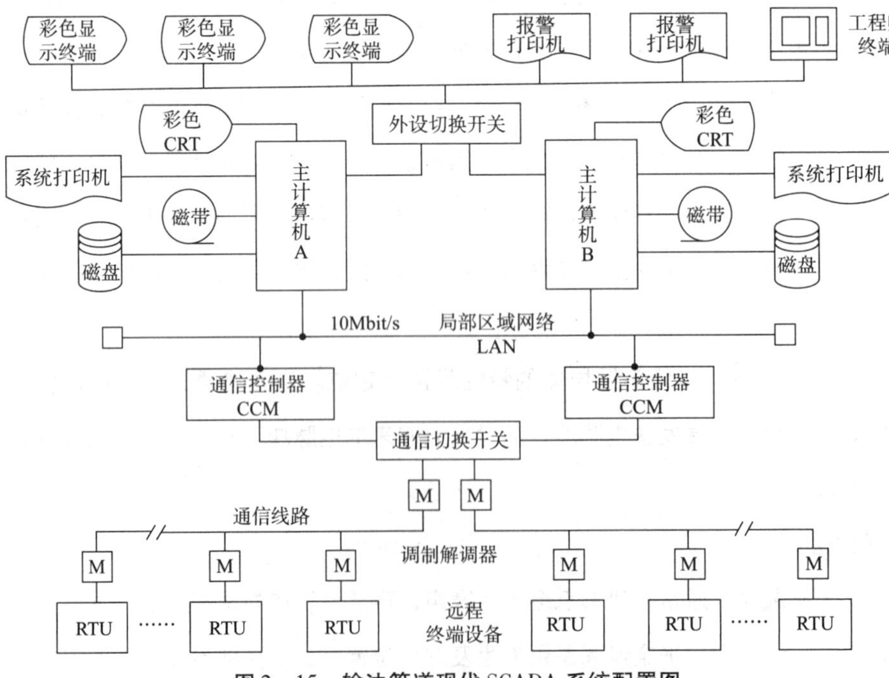

图 2－15　输油管道现代 SCADA 系统配置图

远程终端装置（RTU）将采集的流量、压力、温度等参数传递给监控中心，对管道的运行状况进行实时监控。当检漏软件检测到泄漏时，给出报警信号。泄漏严重时，监控中心可发送指令关闭泵阀。SCADA 系统可准确掌握现场情况，及时灵活地调度控制生产，优化运行，获得较好的经济效益；可及时发现并处理故障，确保管输安全；可为管理及时提供可靠数据，装备 SCADA 系统是实行管道自动化的必由之路。

目前主要有下面几种类型的检测方法。

（1）质量或体积平衡法

质量或体积平衡法依赖于连续性原理，即流入与流出相等。这时测出管道出口与入口流量，有差值则表明管段内可能发生泄漏。由于所测流量取决于流体的各种性质（如温度、压力、密度、黏度）以及流体的状态，而使情况变得复杂，在实际应用中需进行修正。

（2）流量或压力突变法

这是管道检漏最直接的方式之一，在运行管道上的泄漏将引起上游流量的增加，同时上游和下游的压力减小。泄漏引起的压降在泄漏点最大，向泄漏段的头、尾逐渐减轻。

当出入口流量或压力瞬间发生较大变化时，表明管道发生泄漏。这种方法一般只用于稳态流的非压缩性流体，仅能探测到较大的泄漏，并且不能确定泄漏位置。

（3）实时模型法

实时模型法是研究得最多的一种方法，它不仅能探测到较小的泄漏，且定位准确。这种方法的工作原理是由一组几个方程建立一个精确的计算机管道实时模型，此模型与实际管道同步执行。定时取管道上的一组实际值，如上下游压力、流量，运用这些测量值，由模型估计管道中流体的压力、流量值，然后将这些估计值与实测值作比较来检漏。

（4）统计检漏法

质量或体积平衡法监测管道的完好性，方法简便费用低，但当管道的运行状况不断变化时，它就不能有效地应用。考虑到流体的动态特性，开发管道实时模型用于检漏，需要大量的模拟实验和计算。壳牌公司开发了一种不用管道模型的检漏系统，该系统根据管道出入口的流量和压力，连续计算压力和流量之间关系的变化。当泄漏发生时，流量和压力之间的关系总会变化。应用序列概率比试验方法和模式识别技术，可检测到这种变化。当泄漏确定之后，用最小二乘法进行泄漏定位。

基于软件的方法对检测仪表精度要求很高，否则会带来较大的定位误差。根据检测的具体要求可选用精度较高的仪表，或利用数学方法对采集的数据进行修正。

实操项目一　更换压力表

1. 考试要求

（1）必须穿戴劳动保护用品。

（2）必备的工具、用具准备齐全。

（3）考试前统一抽签，按抽签顺序对考生进行考试。

（4）符合安全、文明生产。

2. 准备要求

（1）材料准备。

序　号	名　称	规　格	数　量	备　注
1	安全帽		1 顶	
2	工作服		1 套	
3	棉手套		1 副	
4	生料带		1 卷	
5	作业票		1 套	
6	操作卡		1 份	

（2）设备准备。

序　号	名　称	规　格	数　量	备　注
1	压力表	Y100	1 块	

（3）工具准备。

序　号	名　称	规　格	数　量	备　注
1	扳手		2 把	
2	F 扳手		2 把	

3. 操作程序说明

（1）准备工作。

(2) 压力表更换前的准备工作。

(3) 压力表更换操作。

(4) 做到工完、料净、场地清。

4. 考试规定说明

(1) 如操作违章，将停止考试。

(2) 考试采用100分制，扣分标准按各单项分值扣完为止，然后按鉴定比重进行折算。

(3) 考试方式说明：该项目为实际操作题，考试过程按评分标准及操作过程进行评分。

(4) 测试技能说明：本项目主要测试考生对压力表更换操作的熟练程度。

5. 考试时限

(1) 准备时间：5min（不计入考试时间）。

(2) 正式操作时间：15min。

(3) 提前完成操作不加分，超时操作按规定标准评分。

6. 评分记录表

序号	考试内容	评分要素	配分	评分标准	检测结果	扣分	得分	备注
1	准备工作	着装、戴安全帽	2	不整洁、不规范、缺扣、没系扣各扣1分（小翻领、拉链服除外）				
		戴手套	1	未戴扣1分				
		工具、用具准备	2	工具、用具选择不正确一件扣1分				
2	测试旧压力表	检查压力表	10	未检查压力表是否合格扣10分				
			5	未检查压力表量程是否符合要求扣5分				
3	拆下旧压力表	更换压力表	8	更换压力表时未切断油源扣8分				
			7	未泄压扣7分				
		关好压力表阀，拆下旧压力表	5	未关压力表阀扣2分；未拆下压力表扣3分				

续表

序号	考试内容	评分要素	配分	评分标准	检测结果	扣分	得分	备注
4	安装新压力表	清除仪表管嘴的废生料带或污物，再在仪表管嘴螺纹上缠上几圈生料带，将压力表接头螺帽套上，先用手拧紧，再用扳手上紧，仪表盘方向便于观看	10	未清除仪表管嘴的废生料带或污物扣10分				
			10	未检查新压力表量程扣5分；未按要求上好压力表扣5分				
			5	仪表盘方向不符扣5分				
5	试压	更换后恢复介质压力，打开压力表阀，检查连接螺纹是否有泄漏	5	更换后未恢复介质压力扣5分				
			5	未打开压力表阀扣5分				
			10	未检查连接螺纹是否有泄漏扣10分				
			10	有泄漏未重新安装扣10分				
6	使用工具	正确使用工具	2	工具使用不正确扣2分				
		正确维护工具	3	工具乱摆、乱放扣3分				
7	安全文明操作	按国家或企业颁发的有关安全规定执行操作		违规操作1次从总分中扣5分；严重违规者取消考试资格				
8	考试时限	在规定时间内完成操作		每超时1min从总分中扣除5分，超时3min停止操作				
		合　计	100					

考评员：　　　　　　　　核分员：　　　　　　　　年　月　日

实操项目二　绘制轻油卸油泵房工艺流程图

1. 考试要求

（1）必须穿戴劳动保护用品。

（2）必备的工具、用具准备齐全。

（3）考试前统一抽签，按抽签顺序对考生进行考试。

（4）符合安全、文明生产。

2. 准备要求

（1）材料准备。

序　号	名　称	规　格	数　量	备　注
1	安全帽		1 顶	
2	工作服		1 套	
3	绘图板	2 号	10 块	
4	绘图板支架		10 个	
5	画图纸	200g，2 号	2 张	

（2）工具准备。

序　号	名　称	规　格	数　量	备　注
1	丁字尺	100cm	2 把	
2	比例尺		2 把	
3	皮尺	10m	2 个	

3. 操作程序说明

（1）准备工作。

（2）工艺流程图绘制。

（3）图例规范。

（4）图面清晰、整洁。

4. 考试规定说明

（1）如操作违章，将停止考试。

（2）考试采用 100 分制，扣分标准按各单项分值扣完为止，然后按鉴定比重进行折算。

（3）考试方式说明：该项目为实际操作题，考试过程按评分标准及操作过程进行评分。

（4）测试技能说明：本项目主要测试考生能完整准确绘制轻油卸油泵房工艺流程图的熟练程度。

5. 考试时限

（1）准备时间：5min（不计入考试时间）。正式操作时间：20min。

（2）提前完成操作不加分，超时操作按规定标准评分。

6. 评分记录表

序号	考试内容	评分要素	配分	评分标准	检测结果	扣分	得分	备注
1	准备工作	着装、戴安全帽	3	不整洁、不规范、没系扣各扣1分（小翻领、拉链服除外）				
2	工艺绘制	管线绘制，按实际工艺绘制	10	管线不畅通扣10分				
			10	管线尽头无盲板每个扣2分				
			8	没有横连竖断，连接、交叉不正确每处扣2分				
		管线附件	12	闸阀、泵、过滤器、止回阀、仪表等每缺一个扣2分				
			10	闸阀、泵未编号每个扣2分				
			8	图例错误每个扣2分				
		工艺表达	10	不符合实际工艺扣10分				
3	图例规范	文字标注	5	文字标注不清楚扣5分				
		油品名、流动方向标示	5	每缺一处扣1分				
		图幅与标题栏	5	不符合国家标准扣5分				
4	图面	图面布置	5	疏密明显不均扣5分				
		图面清晰、整洁	5	图面不清晰、不整洁扣5分				
		图名	4	无图名扣4分				
5	安全文明操作	按国家或企业颁发的有关安全规定执行操作	5	违规操作1次从总分中扣5分；严重违规者取消考试资格				
6	考试时限	在规定时间内完成操作		每超时1min从总分中扣除5分，超时3min停止操作				
		合　计	100					

考评员：　　　　　　　　　　核分员：　　　　　　　　　　年　月　日

实操项目三　管线水压试验

1. 考试要求

（1）必须穿戴好劳动保护用品。

（2）必备的工具、用具准备齐全。

（3）正确使用工具、用具。

（4）按照规定的操作程序进行操作。

（5）操作过程符合安全文明操作。

2. 准备要求

（1）材料准备。

序号	名称	规格	数量	备注
1	安全帽		1顶	
2	工作服		1套	
3	手套		1副	
4	棉纱或棉布		若干	
5	生料带		1盒	
6	耐油胶垫	18mm×5.5mm×2.5mm	若干	制作表接头密封垫用
7	作业票		1套	
8	操作卡		1份	
9	注水胶管	Φ20×2	20m	

（2）设备准备。

序号	名称	规格	数量	备注
1	试压管线	*DN*80	2.4m	
2	煨制弯头	*DN*80×1.5R	2个	
3	手动试压泵	SY-36/2.5	1	
4	压力表	1.6MPa	2	
5	减震管	*M*20×1.5	2	
6	针型阀	*DN*15	3	
7	球阀	*DN*15	2	
8	法兰	*DN*80	2	
9	盲板	*DN*80	2	

（3）工具准备。

序号	名称	规格	数量	备注
1	活动扳手	200、250	各1把	
2	开口扳手	12-14、17-19、22-24	各1把	
3	梅花扳手	22-24	2把	
4	皮带冲套件	12支装（3~16mm）	1套	工作人员制作垫片用

3．操作程序说明

（1）准备工作。

（2）试压操作。

（3）强度试验。

（4）严密性试验。

（5）泄压。

（6）清理现场。

4．考试规定说明

（1）如违章操作，将停止考试。

（2）考试采用百分制，考试项目得分按鉴定比重进行折算。

（3）考试方式说明：该项目为实际操作题，考试过程按评分标准及操作过程进行评分。

（4）测量技能说明：本项目主要测试考生对管线水压试验的熟练程度。

5．考试时限

（1）准备时间：1min。正式操作时间：15min。从正式操作开始计时。

（2）提前完成操作不加分，超时按评分标准进行评分。

6．评分记录表

序号	考核内容	评分要素	配分	评分标准	检测结果	扣分	得分	备注
1	准备工作	着装，戴安全帽、手套	2	不整洁、不规范、没系扣各扣1分				
		工具、用具准备	1	工具、用具选择不正确一件扣1分				
		试压泵的检查	2	未检查扣2分				
2	试压操作	试压前检查管线是否施工（检修）完（否定项）		未检查管线是否施工（检修）完毕停止操作				
		低位注水，高位排气；安装高低位压力表	10	未低位注水，高位排气扣10分				
			10	安装压力表不规范扣10分				

续表

序号	考核内容	评分要素	配分	评分标准	检测结果	扣分	得分	备注
3	强度试验	用试压泵加压，强度试验压力为工作压力的 1.5 倍（最低不小于 0.2MPa），试压时间：压力保持 10min 稳定不变	10	强度试验压力小于工作压力的 1.5 倍扣 10 分；超过试验压力扣 5 分				
			10	未达到规定的稳压时间扣 10 分				
4	严密性试验	严密性试验压力为工作压力（最低不小于 0.2MPa）；检查时间：不少于 30min。在规定时间内，压力降不大于严密性试验压力的 5%，检查各焊缝及管线附件，不渗漏为合格	10	试验压力小于工作压力扣 10 分				
			10	检查时间少于 30min 扣 10 分				
			10	在规定时间内，压力降大于严密性试验压力的 5% 扣 10 分				
			10	未检查各焊缝及管线附件是否渗漏扣 10 分 未判断是否合格扣 10 分				
5	卸压	打开试压泵的泄压阀泄压	5	打开其它阀泄压从总分中扣 5 分				
6	记录	正确记录	5	未记录或记录不全扣 5 分				
7	清理	清理现场	2	未清理现场扣 2 分				
8	使用工具	正确使用工具	2	工具使用不正确扣 2 分				
		正确维护工具	1	工具乱摆乱放扣 1 分				
9	安全文明操作	按国家或企业颁发的有关安全规定执行操作		违规操作 1 次从总分中扣 5 分；严重违规者取消考试资格				
10	考核时限	在规定时间内完成操作		到时停止操作				
	合计		100					

考评员： 核分员： 年 月 日

本章作业：

1. 管道投产前应进行哪些准备工作？
2. 简述油库输油管道特点及其对检漏技术的要求。
3. 简述绘制石油库工艺流程图时的主要步骤和原则。

第三章　阀门的使用与维修

用来开启、关闭或控制管道介质流动的机械装置，称为阀门。

在油库设备中阀门的数量最大，其种类、规格最多，少者数百只，多者上千只。阀门广泛地应用于油库泵房、管沟、检查井、洞库、油罐间、发油作业区、储油区等爆炸危险场所，阀门如果选用不当，管理不善，将直接影响到石油库安全。石油库中，“跑、冒、滴、漏”等事故的发生，大多与阀门渗漏有关。因此，正确地选用和使用阀门，掌握一定的阀门保养维修技术，是油品储运的一项重要工作。

第一节　阀门的基本知识

一、阀门的基本知识

1. 公称通径

公称通径是指阀门与管道连接处流通通道的名义直径，用 *DN* 表示。它表示阀门规格的大小，是阀门最主要的结构参数。公称通径系列有：25、32、40、50、65、80、100、125、150、200、250、300mm 等。

2. 公称压力

公称压力是阀门在规定的基准温度下允许的最大工作压力，用 *PN* 表示。它表明阀门承压能力的大小。石油库常用阀门的公称压力系列为：0.25、0.4、0.6、1.0、1.6、2.5、4.0MPa 等。

3. 适用介质

由于介质性能不同，对阀门的材料要求也不同。各类阀门都有一定的适用范围，在选用时应予以考虑。比如石油库内使用的阀门，阀体材质大多数为铸钢或铸铁，阀座密封面或衬里材料多采用合金钢（H）、硬质合金（Y）或在阀体上直接加工（W）。

4. 流量系数

阀门铭牌上经常出现流量系数这一参数，流量系数通常用以下三种之一表示：

① C：在阀门全开情况下，温度为 5～40℃的水，阀两端压差为 $1kgf/cm^2$ 时，每小时流经阀的体积（以 m^3 表示）。C 是流量系数的通用符号，我国过去长期使用。

② K_v：在阀门全开情况下，温度为 5～40℃的水，阀两端压差为 100kPa 时，每小时流经阀的体积（以 m^3 表示）。$K_v=1.01C$，目前我国推荐使用。

③ C_v：在阀门全开情况下，温度为15℃（60 ℉）清水，阀两端压差为 $1lb/in^2$ 时每分钟流经调节阀的流量数，以 gal/min 计。

二、 阀门的识别

在缺少阀门图纸的情况下，根据阀门上的铭牌和标志以及阀门上的涂漆颜色，可以直接识别阀门的类别、结构形式、材料、公称直径、公称压力（或工作压力）、适应介质、温度及关闭方向等。

① 铭牌。固定在阀体或手轮上。铭牌的数据比较全，反映了阀门基本特性。根据铭牌上的生产厂，向生产厂索取该阀易损件图纸和资料，根据出厂日期参考修理的内容。根据铭牌上提供的使用条件，确定更换垫片、填料的材料和形式以及确定更换其它阀件的材料等。

② 标志。是用铸造、打印等方法在阀体上标示阀门公称压力、工作压力、公称直径和介质流向，如表 3－1 所示。

表 3－1 阀门标志的含义

标注方法		表示意义	
公称压力标示	工作压力标示	箭头的含义	字母与数字的含义
PN100 → 50	p_{51}100 → 50	阀门为直通式	PN100 表示公称压力为 10MPa（$100kgf/cm^2$）；p_{51}100 表示温度在 510℃ 时工作压力为 10MPa（$100kgf/cm^2$）；50 表示公称通径为 50mm
PN40 ↱ 150	PN_{40}36 ↱ 150	阀门为角式，介质由阀瓣下面往上流	PN40 表示公称压力为 4MPa（$40kgf/cm^2$）；p_{40}36 表示温度在 400℃ 时工作压力为 3.6MPa（$36kgf/cm^2$）；50 表示公称通径为 50mm

续表

标注方法		表示意义	
公称压力标示	工作压力标示	箭头的含义	字母与数字的含义
PN25 100	$P_{42}55$ 100	阀门为角式，介质由阀瓣上面往下流	PN25 表示公称压力为 2.5MPa ($25kgf/cm^2$)；p_{42}55 表示温度在 425℃ 时工作压力为 5.5MPa ($55kgf/cm^2$)；100 表示公称通径为 100mm
PN16 50		阀门为三通式、介质从一个进口流向成 90°的两个相反方向	PN16 表示公称压力为 1.6MPa ($16kgf/cm^2$)；50 表示公称通径为 50mm
PN10 40		阀门通道成直线，介质为正反流向	PN10 表示公称压力为 1.0MPa ($10kgf/cm^2$)；40 表示公称通径为 40mm

阀门上还有一种标志——开度指示器，它有开启的标尺刻度线或表示开闭的箭头等。节流阀、暗杆闸阀上端安装有开度指示器，在手轮上标有箭头指向表示关闭方向。在阀杆端面部位上刻有直线沟槽的与阀门通道一致表示开启，沟槽与通道成 90°时为关闭。

③ 阀门上涂有各种油漆，不光是为了好看，而是为了便于识别阀门的材料。钢阀阀盖圆形，阀体漆灰色，手轮天蓝色。铸铁阀阀盖椭圆形，阀体漆黑色，手轮红色（表示铜密封圈）或黑色（表示无密封圈）。

第二节 阀门的选用与安装

一、 阀门的选用

1. 阀门的特性

(1) 闸阀

闸阀的阀体内有一平板与介质流动方向垂直，平板升起时阀即开启，该种阀门由于阀杆的结构形式不同可分为明杆式和暗杆式两类。一般情况下明杆式适用于腐蚀性介质及室内管道上，暗杆式适用于非腐蚀性介质及安装操作位置受限制的地方。明杆闸阀开闭明显，减少了跑油、混油的可能性，石油库中使用较多。石油库安装暗杆闸阀时，应明确规定开闭标记，以防误操作。根据阀芯的结构形式闸阀可分为楔式、平行式和弹性闸板。一般楔式大多制造成单闸板，平行式闸阀两密封面是平行的，大多制造成双闸板，从结构上讲平行式比楔式闸阀易制造，好修理，不易变形，但不适用于输送含有杂质的介质，只能用于输送一般的清水。弹性闸板是一整块的，由于密封面制造、研磨要求较高，适用在较高温度下，多用于黏性较大的介质，在石油、化工行业应用较多。

选用特点：闸阀密封性能较好，流体阻力小，开启、关闭力较小，应用比较广泛，闸阀也具有一定的调节流量性能，并可以从阀杆的升降高度看出阀的开度大小。闸阀一般适用于大口径的管道上，但该种阀结构比较复杂，外形尺寸较大，密封面易磨损，目前正在不断改进中。闸阀主要用作切断用，不作节流用。

(2) 截止阀

截止阀是利用装在阀杆下面的阀盘与阀体的突缘部分相配合来控制阀的启闭。

选用特点：阀的结构较闸阀简单，制造、维修方便，截止阀可以调节流量，应用广泛，但流体流动阻力较大，为防止堵塞或磨损，不适用于流通带颗粒和黏度较大的介质。

常用于小口径的输油管道或水管、蒸汽管道上全开或全闭，一般不用来调节或节流用。截止阀按通道方向分为三类：直通式、直流式和角式。

(3) 旋塞阀

利用阀件内所插的中央穿孔的锥形栓塞控制启闭。由于密封面的形式不同，又分填料旋塞阀、油密封式旋塞阀和无填料旋塞阀。

选用特点：结构简单，外形尺寸小，启闭迅速，操作方便，流体阻力小，便于制作成三通路或四通路阀门，可作分配换向用。但密封面易磨损，开关力较大，易卡死，该种阀门不适用于输送高温、高压介质（如蒸汽），适用于一般低温、低压流体，作启闭用，不宜作调节流量用。适用于一般放水、放气、灌油、液面指示器等处。

(4) 球阀

球阀是利用一个中间开孔的球体作阀心，靠旋转球体来控制阀的开启和关闭，该阀也和旋塞阀一样作成直通、三通或四通的，是近几年使用较多的阀型之一。

选用特点：球阀结构简单，体积小，零件少，重量轻，开关迅速，操作方便，流体阻力小，制作精度要求高，但由于密封结构及材料的限制，目前生产的阀不宜用在高温介质中。按其结构形式基本上分为浮动球阀和固定球阀两类。球阀在管道中做全开或全关用，可安装在管道的任何位置，靠旋转手柄来达到开闭。

(5) 蝶阀

蝶阀的开闭件为一圆盘形，绕阀体内一固定轴旋转达到开闭。

选用特点：结构简单，外形尺寸小，重量轻，流体阻力小，省力等。适合制造较大直径的阀，由于密封结构及材料尚有问题，故该种阀门只适用于低压，用来输送水、空气等介质，作切断和节流用。按其结构形式主要分为偏置板式、垂直板式和斜板式3种。

(6) 止回阀（单向阀、逆止阀）

是一种自动开闭的阀门，在阀体内有一阀盘或摇板，当介质顺流时，阀盘或摇板即升起打开，当介质倒流时，阀盘或摇板即自动关闭，故称为止回阀。由于结构不同又分升降式和旋启式两大类。升降式止回阀的阀盘，是垂直于阀体通道作升降运动，一般应安装在水平管道上，立式的升降式止回阀应安装在垂直管道上，旋启式止回阀的摇板是围绕密封面作旋转运动，一般应安装在水平管道上，对小口径管道也可安装在垂直管道上（要注意水击不能太大）。

选用特点：止回阀一般适用于清净介质，对有固体颗粒和黏度较大的介质不适用。升降式止回阀的密封性能较旋启式为好，但旋启式的流体阻力又比升降式为小，一般旋启式的止回阀多用于大口径管道上。

(7) 疏水器

在石油库蒸汽加热系统中，为了使系统正常运行，顺利地排出管道和加热器内的凝结水，防止设备传热效率降低，引起水击现象，造成设备损坏，同时又能使凝结水顺利地引至凝水管，避免蒸汽的损失。因此，必须在凝水管上安装疏水器，排水阻汽。

疏水器的种类很多，根据疏水阀工作原理的不同，可分为机械型、热静力型和热动力型。

机械型依靠蒸汽疏水阀内凝结水液位高度的变化而动作，包括浮球式、浮桶式、倒吊桶式等。倒吊桶疏水阀作为所有工艺负荷和蒸汽主管线疏水阀的首选，即所有需要对蒸汽疏水的场合。

热静力型包括双金属片式、波纹管式和膜盒式。波纹管式和膜盒式疏水器内部充入挥发性液体，当管道介质温度升高时，波纹管或膜盒内挥发性液体挥发，体积膨胀实现关阀。降温时，挥发性液体冷凝，则会打开阀门排水。

热动力型：依靠流体的热动力学性质的变化而动作。包括圆盘式和脉冲式。

圆盘式：由于在相同的压力下，液体与气体的流速不同，所产生的不同的动、静压力，驱使圆盘阀片动作。

脉冲式：由于不同温度的凝结水通过两极串连节流孔板时，会在两极节流孔板之间形成不同压力，驱使阀瓣动作。

石油库蒸汽管道中常用的疏水器有浮桶式、吊桶式及热动力式等。浮桶式疏水器的特点是动作稳定，不易被卡住，适用于疏水量较多的地方。吊桶式疏水器的特点是稳定可靠，使用时不需调整，但动作迟缓，有漏气现象，需保温，且阀和销钉尖部磨损较快。热动力式疏水器结构简单，排水量大，维修方便，动作灵敏可靠，适用于中、高压管道上，最低压力不能小于0.49MPa。但是阀片与阀座间有时密合不好，漏汽量较大。

疏水器设计排水量及压力差，可由有关产品样本或手册选定。

石油库常用疏水器的名称、型号和技术数据见表3-2。

表3-2 石油库常用疏水器性能比较

名称	型号	公称压力/MPa	最高介质温度/℃	阀体材料	介质	直径范围/mm
热动力式疏水器	S19H-10	1	200	灰铸铁	冷凝水	15~25
热动力式疏水器	S19H-16	1.6	200	灰铸铁	冷凝水	15~50
热动力式疏水器	S19H-25	2.5	200	碳钢	冷凝水	15~50
脉冲式疏水器	S18H-25	2.5	200	低碳钢	冷凝水	15~50

（8）*安全阀*

当介质压力超过规定值时阀瓣自动开启，排放到低于规定值时自动关闭，对管道或设备起保护作用的阀门叫做安全阀。

安全阀按其结构形式不同分为弹簧式、杠杆式和先导式。安全阀选择时，由操作压力决定安全阀的公称压力；由操作温度决定安全阀的使用温度范围；由计算出的安全阀的定压值决定弹簧或杠杆的调压范围；根据操作介质决定安全阀的材质和结构形式；根据安全阀泄放量计算出安全阀的喷嘴面积或喷嘴直径。

2. 阀门类型的选择

石油库中各种管道都有不同的工艺特点，其介质特性、介质压力、使用环境都不相同。因此在选择阀门时，应遵循“满足工艺要求、安全可靠、经济合理、操作维修方便”的基本原则。

满足工艺要求是指首先要清楚工艺要求，要符合压力、温度和介质特性，其次要清楚功能要求，是自动还是手动，是切断还是调节，是严格切断还是基本切断。

安全可靠是指满足油库防爆要求。

最后要考虑成本，能用低规格的就不用高规格的，能用简单的就不用复杂的。正确、合理地选用阀门，可以获得最经济的使用寿命和最佳的性能。

具体来说，一般应考虑以下内容：

① 阀门的结构形式、压力、口径适合输送油品的要求。

② 要求快速启闭的管道应选用球阀和蝶阀。

③ 双流向的管道应选用无方向性的阀门，如闸阀、球阀、蝶阀，不采用截止阀。

④ 要求阀门可靠性好的管道应选用平板阀、弹性闸阀和球阀。

⑤ 要求减少摩擦阻力损失的管道应选用球阀和闸阀。

⑥ 要求自动控制的管道应选用气动阀、电动阀和电磁阀。电动阀和电磁阀使用时应注意防爆等级不得低于ⅡAT3。

⑦ 安装空间小的部位宜采用蝶阀、球阀，如必须采用闸阀，要选暗杆式的。

⑧ 压力管道上应根据具体情况设置安全阀。

⑨ 蒸汽管道和供热管道上应设置疏水阀。

⑩ 经常启闭的部位宜采用截止阀，不经常启闭的部位采用闸阀。

3. 阀门通径的选择

阀门通径应根据设计流量、介质特性和管道通径来决定，其理论计算如公式（3－1）所示。油品在管道内的平均流速如表3－3所示。

$$d = \sqrt{\frac{4Q}{\pi v}} \tag{3-1}$$

式中 d——阀门通径，m；

Q——体积流量，m^3/s；

v——平均流速，m/s。

表3－3 各种介质平均流速

介质	汽、煤、轻柴、水	重柴、重油、润滑油	低压蒸汽	中压蒸汽	低压空气
平均流速/（m/s）	2.0～2.5	1.0～1.5	15～20	20～40	10～20

二、 阀门的安装

各种阀门有不同的结构，因此应根据阀门的结构特点，正确安装。阀门安装前应进行抽样强度试验。试验压力为1.5倍设计压力，阀门严密不漏为合格。

1. 安装要求

① 阀门的安装方向。安装前要仔细核对阀门标记，使介质流向与阀体上箭头指向一致。截止阀、止回阀、安全阀、减压阀、疏水器和某些蝶阀的阀体上都铸有箭头。闸阀、旋塞阀、球阀和某些蝶阀液体可双向流动，因此阀体上没有流向标志。有些止回阀只能立装不能横装，有些止回阀只能横装不能立装。

② 阀门的安装姿态。应根据阀门结构的要求和便于操作这两方面来确定阀门的安装姿态。通常按阀杆垂直向上、阀体水平的姿态安装。为了便于操作，手动的单闸板闸阀、截止阀、旋塞阀、球阀和蝶阀可以随意安装，但不允许阀杆倒立安装；电动和气动阀门只能直立安装；双闸板闸阀和升降式止回阀只能垂直安装；旋启式止回阀可以水平安装、倾斜和垂直安装，但必须保证阀瓣的转轴处于水平方向；安全阀和疏水阀只能水平安装。

③ 阀门的安装高度。阀门的安装高度以其操作机构与地面的距离在 1.2m 左右为宜，此时手轮与人胸口平齐，便于操作。当手轮离操作地面为 1.8m 时，应设置操作平台。

④ 阀门的间距。相邻管道上的阀门应留有一定的间距，以便于操作、维修和装卸。阀门手轮间的净距通常不得小于 100mm。

⑤ 通径大于 80mm 的阀门应设置支座，不能利用油罐或油泵来支撑阀门。

⑥ 阀门的安装便于操作和维修，距管座的距离大于 100mm，不得设在管座中间；截止阀、止回阀、减压阀、安全阀安装方向正确。

⑦ 应根据管道安装设计图进行安装。对一般阀门的安装位置和走向，安装时可根据实际情况作适当变动。

⑧ 安装阀门时，应使阀门保持关闭状态，以防杂质进入阀体内。

2. 安装步骤

① 安装前必须仔细核实所用阀门是否符合使用要求，如型式、口径、公称压力、适用介质等。

② 清除阀腔内和密封面上的杂质。未清除杂质前，切勿启闭阀门。

③ 按介质的特性选择合适的填料，并检查填料是否压紧。但不能压得太紧，以免妨碍阀杆的转动。

④ 阀门起吊时，吊索不允许系在手轮上，而应系在阀体上。应轻吊轻放，严禁撞碰敲打，以防损伤阀门，特别是防止损伤密封面和阀杆。

⑤ 安装法兰连接阀门时，法兰应与管道法兰平行，法兰间隙应适当，不应出现错口、张口等缺陷。法兰间应选择合适的垫片（耐油橡胶石棉板、聚四氟乙烯垫片），垫片应放置正中，不能偏斜。螺栓应对称拧紧，不能过松或过紧。螺栓拧好后，用塞尺检查各方位的间隙是否一致。

⑥ 螺纹连接的阀门应将密封材料（聚四氟乙烯生胶带、铅油麻丝）包在螺纹上，然后再拧紧。注意不要把密封材料弄到阀腔内。对于铸铁和非金属阀门，螺纹不应拧得过紧，以免胀裂阀门。

⑦ 安装焊接阀门时，应先对准、点焊好，然后开启阀瓣，最后整体焊牢。焊接完毕后，

应先检查焊缝是否有气孔、夹渣和裂纹等缺陷。检查合格后，还应对管道和阀门进行吹扫和冲洗。

三、 阀组配置

减压阀、调节阀、疏水阀和流量计等管路部件通常要与阀门配置成阀组，以便在这些管路部件出现故障系统能够继续运行，或吹扫时不会对设备造成影响。

减压阀组：减压阀前后安装前后切断阀，前后切断阀外安装压力表，并用旁路阀跨接，前切断阀前安装汽水分离装置，后切断阀后安装安全阀。

调节阀组：调节阀前后安装前后切断阀，前后切断阀外用旁路阀跨接，前切断阀与调节阀之间

安装检查阀。旁路阀的功能是在调节阀出现故障停用时用手动临时代替调节流量的，应选用截止阀、节流阀（$DN \leqslant 80$）或闸阀（$DN \geqslant 100$），切断阀应选用闸阀，以减小流动阻力。调节阀的口径应小于工艺管路的口径，这对降低工程造价有益。一般取工艺管路口径的1/2～2/3。口径越大，比值应该越低。调节阀属于精密部件，在管路吹扫时应该取下用短管代替。

疏水阀组：疏水阀前后安装前后切断阀（冷凝水直接排入大气时后切断阀不需要），前切断阀前安装放空阀，前切断阀与疏水阀之间安装过滤器（热动力式疏水阀因自带过滤器不需要），疏水阀与后切断阀之间安装检查阀。切断阀、放空阀和检查阀可以选用截止阀或闸阀。

流量计阀组：流量计前后安装前后切断阀，前后切断阀外用旁路阀跨接。前后切断阀用截止阀或闸阀，旁路阀用节流阀，用以精确调节流量。

第三节 阀门的操作使用

一、 手动阀门的操作使用

手动阀门是通过手柄、手轮操作的阀门，是设备和装置上使用很普遍的一种阀门。阀门密封性能的好坏、寿命的长短，不仅与其制造质量有关，也与操作者的使用方法是否正确有很大关系。正确操作阀门应注意以下几点：

① 启闭阀门时，应缓开缓关。用力要均匀，不可冲击。同时阀门的启闭速度不能太快，以免产生较大的水击压力而损坏管件。阀门的启闭速度应满足：

$$t > \frac{1}{250} \times L$$

式中 t——阀门从全开到全关的时间，s；

L——从阀门到油罐的管道长度，m。

② 通常情况下，手轮（手柄）向顺时针方向旋转时，阀门关闭，开启阀门时手轮（手柄）向逆时针方向旋转。有个别阀门方向与上述开闭相反，操作前应注意检查开闭标志后再操作。开关球阀、蝶阀、旋塞阀时，阀杆顶面的沟槽与通道平行时，表明阀门在全开启位置；阀杆向左或向右旋转90°时，沟槽与通道垂直，表明阀门在全关闭位置。有的球阀、旋塞阀以扳手与通道平行为开启，垂直为关。带扳手的蝶阀，扳手与通道平行，表明阀门开启，扳手与通道垂直，表明阀门关闭。三通、四通阀门的操作应按开启、关闭、换向的标记进行。操作完毕后，应取下活动手柄。

③ 手轮、手柄的大小是按正常人力设计的，因此，阀门使用上规定，不允许操作者借助杠杆和长扳手开启或关闭阀门。手轮（手柄）直径（长度）小于或等于320mm时，只允许一人操作；手轮（手柄）直径（长度）大于320mm的，允许2人共同操作，或者借助适当的杠杆（一般不超过0.5m）操作阀门。但隔膜阀、非金属阀门是严禁使用杠杆或长扳手操作的，也不允许用过大过猛的力关闭阀门。如果手轮转不动，不得借助其它器械强行开启。应该分析原因，排除故障后再开启。使用杠杆和长扳手操作阀门会造成阀门过早损坏，甚至酿成事故。过大过猛地操作阀门，容易擦伤阀杆和密封面，甚至压坏密封面。手轮、手柄损坏或丢失后，应及时配齐，不允许使用活扳手代用。

④ 操作闸阀、截止阀和平板阀等利用螺杆启闭的阀门时，当关闭或开启到上死点或下死点时，应回转½～¼圈，使螺纹更好密合，有利操作时检查，以免拧得过紧损坏阀件或在温度变化时把阀门启闭件楔紧。

⑤ 蒸汽阀门开启前应预热，并排除阀内和管道中的冷凝水。开启时，应尽量缓慢，以免产生很大的水击压力。

⑥ 较大口径的蝶阀、闸阀和截止阀有的设有旁通阀，它的作用是平衡进出口压差，减少开启力，开启时先打开旁通阀，待阀门两边压差减小后再开启大阀门。关阀时应先关闭旁通阀，然后再关大阀。

⑦ 管道新安装或检修后再次投入使用时，管路和设备脏物、焊渣物较多，常开阀门密封面上也容易粘有脏物，应采用微开方法，让高速介质冲走这些异物再轻轻关闭。经过几次这样微开微闭，便可冲刷干净。

⑧ 闸阀、截止阀不能作节流用，这样容易冲蚀密封面。如果当作节流阀用，就不作切

断阀。

⑨ 暗杆阀门全开、全闭时的阀杆位置应标明。这样既可以避免全开时撞击死点，又便于检查阀门是否关严。对有标尺的闸阀和节流阀，应检查调试好全开或全闭的指示位置。明杆闸阀、截止阀也应记住它们全开和全关位置，这样可以避免全开时顶撞死点。阀门全关时，可借助标尺和记号以发现关闭件脱落或顶住异物，以便排除故障。

二、 有驱动装置阀门的操作使用

对于靠电动、电磁动、气动和液动等能源来开闭的阀门，操作者应对其结构原理、操作规程有全面的了解，并具有独立操作和处理事故的能力。

1. 电驱动阀门的操作

① 对停用三个月以上的电动装置，启动前应检查离合器，确认手柄在手动位置后再检查电机的绝缘、转向及电气线路。

② 启动时，确认离合器手柄在相应位置。

③ 采用现场操作开启阀门时，应监视阀门开闭指示和阀杆运行情况，阀门开闭度要符合要求。

④ 采用现场操作关闭阀门时，在阀门关到位前，应停止电动关阀，改用微动将阀门关到位。

⑤ 对行程和超扭矩控制器整定后的阀门，首次全开或全关阀门时，应注意监视其对行程的控制情况，如阀门开关到位置没有停止的，成立即手动置急停机。

⑥ 在开、闭阀门过程中，发现信号指示灯指示有误、阀门有异常响声时，应及时停机检查。

电动装置启动的阀门，按电气盘上的启动按钮，电动机随即启动，阀门开启到一定时间，电动机自动停止运转，在电气盘上的“已开启”信号灯应明亮。如果要关闭阀门，按电气盘上的关闭按钮，阀门向关闭方向运转，到全关位置时“已关闭”信号灯亮。阀门运转中，正在开启或正在关闭或处于中间状态的信号灯应相应指示。阀门指示信号与实际动作相符，并能关得严、打得开，说明电动装置正常。

如果运转中以及阀已全开或全关时，信号灯不亮，而事故信号灯打开，说明传动装置不正常，要求检查原因，并进行修理、重新调试。

电动装置因故障或关闭不严需及时处理时，应将运作把柄拨至手动位置，顺时针方向转动手轮为关阀，逆时针方向为开阀。

电动装置在运转中不能按反向按钮，由于误动作需要纠正时，应先按停止按钮然后再启动。

2. 电磁动阀门的操作

按启动按钮阀门开启。切断电源，阀瓣借助流体自身压力或加上弹簧压力，使阀门关闭。

3. 气动或液动阀门的操作

① 在第一次投用气动执行器时，应进行往复循环动作，使活塞密封环或活塞杆密封圈进行磨合达到无泄漏。

② 检查气动执行器动作与阀门开关的一致性和协调性。

③ 在调整阀门开关速度时，应通过执行器上的流量控制阀来均匀调节，不应限制进入的流量和过分限制排量，以防止发生不稳定的运行。

④ 气动执行器和阀门应保证良好润滑，运行灵活。

气动或液动阀门在气缸体上方和下方各有一个气管或液管，关阀时，应打开上方管道的控制阀让压缩空气或带压液体进入缸体上部，使活塞向下带动阀杆关闭阀门；反之，关闭气缸上部管道上的进气阀，打开它的回路阀使介质回流，同时打开气缸下部管道控制阀，使压缩空气或带压液体进入缸体下部，使活动塞向上带动阀杆打开阀门。

气动阀门还有常开式和常闭式两种形式。常开式只是活塞上部有气管，下部是弹簧，需要关闭时打开气管控制阀，使压缩空气进入气缸上部，压缩弹簧关闭阀门。当要开启时，打开回路阀，气体排出，弹簧复位，使阀门开启。常闭式阀门正好与常开式阀门相反，弹簧在活塞上部，气管在气缸下部，打开控制阀后，压缩空气进入气缸打开阀门。

气动、液动装置运转是否正常，可从阀杆上下位置反馈在控制盘上的信号等方面反映出来。如果关闭不严，可调整气缸底部的调节螺母，使调节螺母调下一点即可消除。

如果气动、液动装置出现故障，而需要及时开启或关闭时，应采用手动操作。有一种气动装置，在气缸上部有一个圆环杆与阀杆连接，阀门气动不能动作时，需要用一杠杆套在圆环中，抬起圆环为开启，压紧圆环为关闭。这种手动机构很吃力，只能解决暂时困难。现有一种气动带手动闸阀，阀门在正常情况下，手动机构上的手柄处于气动位置。当气源发生故障或者气流中断后，首先切断气源通路，并打开气缸回路上回路阀，并将手动机构上的手柄从气动位置扳到手动位置，这时开合螺母与传动丝杆啮合，转动手轮即可开启或关闭阀门。

三、 阀门操作中的检查事项

阀门操作的过程，同时也是检查和处理阀门的过程。

① 高温阀门，当温度升高到200℃以上时，螺栓受热伸长，容易使阀门密封不严，这时需要对螺栓进行“热紧”，在热紧时，不宜在阀门全关位置上进行，以免阀杆顶死以后开启困难。

② 气温在0℃以下的季节，对停汽和停水的阀门，要注意打开阀底丝堵，排除凝结水和积水以免冻裂阀门。对不能排除积水的阀门和间断工作的阀门应注意保温工作。

③ 填料压盖不宜压得过紧，应以阀杆操作灵活为准。压盖压的过紧会加快阀杆的磨损，

增加操作扭力。没有保护措施条件下，不要随便带压更换或添加盘根。

④ 在操作中通过听、闻、看、摸所发现的异常现象，操作人员要认真分析原因，属于自己解决的应及时消除，需要修理工解决的，自己不要勉强凑合，以免延误修理时机。

⑤ 操作人员应有专门日志或记录本，注意记载各类阀门运行情况，特别是重要部位的阀门、高温高压阀门和特殊阀门，包括它的传动装置在内，记明它们产生的故障、处理方法、更换的零件等，这些资料对操作人员本身、修理人员以及制造厂来说，都是很重要的。建立专门日志，责任明确，有利加强管理。

四、 阀门使用中的检查

① 阀门月检查的主要内容：

a. 阀杆动密封及法兰垫片静密封处是否渗漏；

b. 启闭状态是否正常；

c. 阀体有无损伤及渗漏等异常现象；

d. 将平时常开或常闭的阀门（如罐前第一道阀门以及排污阀等）转动 1、2 圈或做 1 次升降试验；

e. 对常开或常闭阀门阀杆部位润滑；

f. 检查和调试气动阀的动力头及电、气系统。

② 每半年至少应对电、气动阀的行程控制器、开度指示器作 1 次调试。

③ 每 2 年对使用 5 年以上的阀门抽检 10% 以上，进行解体检查和水压试验，阀门解体检查的主要内容：

a. 阀座与阀体结合是否牢固；

b. 阀芯与阀座的接合是否严密有无缺陷；

c. 阀杆和阀芯的联接是否灵活、可靠；

d. 阀杆有无弯曲、锈蚀，阀杆与填料压盖配合是否合适，螺纹有无缺陷；

e. 阀盖和阀体有无裂纹，接合是否良好；

f. 垫片、填料、螺栓等是否齐全，有无缺陷。

第四节 阀门故障的防治

对于手动和它动阀门而言，其结构主要包括阀门壳体（阀体和阀盖）、阀芯与阀座、阀杆与传动件和阀杆密封组件（一般为填料函、填料、填料压盖和压紧螺母）。

阀门在使用中不可避免地会出现各种故障。一般说来，阀门故障的发生与设计、安装、工况、操作、维护的优劣有关，而且多数故障是可以防止的，也是可以治理的。下面对阀门常见故障的预防和治理作简要介绍。

一、 通用阀件常见故障的防治

1. 阀体和阀盖故障

(1) 常见故障与预防

阀体和阀盖的常见故障不外乎以下几种：一是破损；二是出现砂眼；三是发生老化或腐蚀破坏。

阀体和阀盖产生破损主要是由于设计不良、制造质量差、安装不当、阀门选用不当、水击压力过高、冻裂、外力破坏等原因造成。

砂眼的产生原因主要是由于制造质量差所致。

腐蚀或老化的产生原因主要是由于制造质量差，或者由于防腐及维护不力、更换维修不及时所致。

针对以上分析，对于油库工作者而言，主要从以下方面应对：

① 选用阀门应按实际工况正确选择；

② 严把阀门的采购质量，安装前检查阀门质量文件，做好阀门抽样检查；

③ 安装时应使阀门受力均匀，防止法兰有错口和张口现象；

④ 管路系统应设防止水击超压措施；

⑤ 加强阀门维护，冬季做好保温措施；超过使用期限的阀门应有防振措施，操作应平稳，一旦发现疲劳缺陷应及时更换；

⑥ 加强防腐措施；增强阀门维护，及时维修或更换。

(2) 常见故障治理方法

阀体和阀盖发生破损、砂眼、腐蚀老化故障时，应停车卸压修理；按科学堵漏方法进行堵漏；根据实际情况进行修复或更换破损件或更换阀门。

2. 填料组件故障

当阀门填料组件发生故障时，发生介质沿阀杆的泄漏。阀杆泄漏主要原因有：施加在填料上的预紧力过小、紧固件失灵、阀杆密封面损坏和填料失效四种。

造成填料上的预紧力过小有以下几种原因：填料不足，或因装填数量不足，或因磨损、老化和装填不当；或因无预紧间隙；或因压套歪斜、直径偏大压在填料函上；或因螺纹乱扣、锈蚀、混入杂质，使螺纹拧紧时受阻。

造成紧固件失灵的原因是：压盖、压套螺母、螺栓、耳子等零件产生断裂；或由于振动使之松弛；或由于腐蚀损坏；或由于操作不当，如用力不均匀，用力过猛过大，损坏了紧固件；或由于维修不力。

造成阀杆密封面损坏的原因有：制造缺陷，如硬度过低，存有裂纹、剥落、阀杆不圆、阀杆弯曲不直；阀杆受到腐蚀，密封面出现凹坑、剥落现象；安装不正，使阀杆过早损坏；维修不及时。

造成填料失灵的原因有：选材不当，所用填料与工况不适应；组装不正确，如填料搭配不当、安装不正、搭头不合、上紧下松，甚至缺少垫料；系统操作不稳，温度和压力波动大，造成填料泄漏；填料老化、磨损、波纹管破损而失效；填料质量差，如填料松散、有毛头、干涸、断头、杂质等缺陷。

（1）常见故障预防措施

检修装配时，按工况正确选用填料，按规定填装足量的填料，更换过期填料；正确装配填料，防止上紧下松和多圈缠绕现象；压套压入填料函的深度应为其高度的$\frac{1}{4}\sim\frac{1}{3}$，并且压套螺母和压盖螺栓的螺纹应有相应的预紧高度；装填料前，将压套放入填料函内检查其配合间隙是否符合要求，装配时应正确防止压套偏斜，防止填料露在外面，并检查压套端面是否压到填料函内；经常检查和清扫螺栓、螺母，拧紧螺栓螺母时，应涂敷少许石墨粉或防锈剂。

做好设备和管道的防振工作，加强巡回检查和日常维护保养工作；紧固零件时应对称均匀，紧固或松动前应仔细检查，涂以一定除锈剂或少许石墨粉；按时维修，对不符合技术要求的紧固件应及时更换。

（2）治理方法

① 如果是预紧力过小原因，治理方法是：关闭阀门或启用密封后，修理好零件，添加填料，调整预紧力和预紧间隙；若阀门不能关闭时，上密封失效的情况下，可采用阀门的机械堵漏法、黏接堵漏法或注剂堵漏法进行堵漏；当压套搁浅时，应找出搁浅原因，对症下药，若因压套毛刺或直径过大引起的，应用锉刀修整至正常为止；若因螺纹抗进，可用除锈剂或煤油清洗干净，然后用什锦锉修整螺纹至其松紧适当为止。

② 紧固件失灵的治理方法是：关闭阀门后，确认填料不会因内压往外移动时，按正常方法修复紧固件；若阀门不能关闭时，可以用改换密封法或带压粘接（注剂）修复紧固件；若为一般紧固件松动和损坏，可直接修理和拧紧紧固件即可。

③ 阀杆密封面损坏的治理方法是：若为轻微损坏可用抛光法消除；若密封面损坏至泄漏，需关闭阀门或启用上密封后，进行研磨或局部镀层修复；若密封面损坏难以修复时，可用带压

更换阀门法给予解决。

④ 填料失灵的治理方法是：关闭阀门或启用上密封后，更换填料；或用适当的阀门堵漏方法进行堵漏；或用其他方法更换填料或者更换阀门。

3. 密封面故障

（1）常见故障

密封面的常见故障有密封面不密合、损坏、混入异物、松脱、启闭件脱落、泄漏等。

（2）产生的原因

① 发生密封面损坏的原因主要有：密封面不平或者角度不对、不圆、不能形成密合线；密封面材质不当，或未按工况选用阀门，使用中产生腐蚀、冲蚀、磨损等；密封面加工时质量差，如堆焊和热处理时没按操作规程办事，造成硬度低易磨损，或因合金元素烧损而被腐蚀，或因内应力过大而产生裂纹；进行表面处理时产生剥落或因研磨过量，失去原有性能；或因将截断阀作调节阀、减压阀使用，密封面被冲蚀；操作中关闭件已达到全关闭位置，仍继续施加大力关闭，密封面遭到破坏、挤压变形。

② 密封面混入异物的原因主要有：不常开启或不常关闭的密封面上易粘积异物；或因设备和管道有锈垢、焊渣等卡在密封面上；或因介质有硬粒物嵌在密封面上。

③ 密封圈松脱的原因主要是：密封面辗压不严；密封面焊接不良；密封圈连接螺纹、螺钉、压圈等紧固件松动或脱落；密封面与阀体连接面不密合或被腐蚀等。

④ 启闭件脱落的原因是：由于操作不良，启闭件超过上、下死点还继续开关，造成连接处损坏断裂；或者由于关闭件与阀杆连接形式选用不当，易腐蚀、磨损而脱落。

⑤ 系统造成密封面泄漏的原因是：由于水击压力超限，将密封面损坏；或由于系统内温度和压力波动过大，导致密封面泄漏；或由于设备管道振动，造成关闭件松动而发生泄漏。

⑥ 密封面不密合的原因是：由于阀杆与关闭件连接处不正、磨损或悬空；或由于阀杆弯曲或装配不正，使关闭件歪斜或不逢中；或由于密封面关闭不严或关闭后冷缩出现细缝，进而产生冲蚀；或由于密封面加工预留量过小，或因磨损产生掉线现象而产生密封面不密合。

（3）预防措施

① 防止密封面损坏的措施有：密封面加工和研磨的方法应正确，应进行着色检查，合格后方可组装；严格按工况条件选用阀门或更换密封面。成批产品应做密封面耐蚀、耐磨、耐擦伤等试验；堆焊和热处理应符合规程、规范，应有严格的质量检验制度；密封面表面淬火、渗氮、渗硼、镀铬等工艺，应严格按其规程和规范的技术要求进行。修理时，密封面渗透层切削量不超过 1/3 为宜；作切断用的阀门，不允许作节流阀、减压阀使用，其关闭件应处在全开或全关位置。若需调节介质流量和压力时，应单独设置节流阀和减压阀；关闭力应适中，阀门关

严后，立即停止关闭阀门。

② 防止密封面混入异物的措施有：在允许情况下，经常关闭或开启阀门留一细缝，反复几次，冲刷掉密封面上的沾积异物；阀门前应设置排污、过滤等保护装置，定期打开上述保护装置和阀底堵头，排除异物。

③ 防止密封圈松脱的措施有：最好在辗压面上涂一层适于工况的胶黏剂；严格遵守试压制度；严格执行堆焊和焊接的规程、规范；认真检查堆焊和焊接质量，作好试压工作；密封圈连接螺纹及其紧固件应与密封圈配合牢固。最好在连接处涂一层适于工况的胶黏剂，提高连接强度；作好试压工作；密封面靠螺纹和紧固件拧紧的结构，密封面与阀体组装前，应检查连接面质量，着色检查合格后方可组装。

④ 防止启闭件脱落的措施有：遵守操作规程，操作阀门用力恰当，不允许使用长杆扳手；阀门全开或全关后，应倒转少许，防止以后误操作；连接处制造质量符合要求，装配正确、牢固，螺纹连接应有止退件；关闭件与阀杆连接结构形式应根据工况条件和实际经验选用，使用前应对其进行解体检查。

⑤ 防止系统造成密封面泄漏的措施有：系统应有防止水击装置；操作阀门和泵时应平稳，防止产生水击现象；系统操作平稳协调，设置防止温度和压力波动的设施以及监视系统；设置减振装置，消除振动源；加强巡回检查，发现和纠正阀门关闭不严故障。

⑥ 防止密封面不密合的措施有：阀杆与关闭件连接处符合设计要求，不符合要求的应修整；关闭件关闭时，顶心不悬空并有一定调向作用；在新阀门验收中和旧阀门修理中，应认真检查阀杆弯曲度，并使阀杆、阀杆螺母、关闭件、阀座等件在一条公共轴线上；阀门启闭应有标记并借助仪表和经验检查是否关严，高温阀门关闭后因冷却会出现细缝，应在关闭后间隔一定时间再关闭一次；新的密封面应留有充分预留量；组装阀门前，应进行测量和着色检查预留量，若不合要求应修整或更换。

（4）*治理方法*

① 密封面损坏的治理方法是：停车卸压后修理或更换阀门；常闭式阀门密封面泄漏后，可先用开孔机开孔，后采用带压注剂堵漏法堵漏；或采用密封钻孔封堵技术，修理或更换阀门；或采用改换密封法等方法，解决密封面不密合而泄漏的问题。

② 密封面混入异物的治理方法是：反复开大或开小阀门，使介质冲洗密封面，将异物冲刷掉；或停车卸压后进行修理或更换阀门；或采用封堵技术进行修理或更换阀门；或采用更换密封的方法加以解决。

③ 密封圈松脱的治理方法是：停车卸压后修理或更换阀门；若为常闭阀门可采用开孔注胶堵漏方法，或用渗胶法治理；或者采用封堵技术改变密封以消除密封圈松脱故障。

④ 启闭件脱落的治理方法是：若为常开式阀门可开大阀门开启度，让介质冲开关闭件；若为常闭式阀门可关死阀门，让阀杆压紧关闭件达到关闭目的，该过程有时需反复几次才奏效；或者停车卸压后修理或更换阀门；或采用倒立法和顶杆法开启阀门；或采用封堵技术改换密封加以解决。

⑤ 系统造成密封泄漏的治理方法是：适当施加关闭力解决系统造成的密封面泄漏；或者停车卸压后进行修理或更换阀门；若为常闭式阀门泄漏可采用注剂堵漏法进行堵漏；或者采用封堵技术改换密封或更换阀门。

⑥ 密封面不密合的治理方法是：停车卸压后修理或更换阀门；常闭式阀门密封面泄漏后，可先用开孔机开孔，后采用带压注剂法堵漏；或采用封堵技术进行修理或更换阀门；或采用改换密封法等方法，解决密封面不密合而泄漏的问题。

4. 驱动装置故障

（1）常见故障

驱动装置的常见故障有阀杆操作不灵活、手轮手柄扳手损坏、齿轮蜗轮蜗杆传动受阻、气动和液动装置失效、电动装置不灵失效、电磁传动失灵等。

（2）产生原因

① 产生阀杆操作不灵的原因是：由于阀杆与它相配合件加工精度低、配合间隙过小，光洁度差；或者由于阀杆、阀杆螺母、支架、压盖、填料等件装配不正，轴线不在同一条直线上；或由于填料压得过紧，抱死阀杆；或因阀杆弯曲；或因梯形螺纹处不清洁，积满了脏物和磨粒，润滑条件差；或因阀杆螺母松脱，梯形螺纹滑丝；或因转动的阀杆螺母与支架滑动部位，润滑条件差，中间混入磨粒、使其磨损咬死，或因长时间不用而锈死；或因操作不良，使阀杆有关部位变形、磨损和损坏；或因阀杆与传动部位连接处松脱或损坏；或因阀杆被顶死或关闭件被卡死。

② 手轮手柄扳手损坏的原因是：由于操作时使用长杠杆、管钳或使用撞击工具使手轮、手柄和扳手损坏；或由于其紧固件松脱；或由于其与阀杆连接件，如方孔、键槽或螺纹磨损，不能传递扭矩。

③ 齿轮、蜗杆传动受阻的原因是：由于其装置组成零件的加工精度低，表面粗糙；或由于传动装置装配不正；或由于轴与轴套间隙小，润滑性差，被磨损或咬死；或由于齿轮、涡轮蜗杆不清洁，有异物卡死，有断齿；或由于定位螺钉，紧圈松脱，键销损坏；或由于操作不当。

④ 气动液动装置失灵的原因是：由于缸体和缸盖损坏，或有砂眼等缺陷，引起外漏使缸内压力过低；或由于密封件老化损坏，引起内漏，使活塞产生爬行；或由于活塞杆弯曲、

磨损，使开闭力增大；或由于装置上的垫片和填料处泄漏；或由于缸内混入异物，使活塞运动受阻；或由于缸体内壁磨损，镀层脱落，内漏增大，活塞阻力变大；或由于活塞杆与活塞连接处磨损、松动，发生内漏，使活塞容易卡阻；或由于零件质量差，装配不正；或常闭式缸内弹簧松弛、失效，引起活塞杆运动不灵，关闭件无法复位；或因缸内介质压力波动过大或压力过低；或因遥控信号失灵；或因填料压得过紧，抱死阀杆；或因关闭件卡死在阀体中。

⑤ 电动装置传动失效的原因是：由于机械故障，如齿轮、蜗轮、蜗杆传动失效；或由于阀门自身磨损、腐蚀、异物卡住关闭件、填料压得太紧等引起过转矩；或由于电动机有故障，如电压低、过载、接触不良、缺相、绝缘不良等；或由于行程开关整定不正确，或行程开关失灵而使阀门打不开；或由于信号失灵无法遥控；或手动与电动转换机构不灵所致。

⑥ 电磁传动失灵的原因是：由于线圈过载或绝缘不良而烧坏；或由于电线脱落或接触不良；或由于电磁动作有异声；或由于介质浸入磁线圈内所致。

（3）预防措施

① 防止阀杆操作不灵的措施有：提高阀杆及其配合件的制造和修理质量；应按要求装配，做到间隙一致、保持同心，旋转灵活；或适当放松填料；或对阀杆进行矫正，若不能矫正应更换时，做到关闭力适当，不能过大；对阀杆及其螺母应经常清洗，加注润滑油；对于松脱的螺母应及时修复，或更换；应定期保养，发现有磨损咬死现象应及时修理；应正确操作，施加的关闭力应适当。

② 防止手轮、手柄、扳手损坏的措施有：首要的应正确操作，不得使用长杠杆和撞击工具；或将手轮等材料改为铸钢；定期检查、修理，使手轮、手柄、扳手与阀杆连接牢固，将一般垫圈改为弹性垫圈；提高手轮、手柄、扳手的加工质量，发现有松动现象时应及时修理。

③ 防止齿轮、蜗轮、蜗杆传动受阻的措施有：提高零件加工质量；按技术要求装配，做到间隙一致，转动灵活；轴与轴套的间隙要适当，油路要畅通，定期加油、定期清洗；尘多环境下应有防尘罩；齿轮、蜗轮、蜗杆以及轴上的紧固件应齐全并紧固；操作应正确，发现有卡阻现象应及时查找原因，不可硬性操作。

④ 防止气动和液动装置动作不灵和失效的措施有：缸体、罐盖正式使用前应按规定试压，合格后方可使用；密封件应定期检查、更换；活塞杆在安装前与其他零件都应认真检查，定期检修；垫片和填料应正确选用和安装，并定期更换；介质入缸前应经过过滤，并定期清洗缸体等零件；缸体质量应符合要求，定期检修；连接处应牢固，应有防松件，并定期检查；零件加工质量应合要求，装配应正确，使缸体、活塞、活塞杆、阀门填料在同一轴线上；介质压力应

合要求，并平稳操作；气动和液动信号系统应完好，注意定期调整、检修；填料的松紧应适当；对于楔式闸阀不应关得过死，至少半个月开关操作一次。

⑤ 防止电动装置失灵的措施有：参照“齿轮、蜗轮、蜗杆传动受阻的预防措施”；同时要注意做到阀门装配正确，填料松紧适当，阀前应设过滤器，并定期清洗、加油，定期维修；对于电动机应定期检修，电机应有过载保护和防潮、接地装置；行程开关使用前应认真调整；信号系统应定期检查；手动与电动转换机构应定期检修，调试准确无误后再使用。

⑥ 防止电磁传动失灵的措旋有：对线圈应定期检查和更换；对电线应定期检查，其接头应牢固；电磁传动内部构件装配应正确、牢固、接触良好；对传动部分与阀门部分的密封应良好。

（4）*治理方法*

① 阀杆操作不灵的治理方法。针对产生故障原因可分别采取以下方法加以排除：停车卸压后或用封堵技术进行修理或更换阀门，或用研磨膏研磨梯形螺纹，或关闭阀门修理阀杆配合件；或在阀门开启状态下，调整支架、压盖、阀杆螺母或填料位置，使之处于同一轴线上；或适当松弛压盖预紧力，直至阀杆操作灵活。若引起填料泄漏，说明填料损坏或老化，应更换之；若阀杆弯曲应停车卸压后修理，或用封堵法进行修理或更换阀门；若阀杆与阀杆螺母上的梯形螺纹有问题，应清洗梯形螺纹上的脏物、灰尘，涂以润滑脂、石墨粉、二硫化钼等润滑剂。

若因阀杆螺母松脱所致，应停车卸压后修理或更换阀门；或采用阀门堵漏方法进行堵漏后修复阀杆螺母；若因阀杆螺母与支架滑动部分有问题，可停车卸压后修理或更换阀门；或用除锈剂清洗滑动部位后，再行润滑，或用带压堵漏方法进行修复；若阀杆或传动连接处松脱损坏，应用一般钳工工艺或用黏接、焊接工艺修复；若阀杆被顶死、卡死，可借助板手开启阀门或用敲打阀体法消除顶死、卡死现象。

② 手轮、手柄、扳手损坏的治理方法。对于因磨损所致，又处紧急操作时可用活动扳手或管钳修复，或更换之；对于其与阀杆松脱现象，可配齐紧固件重新紧固连接处；对于其与之相配的孔、键槽、螺纹磨损者，可用锉、铆、镶、垫、套、粘、焊等工艺修复，紧急时可用活扳手或管钳修复。

③ 齿轮、蜗轮、蜗杆传动受阻的治理方法。针对产生原因可以分别采取以下治理方法：清洗传动装置内的污物，用煤油或除锈剂除锈，添加润滑剂以减少传动阻力；拆卸传动件进行修复或更换。对于旋转90°关闭的阀门，避免关闭件错动，在拆卸前应将阀杆定位。

④ 气动、液动装置失灵失效的治理方法。对于故障是由于传动机构本身的原因引起的情况，可采取以下方法进行治理：停车卸压后进行修复或更换其装置，或换阀门；若装置外漏或

介质管道外漏时，可用适当的堵漏方法给予解决；当阀门开启时，应用卡箍卡住阀杆后搁在压盖上，然后修复或更换气、液动装置；当阀门处于关闭状态，可用带法兰的卡箍卡住阀杆，利用法兰上的4螺栓顶住支架底面后，对气、液动装置进行修复或更换；用于球阀、蝶阀等阀门的气、液动装置修理前，应用限位器卡住阀杆或齿轮；还可以将气动、液动改为手动加以解决。若是由于介质压力原因引起的故障，可采用改气动、液动为手动，或者找出压力波动大、压力过低的原因后进行修复，或用调整操作的方法解决。若是由于信号失灵引起的故障，可采用将其改为手动，或找出信号失灵原因进行修复等方法解决。若是由于填料太紧引起，可采用适当减低压盖顶紧力，若填料泄漏可按填料的治理方法解决。若是由于关闭件卡死在阀中，可利用最大开启力兼敲打阀体方法清除启闭件卡死现象。

⑤ 电动装置失灵失效的治理方法。若是因机械故障引起，可参照“齿轮、蜗轮、蜗杆传动受阻治理方法”处理；若是因过转矩，或电机、电器信号等故障引起，可采用改电动为手动方法解决，也可找出原因后，对症下药给以解决；若需解体装置修复或更换电动装置时，应按下法处理：当阀门处于开启时，用卡箍卡住阀杆后搁在压盖上；当阀门处于关闭时，用带法兰的卡箍卡在阀杆上，利用法兰4只螺栓顶在支架底面上；若旋转90°启闭的球阀、蝶阀等，用限位器卡住阀杆或齿轮；或者采用停车卸压后进行修复或更换装置，也可更换阀门；或者采用封堵技术进行修复或更换。

⑥ 电磁传动失灵的治理方法。由电工或仪表工找出原因后修理；或采用停车卸压后修复或更换；或采用卡箍卡住阀杆，临时解决失灵故障；或采用封堵技术或其他堵漏方法堵漏后，更换阀门。

二、 他动阀门故障的防治

1. 闸阀

闸阀的常见故障及防治方法如表3-4所示。

表3-4 闸阀的常见故障防治

常见故障	产生原因	预防和排除方法
打不开	T形槽断裂	T形槽应有圆弧过渡，提高铸造和热处理质量，开启时不要超过上死点
	单闸板卡死在阀体内	关闭力适当，不要使用长杠杆
	内阀杆螺母失效	内阀杆螺母不耐腐蚀，应更换
	阀杆关闭后受热顶死	阀杆在关闭后，应间隔一定时间，对阀杆进行卸载将手轮倒转少许

续表

常见故障	产生原因	预防和排除方法
关不严	阀杆顶心磨损或悬空使闸阀密封时好时坏	阀杆顶丝磨损后应修复，顶心应顶住关闭件，并有一定的活动间隙
	密封面掉线	楔式双闸板间顶心调整垫更换厚垫，平行双闸板加厚或更换顶锥（楔块），单闸板结构应更换或重新堆焊密封面
	楔式双闸板脱落	正确选用楔式双闸板闸阀，保持架要定期检查
	阀杆与闸板脱落	正确选用闸阀，操作用力适当
	导轨扭曲、偏斜	注意检查，进行修整
	闸板拆卸后装反	拆卸时应作好记录
	密封面擦伤	不宜在含磨粒介质中使用闸阀；关闭过程中，密封面间反复留有细缝缝，利用介质冲走磨粒和异物

2. 截止阀和节流阀

截止阀和节流阀主要用于水和蒸汽管道上，而在油品管道上用得较少。常见故障及防治方法如表 3－5 所示。

表 3－5　截止阀和节流阀的常见故障防治

常见故障	产生原因	预防和排除方法
密封面泄漏	介质流向不对，冲蚀密封面	按流向箭头或按结构形式安装
	平面密封面易沉积脏物	关闭时留细缝冲刷几次后再关闭
	锥面密封副不同心	装配要正确。阀杆、阀瓣或节流锥、阀座三者在同一轴线上，阀杆弯曲要矫直
	衬里密封面损坏、老化	定期检查和更换衬里。关用力要适当，以免压坏密封面
失效	针形阀堵死，选用不当，不适于黏度大的介质	重新选用阀门
	小口径阀门被异物堵住	拆卸或解体清除
	内阀杆螺母或阀杆梯形螺纹损坏	应正确选用阀门的结构形式。操作力要小．梯形螺纹损坏后，应更换
节流不准	标尺不对零位或无标尺	标尺应调零，丢失后应及时补齐
	节流锥冲蚀严重	要正确选材和热处理，流向要对，操作要正确

3. 球阀

球阀具有操作灵活、启闭迅速的特点，常用于收发油管道上。在使用过程中，球阀常见故障及防治方法如表 3－6 所示。

表 3－6 球阀的常见故障防治

常见故障	产生原因	预防和排除方法
关不严	球体冲翻	装配要正确，操作要平稳，不允许作节流阀使用，球体冲翻后应及时修理，更换密封座
	密封面无预紧压力	阀座密封面应定期检查预紧压力，发现密封面有泄漏或接触过松时，应少许压紧阀密封面，预压弹簧失效应更换
	扳手、阀杆和球体三者连接处间隙大，扳手已关到位，而球体转角不足 90°而产生泄漏	有限位机构的扳手、阀杆和球体三者连接处松动和间隙过大时，紧固要牢，调整好限位块，消除扳手提前角，使球体正确开闭
	用作节流，损坏密封面，密封面被压坏	不允许作节流用，拧紧阀座处螺栓应均匀、力要小，不要一次拧的太多太紧，损坏的密封面可进行研刮修复
	阀座与本体接触面不光洁、磨损、O 形圈损坏，使阀座泄漏	提高阀座与本体接触面光洁度，减少阀座拆卸次数，O 形圈定期更换

第五节 阀门的堵漏

阀门泄漏主要出现在以下几个部位：一是阀杆填料密封处泄漏，也叫阀门上密封泄漏，这是最常见的，也是故障频率最高的地方；二是阀门的静密封处泄漏，如阀盖与阀盖连接处，阀门与管道或设备的法兰连接处；三是阀门内密封面泄漏，俗称内漏。下面分别对上述常出现的三种泄漏的治理方法作简要介绍。

一、 阀杆填料密封处泄漏的治理

阀门填料基本上都是软填料。这种填料几乎每年都要进行防漏处理，约 1/4 ~ 1/3 的还需要更换，一定程度上加大了阀门的维护保养工作量。阀杆填料密封泄漏原因上节做了详尽分析，下面介绍阀杆填料密封处泄漏的几种处理措施。

1. 正确选择密封填料

填料应按照填料函的形式和介质的压力、温度腐蚀性能来选用，填料的形式、尺寸、材质及性能应符合有关标准和规定。

编结填料应编制松紧程度一致，表面平面干净。表面应无背股、外露线头、创伤、跳线、夹丝外露、填充剂剥落和变质等缺陷。编结填料的搭角一致，应为45°或30°，尺寸符合要求，不允许切口有松散的线头、齐口、张口等缺陷，见图3－1。切制的编结填料最好在安装前预制成形。

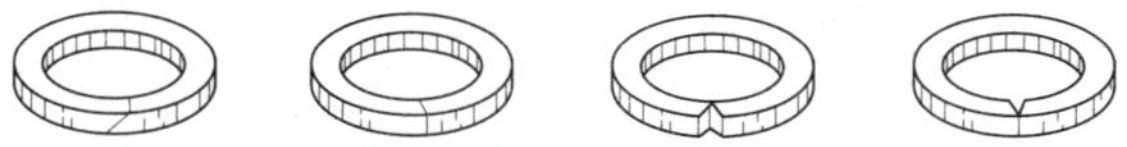

(a) 正确　(b)齐口　(c)外张口　(d)内张口

图3－1　填料预制形状

柔性石墨填料是成形填料，应表面光滑平整，不得有毛边、松裂、划痕等缺陷。

O形圈应粗细一致，表而光洁，不得有老化、毛边、扭曲划痕等缺陷。波纹管应压缩、拉伸性能良好，焊接或连接处紧固，不得有歪斜、压痕、裂纹、明显的腐蚀等缺陷。表面应清洁光滑。

其他成形填料，加工尺寸和精度应符合要求，无机械损伤。如V形填料，着重检查内圈加工精度，一般凸角为100°，凹角为90°。

（1）正确选择填料类型和材质

① 油浸石棉盘根。1980年以前，阀门密封填料都使用油浸石棉盘根、石棉绳、皂化石棉绳等。油浸石棉盘根的极限使用压力为4.5MPa，极限使用温度为250℃。它具有柔性好、耐蚀优、强度大、结构简单、造价低等优点。缺点是在有机物及结晶水的作用下易产生分解、碳化、挥发，增加对阀杆的磨损，盘根变性，造成失重，产生间隙，缺乏弹性。

② 碳纤维膨胀石墨。为了克服上述填料的缺点可使用碳素纤维编织填料、膨胀石墨（又称柔性石墨）成型填料。膨胀石墨具有适用温度范围广，自润滑性能强等优点。但造价高，不易补偿加工误差，耐渗透性一般，结构松散。为了克服石墨填料强度低的缺点，把碳素纤维等其他编织填料放置在石墨填料的上、下方合并使用，其效果更好。

③ 耐油橡胶。耐油橡胶（丁腈橡胶）的极限使用压力为8MPa，工作温度－35～100℃，老化系数［(75±2)℃×96h］不小于0.8%，硬度（邵尔A）75±5。具有良好的耐油性、耐磨性、压缩性，造价低。缺点是适用温度范围小。

④ 聚四氟乙烯。聚四氟乙烯的极限使用压力31.5MPa，工作温度－180～250℃，密度2.1～2.2g/cm^3，模压成品收缩率为1%～5%，压缩强度1.1MPa。具有优异的化学稳定性，与强酸、强碱、氧化剂均不起反应，有很好的耐热、耐寒、耐渗透性。但缺点是成形尺寸精度低、压缩性差、造价较高。

以上材料，作为任何单独使用的阀杆填料均有一定的缺陷。应根据使用条件，将几种密封件组合使用。如将聚四氟乙烯密封圈和耐油橡胶密封圈组合安装，作为阀杆的密封填料。

(2) 合理选择填料宽度 B 和圈数 Z

合理选择填料宽度 B，既能达到满意的密封效果，又可提高使用寿命。我国填料宽度已标准化（JB/T1712—2008），如表 3－7 所示。

表 3－7　填料宽度 B 值（JB/T 1712—2008）

d/mm	8	10	12	14	16	18	20	22	24	26	28	32	36	40	42	…
B/mm	3		4		5			6			8					…

注：d 表示阀杆直径。

填料圈数 Z 一般与介质工作压力成正比。我国的填料函深度和填料圈数如表 3－8所示。

表 3－8　填料函深度 H、填料圈数 Z 值（JB 6469—92）

d/mm	14	16	18	22	24	26	28	32	36	40	……
D_0/mm	22	26	28	34	42	42	44	48	52	56	……
H/mm	≥20	≥25		≥36		≥56					……
Z/圈	≥5			≥6		≥7					……

注：①上表适用于 0.1～0.64MP（PN1～64）压力范围的阀门；

② D_0 表示填料函内径，其余符号同前。

2. 正确安装填料

填料装填的好坏对于密封填料的使用寿命和密封效果是十分重要的。因此在装填料前先清理阀杆和填料函；软填料的各圈切口应呈 45°斜面，每圈的切口应相互错开 90°或 180°，且应有 5%～10%（最大不超过加%）的预压缩量；填料装拆时要避免划伤内腔和阀杆表面；装配时，最好使用扭力搬手，以施加合适的填料压紧力；装配之后，应作启闭试验，认为满意后为止。

V 形组合式密封圈（见图 3－2）安装时，一定要注意将原有的填料拆除，并清洗干净，将聚四氟乙烯 V 形密封圈和耐油橡胶 V 形密封圈按顺序安装到填料函内，从下至上第一道为聚四氟乙烯下座；第二道为耐油橡胶 V 形密封圈；第三道为聚四氟乙烯 V 形密封圈；第四道为耐油橡胶 V 形密封圈；最后一道为聚四氟乙烯上座。安装后用填料压盖均匀压紧（见图 3－3）。

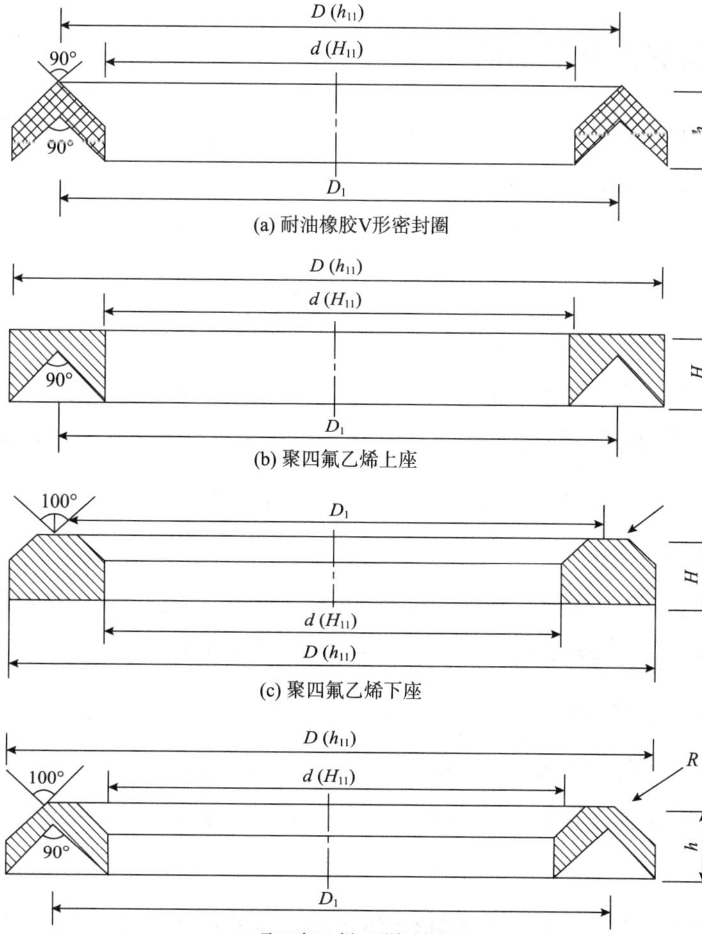

(a) 耐油橡胶V形密封圈

(b) 聚四氟乙烯上座

(c) 聚四氟乙烯下座

(d) 聚四氟乙烯V形密封圈

图 3－2　V 形组合式密封圈

d—阀杆直径；D—填料函内径；h—支承座厚度；H—上下支承座厚度；D_1—填料中径；R—圆角；h_1—V 形耐油密封圈厚度

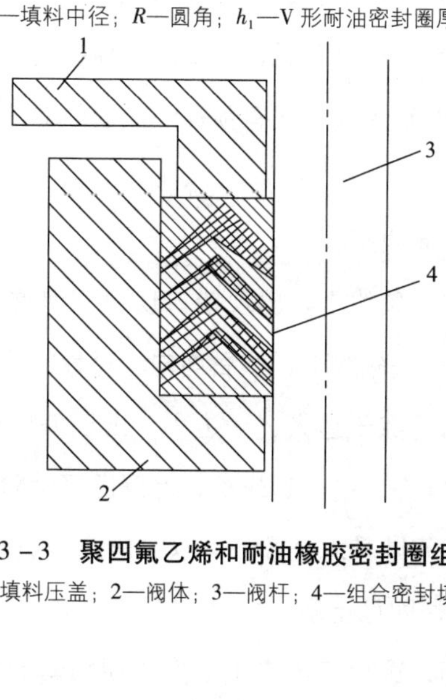

图 3－3　聚四氟乙烯和耐油橡胶密封圈组合

1—填料压盖；2—阀体；3—阀杆；4—组合密封填料

二、 阀门静密封处泄漏的治理

阀门静密封主要有法兰连接和丝扣连接两种结构形式，其常见的泄漏有界面泄漏、渗透泄漏、破坏泄漏、螺纹连接处泄漏几种。界面泄漏的主要原因是密封垫片压力不足、法兰结合面的粗糙度不恰当、机械振动、与之连接的管道设备受热变形等引起密封垫片与法兰之密合不严而发生泄漏。另外，螺栓变形、伸长及密封垫片长期使用后塑性变形、回弹力下降、垫片老化、龟裂、变质等造成密封不严而泄漏。渗透泄漏是因为垫片材质疏松、致密性差，易被介质浸透，在介质压力下渗透到低压一侧。破坏泄漏的原因人为因素较大。安装不正确造成的泄漏约占全部泄漏的1% ~5% 。螺纹连接处泄漏，通常是由于振动位移造成填料密封比压下降以及腐蚀和填料失效引起的。根据阀门静密封处泄漏特点，可采取下列方法治理。

1. 调整堵漏

通过调整静密封副之间的相对位置，压紧静密封，达到止漏的目的，这种堵漏方法就叫调整堵漏法。根据静密封连接形式的不同，其调整堵漏的方法也有所不同。

（1） *螺栓压紧的静密封的调整堵漏法*

采用螺栓压紧静密封的连接形式有法兰、对夹、卡箍、压盖、自紧连接等。法兰连接一般有4只螺栓以上，对夹连接有2 ~4 只螺栓，卡箍、压盖连接一般为2只螺栓，自紧连接一般有螺栓1 ~4 只。

螺栓压紧的静密封在运行中发生泄漏的部分原因，是在检修和安装静密封件的过程中产生偏口，静密封面不平行，一边松一边紧产生错口；静密封副两轴线，不在一条线上产生偏垫；垫片装得不正以及静密封件预紧力不够和温度变化较大等原因造成泄漏。金属垫出现泄漏后，一般能坚持一段时间，非金属垫出现泄漏后，泄漏点容易扩大。因此。一旦发现泄漏应立即调整止漏，防止泄漏点的扩大。调整止漏应在有预紧间隙的前提下进行。

具体做法：

① 首先认真查找静密封泄漏的原因。

② 如果法兰静密封副不在一条线上，出现错口现象而泄漏，应首先微松一下螺栓，将静密封副的位置校正，使它们在一条轴线上，然后均匀、对称、轮流拧紧螺栓后即可止漏。

③ 如果法兰静密封的圆周间隙一边大、一边小，出现偏口现象而泄漏，一般在间隙大的一边产生泄漏，因此首先拧紧间隙大的一边螺栓，泄漏即可消除。

④ 如果法兰静密封的圆周间隙基本一致，可以在泄漏一边开始，再向两边逐一拧紧螺栓，最后轮流对称地拧紧一遍螺栓，即可止漏。

⑤ 螺栓连接处因设计不周，选材不当产生变形，使预紧间隙缩小，甚至两件接触无法调

整止漏。这时可在两件接触缝中用锯条锯开一条间隙缝，或用錾子削除一层金属，扩大其间隙，然后拧紧螺栓止漏。

⑥ 因选用不当，螺栓上的螺纹拧到头、没有预紧间隙，无法继续拧紧螺栓而止漏，或者螺栓本身损坏、乱扣时，应制作一只G型特殊夹紧器，用夹紧器夹持在需调整或更换的螺栓处，然后松开该处的螺栓，用新螺栓更换损坏、乱扣的螺栓。或者用加垫圈的方法调整无螺纹预紧间隙的螺栓。螺栓拧紧后，泄漏即止，然后卸下G型夹紧器。

(2) 螺纹连接的静密封调整堵漏法

静密封的螺纹连接形式有外螺纹、内螺纹、活接头、锁母、卡套等。锁母连接形式是一种用螺盖压紧填料的静密封。

螺纹连接的静密封产生泄漏的原因有：静密封装置上的零件不在一条轴线上；螺纹松动，没拧紧；密封件安装不正或缠绕在螺纹处的密封材料不匀等。

具体做法：

① 认真查找静密封处泄漏的原因。

② 如果是静密封安装不正，管线歪斜，不在一条轴线上，应首先纠正静密封安装不正的现象，然后适当拧紧螺纹，即可止漏。

③ 如果是螺纹拧得不紧而产生泄漏，只要拧紧一下螺纹，即可消除泄漏。有的管件两端都有螺纹连接，在拧紧过程中要防止另一端螺纹松动而泄漏。

④ 如果螺纹处无预紧间隙，可用锯削、锉削方法将内螺纹管或内螺纹管件的端面除掉一小部分，或者将外螺纹管和外螺纹管件的螺纹末端一段光面加工成圆槽，其深度与外螺纹高度相等。沟槽不宜过深以免影响强度，然后拧紧螺纹即可止漏。

⑤ 如果螺纹处因砸扁、锈死等现象而无法拧紧止漏，应用煤油清洗浸透，用什锦锉修整螺纹，使其内外螺纹密合拧紧止漏。

2. 机械堵漏

机械堵漏的常用方法大多都可用于阀门静密封堵漏，参照输油管道中有关机械堵漏内容。

3. 带压注剂黏接堵漏

输油管堵漏中介绍过的粘接堵漏和带压注剂堵漏技术，一般说来都可用于阀门静密封的堵漏，应用时参照执行即可。这里不再赘述了。

三、 阀门内漏的治理

阀门密封面泄漏，也就是通常称之为“内漏”的现象，处理方法有以下几种。

1. 操作法

阀门密封面上附着了杂物，如油品中的杂质沉淀在密封面上，或管道设备由于腐蚀生成的氧化物，又由于阀门开启关闭的间隔时间长，使这些异物附着在阀门的密封面上。处于低位的阀门也容易积聚异物。

当使用中，出现用正常的力关闭阀门时，关闭件到不了位，阀门产生泄漏的现象时，不要急于使大力关闭阀门。这时应分析原因，考虑是否在密封面间存有异物，若硬性关闭阀门，容易损坏密封面。正确的方法是将阀门微微开启，再慢慢关闭，并留有一定间隙，反复几次，使密封面产生微小激流冲刷掉密封面上的杂质，最后再关闭到位。

有时阀门泄漏是因为在开泵和停泵过程中，或外界气温的变化，或操作压力和温度的变化引起的，其处理方法是将阀门手轮旋紧 1/4 ~ 1 圈，便可阻止泄漏。若是球阀，应消除球体与阀座间的间隙，方法是对称、均匀地拧紧阀座的法兰螺栓。若是旋塞阀，应微微降低调节螺钉的位置，压紧压盖，即可止漏。

当采取操作方法还不能止漏时，可采用其他方法止漏。

2. 渗胶法

采用稀释的密封胶黏剂（或用介质自行稀释胶），将胶注入阀座一侧内腔中，利用关闭件两边压差，把胶渗透在密封面间的微小缝隙内，堵住渗漏通道。

此方法适用于密封面泄漏间隙狭小的常闭式阀门。对需要开启的阀门，阀门再关闭时，需重复渗胶方可止漏。

使用的密封胶和胶黏剂应符合工况条件，耐介质性好。图 3－4 所示为渗胶法堵住密封面渗漏的方法。首先要选择好注入孔的位置，闸阀、球阀、旋塞阀应选在它们的中腔部位；截止阀、隔膜阀应选在介质流入阀内一边的阀瓣下部位置，如果介质从阀瓣上面流入的话，注入孔应选在阀瓣的上腔位置。注胶的工具和方法与强压注胶法相似，可采用强压注胶的工具和方法。

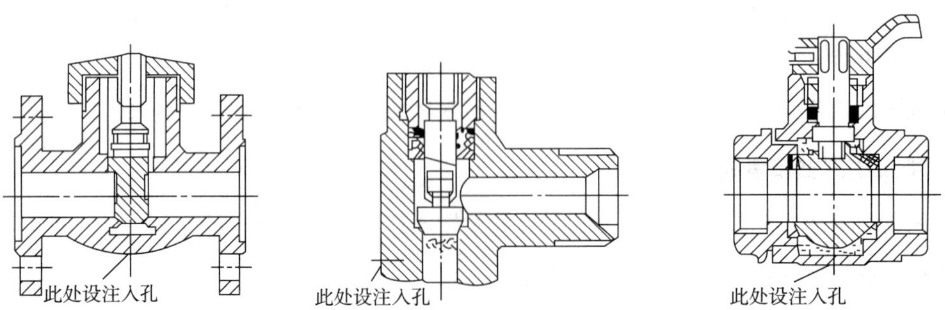

(a) 闸阀　(b) 截止阀　(c) 球阀

图 3－4　用渗胶法和黏接法堵住密封面

为了加快渗胶的过程，可在胶液注入后，微开阀门，及时地又将阀门慢慢地关上，这样有利于胶液填充密封面间的缝隙，但胶液浪费要大些。

3. 黏接法

用胶黏剂或用胶加填料的腻子胶注入阀门内腔，堵住阀门通道或密封面间的缝隙。此法与强压注胶相似。

黏接法处理密封面的泄漏，适用于密封面损坏严重的常闭式阀门。

闸阀、球阀、旋塞阀的密封面泄漏，如果没有专门的堵漏工具和设备，应充分利用阀门的堵头、调节螺孔、油路孔作为注胶孔和排泄孔。如果阀门无上述孔或有一孔不能满足注胶条件时，可考虑在阀门上加工注胶用的工艺孔，然后用注射器向阀内注胶堵漏。

4. 研磨法

采用研磨工艺，将阀门密封面损坏不平处磨平，使之达到密封效果。由于目前阀门研磨修理一般由专门企业人员负责，这里略过。

5. 增阀法

在原阀门后（即介质泄出端）安装一个同规格型号的好阀门，以解决原阀的泄漏问题。

该法适用于油库的多种加注油管道上，也就是说阀门的一侧无载压条件。若阀门两侧均载压时，如有一侧可卸压，也可采用该法。

加阀的施工步骤是：

① 检查现场，备好阀门和物料；

② 拆卸阀门泄漏端的管线；

③ 检查、清洗、修复阀门上的静密封面，制作垫片；

④ 安装事先备好的新阀门，其规格、型号与旧阀门相同。万一无相同的阀门，可用同规格阀门代用，但代用阀门应符合工况条件，与旧阀门的连接尺寸应一致；

⑤ 安装卸下的管线。如卸下的原管线与现尺寸不符，应重新制作新管线。

第六节 阀门检修

一、 阀门的日常维护

① 管道中的泥砂、铁锈等杂质会严重冲蚀密封面，使阀门发生内渗漏。为了减少铁锈，油罐内壁宜作防腐处理，管道内壁也尽可能作防腐处理。在作业时，不要让泥砂、木屑、棉纱

等杂物掉进油罐或油罐车中，并应定期清罐和清洗过滤器；管道投入使用前或检修后，应用合适的介质清扫 10 ~ 15min，以清除管道中的固体杂质。

② 不经常启闭的阀门，要定期转动手轮，以防螺杆因锈蚀而咬住。如果螺杆生锈，则可用煤油湿润阀杆，然后慢慢转动手轮。

③ 应保持阀门的清洁，定期清除阀杆上的铁锈，并涂上防锈的润滑脂。通常每个月应进行一次除锈和擦油。

④ 露天场所的阀门应戴上防雨罩，冬季应采取保温措施。

⑤ 当阀门的法兰和填料函泄漏时，应压紧或更换垫片与填料。

⑥ 当发现阀门内部渗漏时，应及时研磨闸板、阀座或更换阀门。

⑦ 阀门出现故障时，应立即停止使用，并查明原因，待修复或更换后再使用。

⑧ 阀门应定期检修和试压。常用的阀门应每年进行一次。

⑨ 阀门应建立日常检查和定期检查制度，检查内容包括：耐压部位的泄漏情况；动作是否灵活，是否有异常振动和噪音；活动部件的定期注油；不常用阀门的定期启闭检查。

⑩ 每年应给阀门涂一次防锈漆，涂漆前应清除阀门上的铁锈和旧漆，然后刷二道红丹底漆，最后刷上与原来颜色相同的面漆。刷漆时，注意保持标牌的清洁。

⑪ 建立阀门的技术档案，记录有关数据及维护和故障排除情况。

二、 阀门检修

1. 阀门检修的一般程序

① 用压缩空气吹扫阀门外表面。

② 检查并记下阀门上的标志。

③ 将阀门全部拆卸。

④ 用煤油清洗零件。

⑤ 检查零件的缺陷；以水压试验检查阀体强度；检查阀座与阀体及关闭件与密封圈的配合情况，并进行严密性试验；检查阀杆及阀杆衬套的螺纹磨损情况；检验关闭件及阀体的密封圈；检查阀盖表面，消除毛刺；检验法兰的接合面。

⑥ 修理阀体。焊补缺陷和更换密封圈或堆焊密封面；对阀体和新换的密封圈以及堆焊金属与阀体的连接处，进行严密性试验；修整法兰接合面，研磨密封面。

⑦ 修理关闭件。焊补缺陷或堆焊密封面；车光或研磨密封面。

⑧ 修理填料室。检查并修整填料室；修整压盖和填料室底部的锥面。

⑨ 更换不能修复的零件。

⑩ 重新组装阀门。

⑪ 进行阀门整体水压试验。

⑫ 阀门涂漆并按原记录做标志。

2. 阀门的强度和严密性试验

阀门的强度和严密性试验，一般在图3－5所示的阀门水压试验台上进行。试验时，压力应逐渐提高至试验压力。在规定的持续时间内，压力应保持不变，无渗漏现象发生为合格。压力持续时间，按表3－9的规定。

表3－9 阀体试压持续时间

公称通径 *DN*/mm	<150	150～400	>400
持续时间/min	>2	>3	>4

（1）强度试验

阀门水压强度试验如图3－6所示。试验前，应先将体腔内的空气排尽。

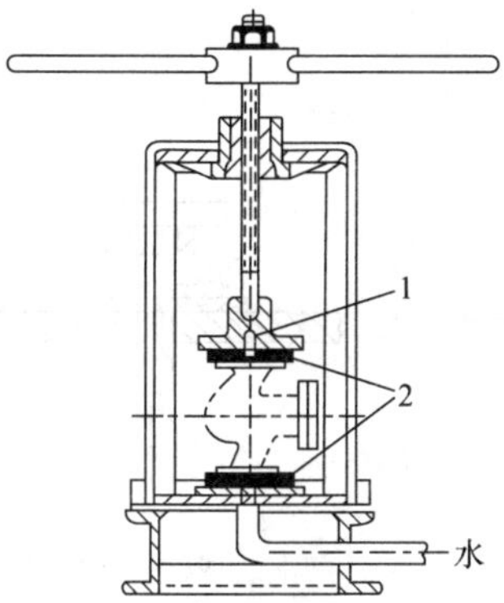

图3－5 阀门水压试验台

1—放空气用小孔（ϕ2～3mm）；2—垫

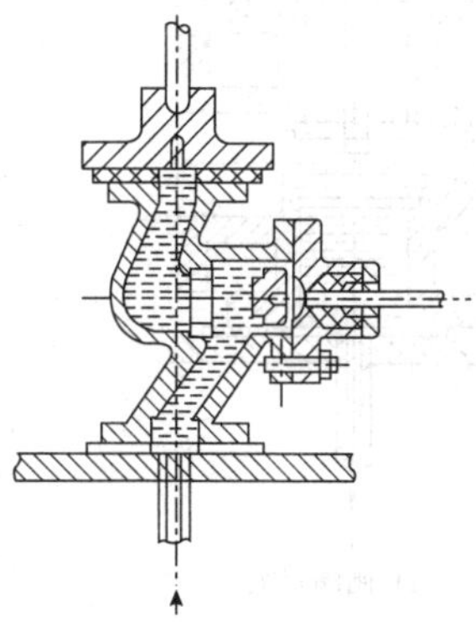

图3－6 阀门水压强度试验

试验时应将关闭件稍微开启，并将阀门通路的一端堵塞，水从另一端引入。试验带有旁通的阀门，旁通阀也应打开。

蒸汽和非腐蚀性气体用的闸阀，其闸板应在装配前单独进行试验。

（2）严密性试验

水、蒸汽以及压缩空气阀门，用水进行严密性试验；氨系统用各种阀门，应以压缩空气作介质进行严密性试验。严密性试验的压力为阀件的公称压力。

阀门的严密性试验方法如图3－7所示。试验时，应关闭阀门，介质从通路一端引入，在另一端检查其严密性［图3－7（a）］。如果是闸阀，则两侧均应分别作上述试验，或者采用图3－7（b）的方法，这样做一次试验就可以了。阀体及阀杆的接合面以及填料部分的严密性试验，应在关闭件开启、通路封闭的情况下进行（见图3－8）。

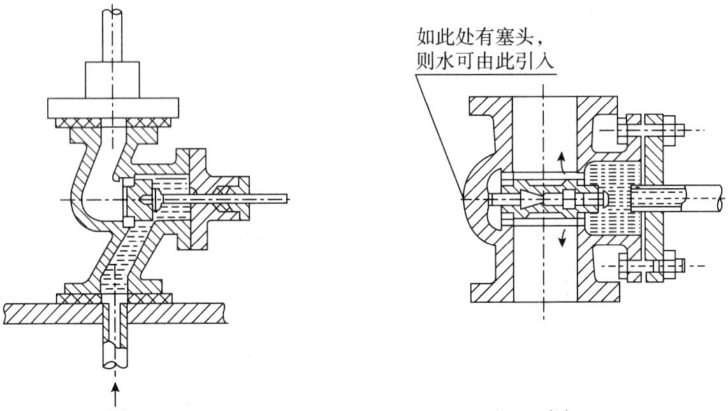

(a)　　　　(b)

图3－7　阀门的严密性试验

密封圈固定处的严密性可按图3－8所示的方法进行试验。

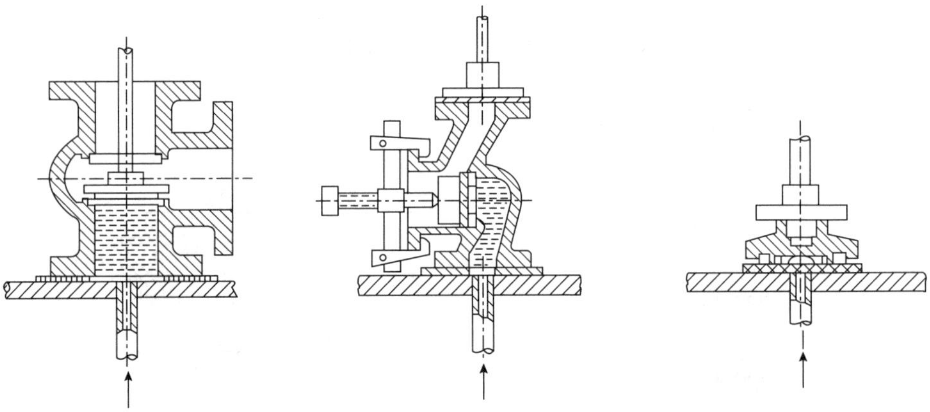

(a) 闸阀阀座　　(b) 截止阀阀座　　(c) 关闭件

图3－8　阀门的密封圈严密性试验

实操项目一　闸阀的维护实操试题

1. 考试形式

现场模拟（或笔试或口试）；

2. 考核时间要求：

准备工作5min，正式操作15min。

3. 考核要求：

（1）考核采用百分制，60分为合格。

（2）每超过规定考核时间 1min 从总分中扣 5 分，超时 3min 停止操作。

（3）考核前统一抽签，按抽签顺序对考生进行考核。

（4）考生须穿戴劳保用品。

（5）考生违章操作或发生事故须停止操作，成绩计零分。

4. 评分记录表

序号	考核内容	考核要点	配分	评分标准	检测结果	扣分	得分	备注
1	准备工作	穿戴劳保用品	5	未穿戴整齐扣 4 分				
		工具、用具准备	5	工具选择不正确扣 4 分				
2	操作程序	不准用阀门支承重物或在阀上站立	5	阀门上压重物扣 5 分				
3		检查阀门阀杆螺纹部分要干净无锈，并经常涂润滑油，保证灵活好用，有条件的要安装保护套	12	阀杆螺纹部分未涂润滑油扣 8 分				
				阀杆螺纹部分生锈影响使用扣 6 分				
4		检查阀门闸板是否脱落	5	未检查闸板扣 5 分				
5		阀门的零部件，要保证无缺，手轮损坏丢失立即配齐	11	缺损配件扣 11 分				
6		长期不用的阀门要定期转动手轮，保持开关灵活	11	检查长期不用的阀门是否转动灵活，否则扣 8 分				
				不知道哪些是长期不用的阀门扣 4 分				
7		对有冻裂可能的阀门要加伴热与保温	11	未加伴热、保温扣 11 分				
9		阀门外部要保持清洁，定期进行刷油保养	11	阀门外部脏扣 11 分				
10		检查阀门泄漏情况，发现大盖泄漏时，应适当把紧有关螺栓或更换填料或垫片	12	检查阀门泄漏不知如何处理扣 12 分				
				不会更换填料和垫片扣 10 分				

续表

序号	考核内容	考核要点	配分	评分标准	检测结果	扣分	得分	备注
11	操作程序	新投用的管线内部杂物较多，试压时要将阀门微量开启，利用介质的高速流动将杂物冲走，然后轻轻关阀，反复数次冲净管线	12	新投用的管线未采用阀门小开度冲洗扣 10 分				
				未反复冲洗扣 2 分				
12	安全及其他	按国家颁发的有关法规或企业自定有关规定执行		违规一次总分扣 5 分；严重违规停止操作			—	
		在规定时间内完成操作		每超时 1min 总分扣 5 分，超时 3min 停止操作			—	
合　计			100					

否定项说明：无

考评员签字：　　　　　　　　　　　　　　　　　　年　　月　　日

实操项目二　操作电动阀门

1. 考试要求

（1）必须穿戴劳动保护用品。

（2）必备的工具、用具准备齐全。

（3）考试前统一抽签，按抽签顺序对考生进行考试。

（4）符合安全、文明生产。

2. 准备要求

（1）材料准备。

序　号	名　称	规　格	数　量	备　注
1	安全帽		1 顶	
2	工作服		1 套	
3	棉手套		1 副	
4	棉纱或棉布		若干	
5	作业票		1 套	
6	操作卡		1 份	

（2）设备准备。

序　号	名　称	规　格	数　量	备　注
1	电动阀门		1台	

（3）工具准备。

序　号	名　称	规　格	数　量	备　注
1	扳手		若干	

3. 操作程序说明

（1）准备工作。

（2）电动阀门的开阀操作。

（3）电动阀门的关阀操作。

（4）应急处理。

4. 考试规定说明

（1）如操作违章，将停止考试。

（2）考试采用100分制，扣分标准按各单项分值扣完为止，然后按鉴定比重进行折算。

（3）考试方式说明：该项目为实际操作题，考试过程按评分标准及操作过程进行评分。

（4）测试技能说明：本项目主要测试考生对操作电动阀门的熟练程度。

5. 考试时限

（1）准备时间：5min（不计入考试时间）。正式操作时间：20min。

（2）提前完成操作不加分，超时操作按规定标准评分。

6. 评分记录表

序号	考试内容	评分要素	配分	评分标准	检测结果	扣分	得分	备注
1	准备工作	着装、戴安全帽	2	不整洁、不规范、没系扣各扣1分（小翻领、拉链服除外）				
		戴手套	1	未戴扣1分				
		工具、用具准备	2	工具、用具选择不正确一件扣1分				

续表

序号	考试内容	评分要素	配分	评分标准	检测结果	扣分	得分	备注
2	开阀操作	检查阀门是否处在自动挡，电系统是否正常	10	未检查阀门挡位扣10分				
			10	未检查电系统扣10分				
		按下电动阀的开启按钮	10	未按下电动阀的启动按钮扣10分				
		查看阀门开启速度是否正常，全开阀门	10	未查看阀门开启速度是否正常扣10分				
			10	阀门未全开扣10分				
3	关阀操作	按下电动阀的关闭按钮	10	操作错误扣10分				
		查看阀门关闭速度是否正常，全关阀门	10	未查看阀门关闭速度是否正常扣10分				
			10	未关到零位扣10分				
4	应急处理	若阀门电启闭失灵，将电动阀切换至手动位置，手动进行开关阀门	10	未手动开关阀门扣10分				
5	使用工具	正确使用工具	2	工具使用不正确扣2分				
		正确维护工具	3	工具乱摆、乱放扣3分				
6	安全文明操作	按国家或企业颁发的有关安全规定执行操作		违规操作1次从总分中扣5分；严重违规者取消考试资格				
7	考试时限	在规定时间内完成操作		每超时1min从总分中扣除5分，超时3min停止操作				
	合计		100					

考评员：　　　　　　　　　　核分员：　　　　　　　　　　年　月　日

本章作业：

1. 简述手动阀门操作要点。
2. 简述阀门安装的基本要求。
3. 简述一般阀门发生泄漏的部位。

第四章　油泵的使用与维修

第一节　离心泵安装调试

油库中，油泵是最主要的动设备。动设备的安装调试质量直接决定着其今后的运转状况和使用寿命。本节主要讲述离心泵的安装调试，其他动设备的安装调试大同小异。机械设备安装一般程序是：安装前准备→设备开箱检查→基础检查验收及处理→设备搬运就位→设备安装（找正、找平和对中）→一次灌浆→精确找平和对中→二次灌浆→试运转验收。

一、机座的安装

机座（又称底盘、台板、基础板等）的安装在离心泵安装中占有重要的地位。因为离心泵和电动机都是直接安装在机座上的（一般小型泵为同一个机座，大型泵可分为两个机座），如果机座的安装质量不好会直接影响泵的正常运转。

机座安装的步骤如下：

1. 基础的质量检查和验收

新购置离心泵交接后，应按照设备说明书，请土建单位按照设备说明书要求，挖基坑打基础。

在安装机器及设备前，应严格地进行基础质量的检查和验收工作，保证安装质量，缩短安装工期，并可避免在安装过程中对基础某些部分作额外的补修工作。

当基础建成后，土建部门在交出基础给安装部门时，必须附有基础的形状及主要几何尺寸的实测图表、基础坐标的实测图表、基础标高的实测图表、基础沉陷的观测记录和基础质量合格证的交接证书等技术文件。

基础验收的具体工作就是根据图纸和技术规范，对基础工程进行全面的检查。检查的主要内容是基础的外形尺寸、空间位置和强度、地脚螺栓预埋情况或预留孔位置、防振隔振措施等。离心油泵的基础尺寸和质量要求按照表4－1规定。

表4－1　机械设备基础的位置和尺寸的允许偏差

序号	项　　目		允许偏差值/mm
1	基础坐标位置（纵、横轴线）		±20
2	基础备不同平面的标高		0，－20
3	基础平面外形尺寸		±20
	凸台上平面外形尺寸		0，－20
	凹穴尺寸		+20，0
4	平面水平度（包括地坪上需安装设备部分）	每米	5
		全长	10
5	垂直度	每米	5
		全高	10
6	预埋地脚螺栓	标高（顶部）	+20，0
		中心距	±2
7	预留地脚螺栓孔	中心线位置	10
		深度	+20，0
		孔壁垂直度	10
8	预埋活动地脚螺栓锚板	标高	+20，0
		中心线位置	5
		带槽的锚扳的水平度	5
		带螺纹孔的锚扳的水平度	2

为了确保机器在基础上正常工作，避免由于机器运转时所产生的惯性力的影响导致基础发生沉陷现象，在安装机器前，一定要使基础进行预压试压，预压时间为70～120h，加在基础上的预压力应为机器重量的1.5～1.7倍。

为了使基础混凝土选到预定的强度，基础浇灌完毕后不允许立即进行机器的安装，而应该至少保养7～14天，当机器在基础上面安装完毕后，应至少经过15～30天后才能进行机器的试运转。如果需要提前进行机器试运转，必须在基础施工阶段采取必要的措施或者采用快干水泥。

2. 铲麻面和放垫板

基础验收后，在机器安装前按施工图和相关建筑物的轴线、边缘线、标高线，划定安装的基准线，然后进行铲麻面和放垫板工作，以保证设备的安装质量。

(1) *铲麻面*

基础验收后，在设备安装前，应在基础的上表面（除放垫板的地方外）铲出一些小坑，这项工作就称为铲麻面。铲麻面的目的是使二次灌浆时浇灌的混凝土或水泥砂浆能与基础紧密结合起来，从而保证机器及设备的稳固。铲麻面的方法有手工法和风铲法两种。铲麻面的质量要求是：每 100cm^2 内应有 5 ~ 6 个直径为 10 ~ 20mm 的小坑。放置垫铁处（至周边约 50mm）的基础表面应铲平，其水平的允许偏差为 2mm/m。

（2）地脚螺栓

地脚螺栓的作用是将机器和设备牢固地连接起来，防止机器和设备工作时发生位移、振动和倾覆，如图 4－1 所示。地脚螺栓、螺母和垫圈通常随机器和设备配套供应，并在机器设备说明书中有明确规定。通常情况下，每个地脚螺栓应根据标准配一个垫圈和一个螺母，但对于振动剧烈的机器，应安装锁紧螺母或双螺母。

根据地脚螺栓的长度，可将其分成两类：短地脚螺栓和长地脚螺拴。短螺栓用来固定重量较小的、没有剧烈振动和冲击的设备，其长度为 100 ~ 1000mm。长螺栓用来固定重量较大的、有剧烈振动和冲击的设备，其长度为 1 ~4m。

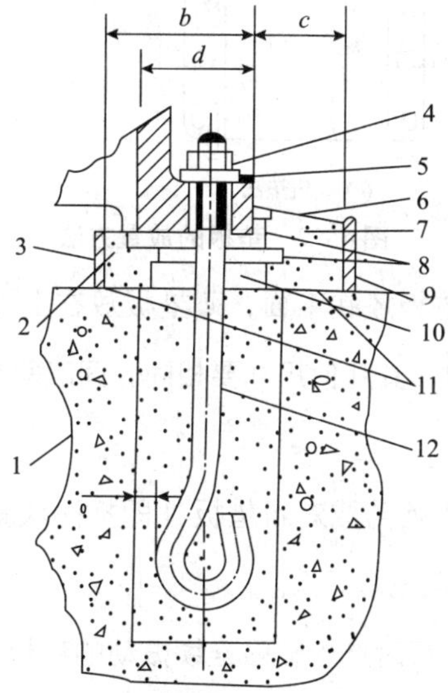

图 4－1 地脚螺栓、垫铁和灌浆

1—地坪或基础；2—设备底座底面；3—内模板；4—螺栓；5—垫圈；6—灌浆层斜面；7—灌浆层；8—斜铁；9—外模板；10—平垫铁；11—麻面；12—地脚螺栓

（3）放垫板

在安装机器及设备前，必须在基础上放垫板，在安放垫板处的基础表面必须铲平，使垫板与基础表面能很好地接触。

放垫板的目的：可以通过垫板厚度的调整，使被安装的机器设备能达到设计的水平度和标高；增加机器设备在基础上的稳定性，并将其重量通过垫板能均匀地传递到基础上去；便于二次灌装。

垫板的种类很多，按垫板的材料来分，可分为铸铁垫板（厚度为 20mm 以上）和钢板垫板（厚度为 0.3 ~ 20mm 之间）两种；按垫板的形状来分，可分为平垫板、斜垫板、开口垫板、钩头斜垫板和调节垫板五种。安放垫板时，可以采用标准垫法（在每一地脚螺栓两侧各放一组垫板）、井字垫法、十字垫法、单侧垫法和辅助垫法（在两组垫板之间加放一组辅助垫板）等，这些垫法如图 4 - 2 所示。垫板的面积、组数和放置方法应根据机器及设备的重量和底座面积的大小来确定，放置垫扳应遵守下列原则：

① 每个地脚螺栓应有一组垫板。相邻两垫板组的距离，一般应保持 500 ~ 1000mm；垫板组在能放稳和不影响灌浆的情况下，应尽量靠近地脚螺栓，如图 4 - 2 所示。

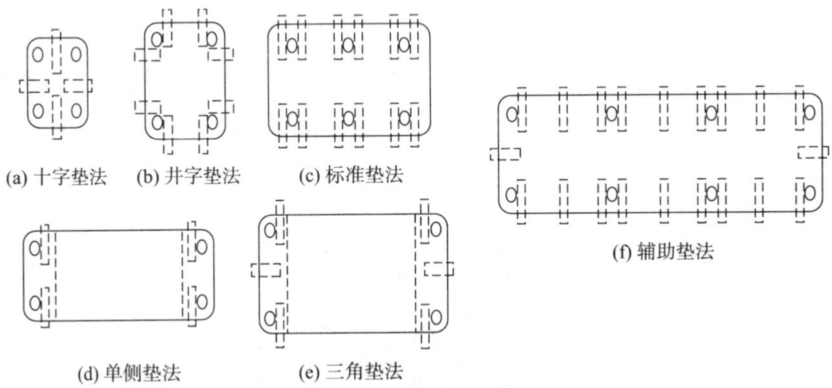

图 4 - 2　垫板的放置方法

② 每一组垫板内，应将厚垫板放在下面，薄垫板放在上面，最薄的垫板应夹在中间，以免发生翘曲变形。同一组垫板中，其几何尺寸要相同，同时斜垫板放在最上面，单块斜垫板下面应有平垫板。

③ 不承受主要负荷的垫板组使用成对斜垫板（即把两块斜度相同而斜向相反的斜垫板沿斜面贴合在一起使用），找平后用电焊焊牢。

④ 承受主要负荷并在设备运行时产生较强连续振动的垫板组不应采用斜垫板而只能采用平垫板。

⑤ 每组垫板应放置整齐平稳，保证接触良好，设备找平后每一组垫板均应被压紧，可用 0.25kg 手锤逐组轻轻敲击，听音检查。

⑥ 设备找平后，垫板应露出设备底座面外缘，平垫板应露出 25 ~ 30mm；斜垫板应露出 25 ~ 30mm；平垫板伸入设备底座面的长度应超过地脚螺检的中心。

⑦ 采用调整垫板时，螺纹部分和调整块滑动面上应涂以润滑脂，找平后，调整块应留有可继续升高的余量。

3. 安装机座

安装机座时，先将机座吊放到垫板上，然后进行找正和找平。

（1）机座的找正

设备找正就是将设备不偏不倚地放在规定的位置上，使设备和基础的纵横中心线对正。为此，需先找出设备纵横中心线，就位后利用量具和线锤进行测量，看设备中心线与基础中心线是否对正，不正时，用撬杠撬动设备加以调整，直至设备中心线与基础中心线对正为止。

（2）机座的找平

设备找平，即将设备调整到水平状态。所谓水平状态是指设备上主要的面与水平面平行。设备找平是一道重要工序。设备水平度不符合要求，运转时将会振动加剧，噪声大；润滑不佳，动力消耗加大，加速设备磨损，降低使用寿命。

找平机座时，一般采用三点找平安装法：首先在机座的一端垫好需要高度的垫板（如图 4－3 中的 a），同样在机座的另一端地脚螺栓 1 和 2 的两旁放置需要高度的垫板，如图中的 b_1、b_2、b_3 和 b_4，然后用长水平仪在机座的上表面上找平，当机座在纵横两个方向均成水平后，拧紧地脚螺栓 1 和 2。最后在地脚螺栓 3 和 4 的两旁加入垫板，并同样进行找平，找平后再拧紧地脚螺栓 3 和 4，机座安装完毕。

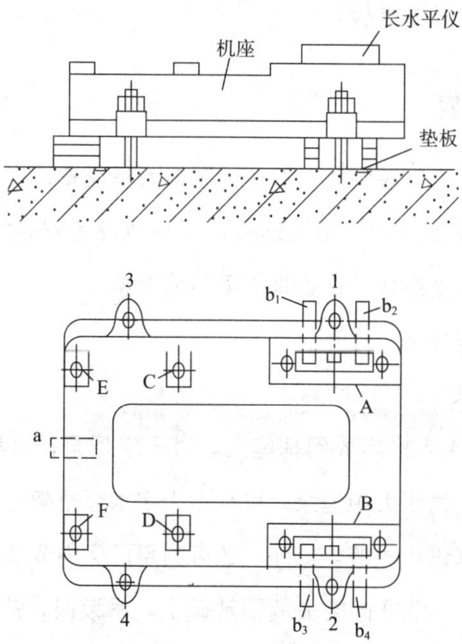

图 4－3　机座找平

在机座表面上测水平时，水平仪应放在机座的已加工表面上进行，即在图中的 A、B、C、

D、E 和 F 等处，在互相垂直的两个方向上用水平仪进行测量，须将水平仪正反地测量两次，取两次的平均读数作为真正的水平度的读数。

机器的找平分为初找平和最终找平。设备初步找平后，即进行地脚螺栓孔灌浆。地脚螺栓孔灌浆，又称一次灌浆，即用细石混凝土填塞地脚螺栓孔以固定地脚螺栓。预留地脚螺栓孔或设备底座与基础之间的灌浆，应符合现行国家标准《混凝土结构工程施工质量验收规范》（GB 50204—2002）的规定。灌完混凝土后，要洒水养护，待混凝土强度达到设计强度 70% 以上时，拧紧地脚螺栓。

当螺栓拧紧后，设备水平度可能会发生变化，必须进行复查和调整。在调整时，松开低端的地脚螺栓，将垫铁打进一点，紧好螺栓，再进行测量。如此循环，直到均匀拧紧螺栓后，设备纵横向水平度全部合格为止。

设备精确调平后，要将设备底座与基础表面间的空隙，用混凝土填满，并将垫铁埋在里面，俗称二次灌浆。

灌浆时，应放一圈外模板，模板边缘距设备底座边缘一般不小于 60mm。灌浆层高度，在底座外面应高于底座底面，灌浆层上表面应向外略有坡度，以防油、水流入设备底座。模板拆除后，表面应进行抹面处理。二次灌浆层厚度不应小于 25mm。仅用于固定垫铁或防止油、水进入的灌浆层，且灌浆无困难时，其厚度可小于 25mm。当设备底座下不需全部灌浆，且灌浆层需承受设备负荷时，应敷设内模板。

二、 离心泵的安装

机座安装好后，一般是先安装泵体，然后以泵体为基准安装电动机。因为一般的泵体比电动机重，而且它要与其他设备用管路相互连接，当其他设备安装好后，泵体的位置也就确定了，而电动机的位置则可根据泵体的位置来作适当的调整。

离心泵泵体的安装步骤如下：

（1） 离心泵泵体的吊装

对于小型泵，可用 2 ~ 4 人抬起放到基座上。对于中型泵，可利用拖运架和滚杠在斜面上滚动的方法来运输和安装。对于大中型泵，可利用人字木起重架进行吊装，有时也利用单木起重杆和其他滑轮组配合起来进行吊装。此外，还可利用厂房内或基础上空原有的起重机械（如桥式起重机、电动葫芦等），将泵直接吊装到基础上。吊装时，应将吊索捆绑在泵体的下部，不得捆绑在轴或轴承上。

（2） 离心泵泵体的测量和调整

离心泵泵体的测量与调整包括找正、找平及找标高三个方面。

① 找正。就是找正泵体的纵、横向中心线。泵体的纵向中心线是以泵轴中心线为准；横向中心线以出口管的中心线为准。在找正时，要按照已装好的设备中心线（或基础和墙柱的中心线）来进行测量和调整，使泵体的纵、横向中心线符合图纸的要求，并与其他设备很好地连接。泵体的纵、横向中心线按图纸尺寸允许偏差 ±5mm 范围之内。

② 找平。泵体的中心线位置找正后，便开始调整泵体的水平，首先用精度为 0.05mm/m 的方水平仪，在泵体前后两端的轴颈上进行测量。调整水平时，可在泵体支脚与机座之间加减薄铁皮来调整。泵体的水平允许偏差一般为 0.3～0.5mm/m。

③ 找标高。泵的标高是以泵轴的中心线为准。找标高时一般都用水准仪来进行测量，然后用增减泵体的支脚与机座之间的垫片标高的调整。泵体的中心线位置、水平度和标高找好后，便可把泵体与机座的连接螺栓拧紧，然后再用水平仪检查其水平是否有变动，如果没有变动，便可进行电动机的安装。

三、 电动机的安装与联轴器找正

设备联轴器，又称联轴节，其用途是将两根轴沿轴向连接为一体。联轴器找正，主要是精确地对中，保证两轴的同心度。联轴器找正是安装工程中一个很重要的环节，两轴不同心将会在轴和联轴器中引起很大的应力，影响设备的正常运转。离心泵与电动机的轴是用各种联轴器连接在一起的，所以电动机的安装工作主要的就是联轴器的找正。

以凸缘联轴器为例，联轴器在安装中常出现如图 4－4 所示的几种情况。

第一种是两轴的中心线完全重合，如图 4－4（a）所示，这是最理想的情况；第二种是两轴中心线不重合，有径向位移，但两轴中心线是平行的，如图 4－4（b）所示；第三种情况是两轴中心线在联轴器有同一交点，但不是一条线，相互之间有角位移，如图 4－4（c）所示；第四种情况如图 4－4（d）所示，它既有径向位移，又有角位移，实际上常常遇到的是这种情况。

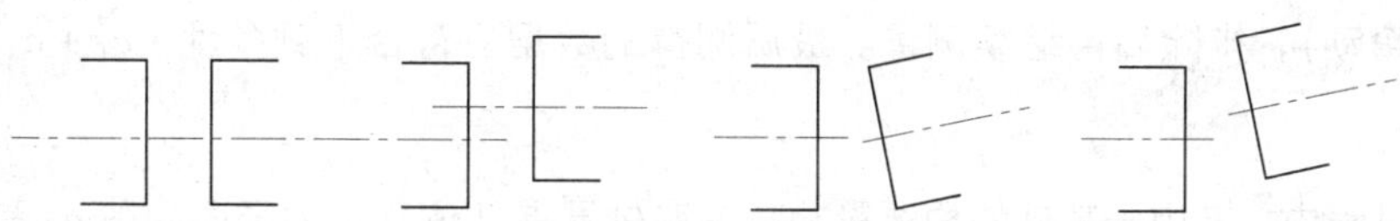

(a)两轴的中心线完全重合　(b)有径向位移，两轴中心线平行　(c)两轴中心线之间有角位移　(d)既有径向位移，又有角位移

图 4－4　联轴器安装相对位置

一般情况下，联轴器找正主要用以下两种方法。

1. 简单测量

利用直尺及塞尺测量联轴器的径向位移，利用平面规及楔形间隙规测量联轴器的角位移。

这种测量方法简单但精度不高，一般只能应用于不需要精确找正的粗糙低速机器。

2. 两表找正法

两表找正法是利用中心卡和千分表先测量联轴器的径向间隙和轴向间隙，然后通过计算，根据偏移情况来进行调整。测量方法如图 4－5 所示，适用于需要精确找正中心的精密仪器和高速机器。操作方便，精度高，应用极广。

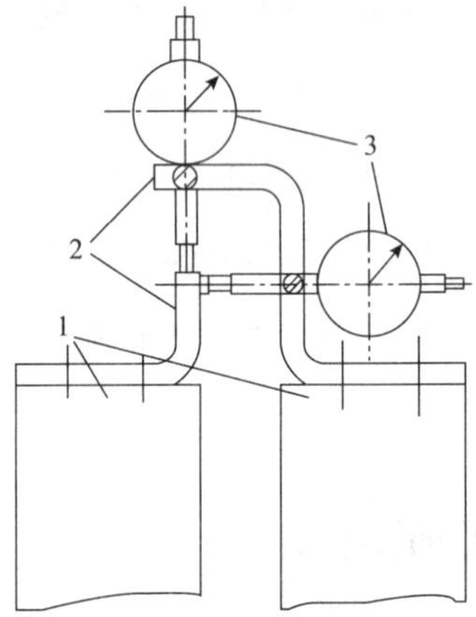

图 4－5　利用中心卡和千分表测量联轴器的径向间隙和轴向间隙

1—联轴器；2—中心卡；3—千分表

利用中心卡及千分表来测量联轴器的径向间隙和轴向间隙时，常用一点法来进行测量。

所谓一点法是指在测量一个位置上的径向间隙时，同时又测量同一个位置上的轴向间隙。

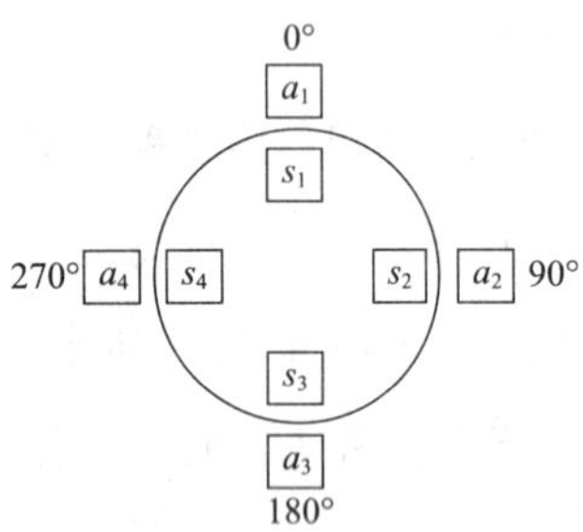

图 4－6　一点法记录图

测量时，先装好中心卡，并使两半联轴器向着相同的方向一起旋转，使中心卡首先位于上方垂直的位置（0°），用千分表测出径向间隙 a_1 和轴向间隙 s_1，然后将两半联轴器顺次转到 90°、180°、270°三个位置上，分别测出 a_2、s_2，a_3、s_3，a_4、s_4，将测得的数据记录在图中，如图所示；两半联轴器重新转到 0°位置时，再一次测得径向间隙和轴向间隙 a_1、s_1，应与 a_1、s_1 相等，否则检查原因（轴向窜动），排除后再继续测量。最后测得的数据应符合下列条件：$a_1+a_3=a_2+a_4$，$s_1+s_3=s_2+s_4$。

在测量过程中，若由于基础的构造影响，使联轴器最低位置上的径向间隙 a_3 和径向间隙 s_3 不能测到，则可根据其他三个已测得的间隙数值计算出来。

$$a_3=a_2+a_4-a_1，\quad s_3=s_2+s_4-s_1$$

最后比较对称点上的两个径向间隙和轴向间隙的数值，若对称点数值差不超过规定数值是，认为符合要求，否则要进行调整。

调整时，通常采用在垂直方向加减电动机支脚下的垫片或在水平方向移动电动机位置的方法实现。对于粗糙的和小型机器，在调整时，根据偏移情况采取逐渐近似的经验方法来调整（即逐次试加或试减垫片，以及左右敲打或移动电动机），对于精密的和大型的机器，在调整时则应该通过计算来确定应加或应减垫片的厚度和左右的移动量。

联轴器的径向间隙和轴向间隙测量完毕后，就可根据偏移情况来进行调整。在调整时，一般先调整轴向间隙，使两半联轴器平行，然后调整径向间隙，使两半联轴器同轴。为了准确快速的进行调整，应先通过如下的近似计算，以确定在电动机支脚下应加上或应减去的垫片厚度。

现以既有径向偏移又有角位移的一种偏移情况为例，介绍联轴器找正时的计算及调整方法。如图 4－7 所示，Ⅰ为从动轴，Ⅱ为主动轴。根据找正测量的结果可知，这时的 $s_1 > s_3$，$a_1 > a_3$，即两半联轴器处于既有径向位移又有角位移的一种偏移情况。

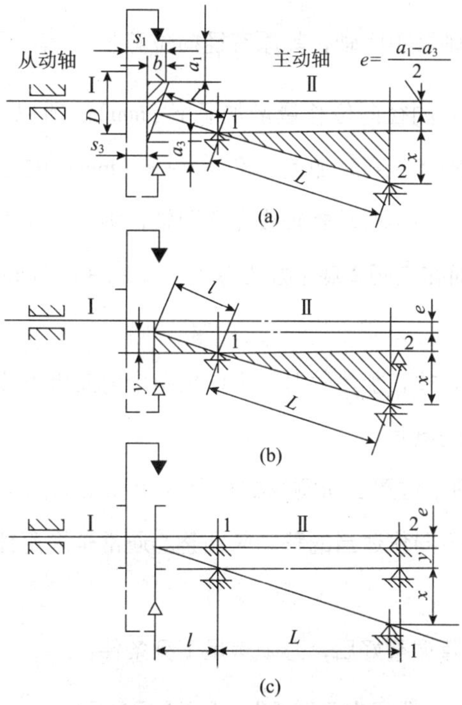

图 4－7　联轴器找正计算和加调整垫方法

步骤一，使两半联轴器平行。

由图 4－7（a）可知，为了使两半联轴器平行，必须在主动机的支脚 2 下加上厚度为 x（mm）的垫片才能达到。此处 x 的数值可以利用图上画阴影的两个相似三角形的比例关系算出。

由 $\frac{x}{L}=\frac{b}{D}$ 得 $x=\frac{b}{D}L$

式中　b——在 0°和 180°两个位置上测得的轴向间隙的差值（$b=s_1-s_3$）；

D——联轴器的计算直径（应考虑到中心卡测量处大于联轴器直径的部分），mm；

L——主动机纵向支脚间的距离，mm。

由于支脚2垫高了，而支脚1底下没有加垫，因此轴Ⅱ将会以支脚1为支点发生很小的转动，这是两半联轴器的端面虽然平行了，但是主动轴上的半联轴器的中心却下降了y（mm），如图4－7（b）所示。此处的y值同样可以利用图上画有阴影线的两个相似三角形的比例关系算出。

由 $\frac{y}{l}=\frac{x}{L}$ 得 $y=\frac{x}{L}l=\frac{\frac{b}{D}L}{L}l=\frac{b}{D}l$

式中 l——支脚1到半联轴器测量平面之间的距离，mm。

步骤二，使两联轴器同轴。

由于$a_1>a_3$，即两半联轴器不同轴，其原有径向位移量（偏心距）为$e=\frac{a_1-a_3}{2}$，再加上第一步找正时又使联轴器中心的径向位移量增加了y（mm）。所以，为了使两半联轴器同轴，必须在主动机的支脚1和支脚2下同时加上厚度为$y+e$（mm）的垫片。由此可见，为了使主动轴上的半联轴器和从动轴上的半联轴器轴线完全同轴，则必须在主动机的支脚1底下加上厚度为$y+e$（mm）的垫片，而在支脚2底下加上厚度为$x+y+e$（mm）的垫片，如图4－7（c）所示。

主动机一般有四个支脚，故在加垫片时，主动机两个前支脚下应加同样厚度的垫片，而两个后支脚下也要加同样厚度的垫片。

如联轴器在90°、270°两个位置上所测得的径向间隙和轴向间隙的数值也相差很大时，则可以将主动机的位置在水平方向作适当的移动来调整。通常是采用锤击或千斤顶来调整主动机的水平位置。

全部径向间隙和轴向间隙调整好后，必须满足下列条件：

$$a_1=a_2=a_3=a_4,\quad s_1=s_2=s_3=s_4$$

这表明主动机轴和从动机轴的中心线位于一条直线上。在调整联轴器之前先要调整好两联轴器端面之间的间隙，此间隙应大于轴的轴向窜动量（一般图上均有规定）。

离心泵和电动机两半联轴器之间必须有轴向间隙，其作用是防止离心泵泵轴的窜动作用传到电动机的轴上去，或电动机轴的窜动作用传到离心泵的轴上，因此，这个间隙必须有一定的大小，一般要大于离心泵轴和电动机轴的窜动量之和。通常图纸上对此间隙都有规定，如图纸上无此规定，则可参照下列数字进行调整。

小型离心泵：2～4mm

中型离心泵：4～5mm

大型离心泵：4～8mm

第二节 离心油泵的使用与故障判断及排除

一、 离心油泵的技术要求

1. 离心油泵的完好标准

《石油库设备完好标准》中对离心油泵的完好标准作了如下规定：

① 压力、流量平稳，油泵经常处于高效区运行，流量不低于额定流量的50%。运转平稳，无杂音，无异常震动。

② 离心泵出口阀门应有良好的调节功能，以便控制输油时的初速度。

③ 润滑、冷却系统畅通，选用的润滑油（脂）符合规定。滑动轴承温度不超过65℃，滚动轴承温度不超过70℃。

④ 密封好，工作状态下，填料密封泄漏：轻质油不超过20滴/min；重质油不超过10滴/min。机械密封：轻质油不超过10滴/min；重质油不超过5滴/min。停止工作时，不渗不漏。

⑤ 泵体完整、无裂纹及渗漏，外观清洁，轮轴见光，铜见本色，沟槽见底，无油迹，铭牌清晰。

⑥ 基础、泵座牢固完整，地脚螺丝及各部连接螺丝满扣、齐整、牢固。机座水平偏差不超过0.2mm/m。

⑦ 压力表及真空表齐全、准确，压力表量程为额定量程的2倍，精度不低于1.5级。

⑧ 进出口阀门、止回阀，过滤器及真空管线安装合理，不堵不漏。

⑨ 吸入管径不小于泵的吸入口径；过滤器滤网（20～25目）净流通总面积为进口管面积的8～9倍。

⑩ 产品出厂合格证、设备履历卡片，检修及验收记录、运行及缺陷记录和易损配件图纸等技术资料齐全、准确。

2. 离心油泵需大修的条件和大修项目

大修参考周期一般为3～5年或连续运行达8000h以上。大修理项目及标志如表4－2所示。

表 4－2 离心泵大修理项目及标志

项 目	主要标志
解体检查泵体和各零部件磨损、腐蚀和汽蚀程度。必要时进行修理或更换检查和调整轴的弯曲度或更换轴	管路情况正常。泵效率突然下降，泵体有裂纹
校核转子晃动度，必要时测定转子平衡	轴磨损或腐蚀严重
检查修理轴承，必要时测定转子平衡	叶轮损伤、偏重、间隙过大
检查调整轴套、压盛、底套、减压环、封油环、口环、隔板、衬套、中间托瓦等密封件各处间隙	轴承磨损或磨损严重，零件损坏或间隙过大
测量并调整泵体水平度	泵震动或噪声过大
调整间隙和校核联轴器同心度	震动噪声过大
修补或重新浇灌基础，必要时更换机座	基础开裂、破损

3. 离心油泵的报废条件

凡符合下列条件之一者即可申请报废：

① 泵体或泵盖损坏无法修复者；

② 大修费用超过设备原值 50% 者；

③ 机型淘汰，配件无来源者；

④ 因泵自身的原因，泵流量低于额定流量 30% 以下者。

二、 离心油泵的检查要求

1. 每月检查的主要内容

① 检查轴承温度、吸排压力、渗漏、输入功率、润滑、震动和噪声。

② 用温度计测定轴承温度。

③ 检查泵与电动机的联接情况。

2. 每季检查的主要内容

① 检查轴承盒里的润滑油，如变质应全部更换。.

② 检查润滑脂，如变质应全部更换。

③ 检查滑动轴承在圆周方向的间隙。

3. 每年检查的主要内容

① 检查转动部分的磨损情况及间隙。

② 检查校验一次真空表及压力表。

③ 检查泵壳内部的腐蚀状况。

④ 检查进出口阀及止回阀。

⑤ 进行压盖、填料及轴套的检查，必要时进行更换。

上述各项检查都应认真做好记录，为检修提供必要的技术资料。

三、 离心油泵的正确操作使用

1. 开泵前准备工作

① 查。认真检查机座地脚螺栓、泵和电机与机座之间连接螺栓、联轴器连接是否紧固可靠；按照油泵旋转方向盘车2～3圈，检查主轴转动是否灵活，不应存在紧涩和摩擦现象；检查润滑油是否充足，电压是否正常。如果油泵配备了冷却水系统，应确认其引至泵前。

② 开。打开吸入阀、真空表、压力表开关和管线的有关阀门。

③ 关。关闭排出阀和与本次作业无关的阀门。

④ 灌。灌泵，可以是人工灌泵、抽真空灌泵或正压灌泵，直至窥视器连续上油为止。

2. 开泵和运转

① 一切准备就绪后启动油泵，当压力表指示压力后，逐渐打开排出阀，保持压力稳定，使泵正常输送液体。这一过程不得超过3min，以防油泵过热。开泵后如果压力表读数不稳定或降到“零”，则为汽蚀，应立即关闭排出阀门，停泵后重新灌泵再启动。

② 运转中司泵员应严守岗位，集中精力，注意联络信号，做到一看、二摸（测）、三听。看压力表、真空表及电流表读数是否正常；摸（测）机械密封部位（或填料筒）、电机壳体稳定、电机和泵的轴承温度是否正常；听油泵、电动机运转的声音是否正常。发现问题及时调整或停泵检查，并报告现场值班员。

3. 停泵

① 先关排出阀，后停泵。

② 停泵后及时放空管线和泵内油料，关闭所有阀门，擦拭保养外部。

③ 整理现场，切断电源。认真填写作业记录。

四、 离心油泵故障判断的基本方法

判断故障的基本方法是观察泵工作时压力表和真空表读数的变化。根据两表读数变化，既能了解泵是否发生了故障，又可进一步抓住它的实质，便于准确及时地排除故障。

这是因为：

$$p_{表} \approx \gamma(h_{排高} + h_{排损}) \quad (4-1)$$

$$p_{真} \approx \gamma(h_{吸高} + h_{吸损}) \quad (4-2)$$

在工作中如果排出高度不变，但压力表读数却发生了变化，说明 $h_{排损}$ 发生了变化，而 $h_{排损}$ 的变化说明了管路是否堵塞和流量是否变化。如果工作中吸入高度未变，但真空度却发生了较大的变化，同样也可以断定泵工作不正常，由此可见，要想用仪表判断泵的故障，首先要了解泵正常工作时压力表和真空表的读数。只有知道正常，才能区别不正常。

除此之外，我们还可以从听声音、看电流表读数的变化等方法帮助判断故障。

造成泵故障的原因很多，归纳起来有四个方面，它们是泵内有气、吸入管堵塞、排出管堵塞和排出管破裂，也可归纳为三个字：气、堵、裂。

五、 泵和管路系统故障的分析与排除

离心泵工作发生故障时的特点是压力表和真空表读数同时变化，这是因为离心泵的流量和压头是互相影响的，即使吸入部位发生故障也要影响排出过程；同样排出部位发生故障会影响吸入过程。所以在判断离心泵故障时不能只看一个表的读数就作结论。

1. 泵内有气

两表征象：真空表和压力表读数都比正常小，常常不稳定，甚至降到零，这是因为泵进入空气以后，压头显著降低，流量也急剧下降的缘故。

原因分析：通常是由于吸入系统不严密引起。容易发生漏气的部位有：吸入管系统连接处不严；填料筒不严；真空表接头松动等等，都会引起泵内有气。离心泵转速降低或反转，也有类似表征，两表读数偏小，但比较稳定。

吸入管系统由于气体积聚，也会发生汽蚀，因此在吸入管的中途不得有气袋，例如，当入口水平管段较长时，要有一定的坡度，如水平管段是在上抽（吸入）系统时，则向泵入口上坡；如在压入（灌注）系统时，则向泵入口下坡；当泵入口管路有变径管时，管径≥*DN* 65 者要采用偏心大小头以防变径处气体积聚。变径管的安装方法如图 4－8 所示，即入口法兰前弯头向下时，变径管顶平；弯头向上时，变径管底平。

图 4－9 是由于地形要求该泵排出口水平安装，自流灌泵时，原来由阀 2 放气，但启动后不能工作，后来改装为阀 3 处放气，问题才得以解决。图 4－10 是某 Y 形油泵装置，其入口、出口均垂直，原来由阀 4 处抽真空灌泵，但启动后压力还可以打开阀 1、2，压力表降为零，后来改装在阀 5 处抽气灌泵，才正常工作。

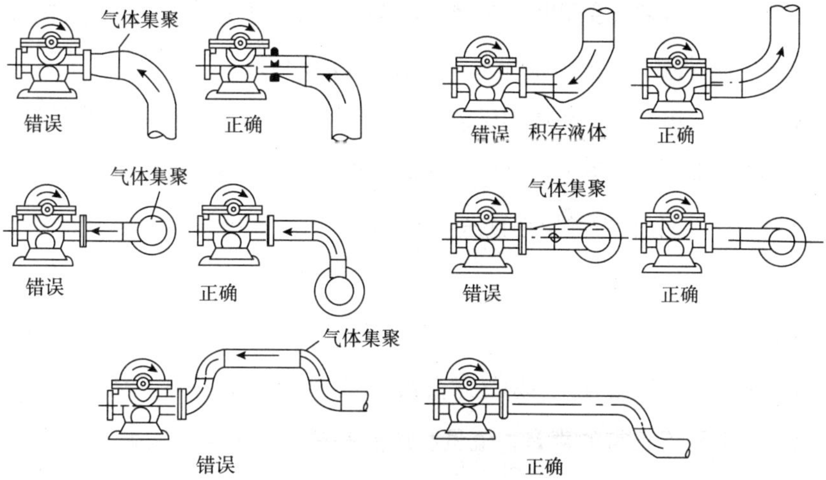

图4－8 泵入口偏心变径管的使用

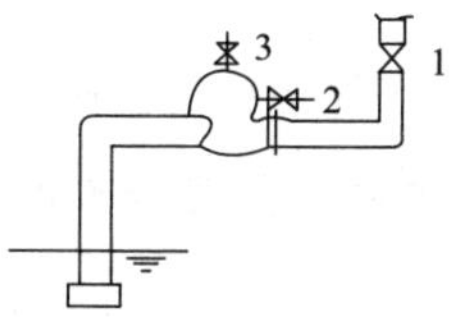

图4－9

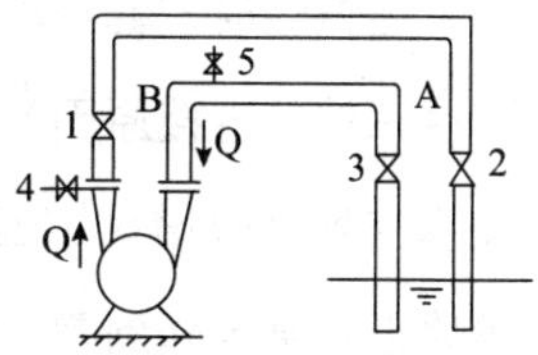

图4－10 Y形油泵装置

2. 吸入管堵塞

两表征象：真空表读数比正常大，压力表读数比正常小。

因为吸入管堵塞，吸入管阻力增加，也就加大了吸入压头，所以真空表读数比正常大。同时由于流量减小，排出阻力便减小，因此压力表读数比正常小。

吸入管堵塞发生的原因有：吸入管插入容器太深，接触了罐底；吸入软管使用太久，内层松脱；吸入滤网过脏；吸入阀门或底阀未完全打开等等，都会造成吸入管堵塞。

3. 排出管堵塞

两表征象：压力表读数比正常大，真空表读数比正常小。因为排出管堵塞，使排出管阻力增大，因而压力表读数上升；又因排出管阻力的增大，使流量减少，故真空度下降。

排出管堵塞使排出系统发生故障，发生的原因有：排出阀门未打开或开错阀门，过滤器（排出系统有过滤器时）过脏等等，都会造成排出管堵塞。

4. 排出管破裂

两表征象：一般是压力表读数突然下降，真空表读数突然上升。这是因为排出管破裂后，排出管阻力减少，使流量增大，从而又造成真空度上升。从两表读数来看，同吸入管堵塞时真空增大，压力下降一样，但是排出管破裂往往是突然发生的，因此两表读数变化比吸入管堵塞时要快一些。另外，流量增大会引起负荷增加，与吸入管堵塞引起负荷降低的情况可从声响和电流表读数的变化加以区别。在这种情况下，应立即关阀停泵查明原因。

排出管破裂的原因主要是管路焊接质量不高，钢管锈蚀严重，操作中猛开猛关阀门而引起液体水击等等，但是最根本的原因是思想上麻痹大意。只要严格执行操作规程，认真检查管路（特别是地下管路）的锈蚀情况并定期试压；收油时随时观察仪表和油罐的油面上升情况，就能避免事故。

5. 泵产生汽蚀

在气温较高的情况下卸油时，特别是卸汽油，常常吸入系统并不漏气，但泵却像进了许多空气一样，发生振动和不正常的声音，流量和压头都减少，甚至失去卸油能力，这种现象是“汽蚀”引起的。

一般来讲泵产生汽蚀时，真空表和压力表读数常常不稳定，比正常小，有时甚至降到零。但由于引起泵产生汽蚀的直接原因不同，所以两表的变化规律也不完全相同，例如，若吸入管严重堵塞时，使真空表读数增大，但真空度过大时，超过泵允许的吸入真空高度便会引起汽蚀，这时真空度降低，甚至降到零；若泵的允许吸入真空高度本来就低（或泵安装位置过高）时，刚打开排出阀门就可能产生汽蚀，这时真空度不一定是先增加后降低，往往是一开始就低下来，甚至为零；若排出管破裂发生在泵站的附近时，使真空表读数增大太多，超过了泵的最大允许吸入真空高度而产生汽蚀，这时真空表读数的变化情况是，突然升高，以后又下降。

必须指出，当用鹤管从油罐车上部卸油时，在拔高点处必须保持着一定的真空度（负压），把液体吸上来流入集油管。随着油罐车内油面的下降或流量的增大，拔高点的真空度也随着增大，剩余压强相应地减少。在油温较高，饱和蒸气压较大的情况下，就可能发生拔高点的绝对压力小于当时油料的饱和蒸气压，以致油料汽化形成油蒸气阻塞液流的现象，这种现象叫“气阻”。

气阻和汽蚀的产生原因和危害基本上是一样的。只不过气阻发生在鹤管的拔高点，而汽蚀发生在泵的叶轮进口附近。

实践证明，南方有不少油库在夏季用泵卸汽油，发生气阻的可能性比发生汽蚀的可能性大。但是，由于气阻产生的油蒸气进入泵内，往往使泵产生汽蚀，汽蚀的原因之一便是气阻。因此，当泵的压力表和真空表发生不正常情况时，应确实弄清究竟是产生了“汽蚀”还是“气阻”，以便采取正确的方法排除故障。

(1) 汽蚀判断

为了保证离心泵的正常工作，从泵的设计及安装方面已考虑了这一问题，如尽量按离心泵的允许安装高度进行安装，但由于安装高度受地形及某些特殊要求所限制，使实际安装高度与允许安装高度不一定相符，所以泵在长年的工作过程中就有可能产生汽蚀，其判断方法如下：

① $H_s \leqslant H_{s允}$时，泵不会产生汽蚀。

$$H_s - h_{吸高} + h_{吸损} + \frac{v_s^2}{2g} \tag{4-3}$$

式中 H_s——泵吸入口的实际吸入真空高度，m 液柱；

$H_{s允}$——泵工作条件下的允许吸入真空高度，m 液柱，按式（4－4）计算。

$$H_{s允} = \frac{p_a}{\gamma} - \frac{p_V}{\gamma} + H_{s允} - 10 \tag{4-4}$$

式中 p_a——泵工作处的大气压力，可根据安装处的海拔高度由表 4－3 查得；

p_V——液体的汽化压力，可根据该地区来油的最高油温（见表 4－4）从有关手册查得；

γ——工作条件下液体的重度，N/m^3。

表 4－3　不同海拔高度处的大气压力值

海拔高度/m	0	100	300	400	500	600	700	800	900	1000	1500	2000	3000	4000	5000
大气压力（m 水柱）	10.3	10.2	10.0	9.8	9.7	9.6	9.5	9.4	9.3	9.2	8.6	8.1	7.2	6.3	5.5

表 4－4　全国各地区铁路油罐车运输途中最高油温

地区范围	季节划分					
	冬春		雨		夏秋	
	月份	最高油温/℃	月份	最高油温/℃	月份	最高油温/℃
东北地区（山海关以北地区）	12～2	2	3～5	24	6～11	33
长江北地区（包括成都以北地区及成都线）	12～2	17	3～5	28	6～11	39
长江南地区（包括武汉地区及成都以南地区）	12～2	24	3～5	34	6～11	39

② $h_s \leqslant H_{s允}$时，泵不会产生汽蚀。

式中 h_s——泵的实际安装高度（最低吸入液面到泵吸入口的铅垂距离，如图 4－11 所示）；

$H_{s允}$——泵的允许安装高度，按式（4－5）或式（4－6）计算。

$$H_{s允} = H_{s允} - \frac{v_s^2}{\gamma} - h_{wx} \tag{4-5}$$

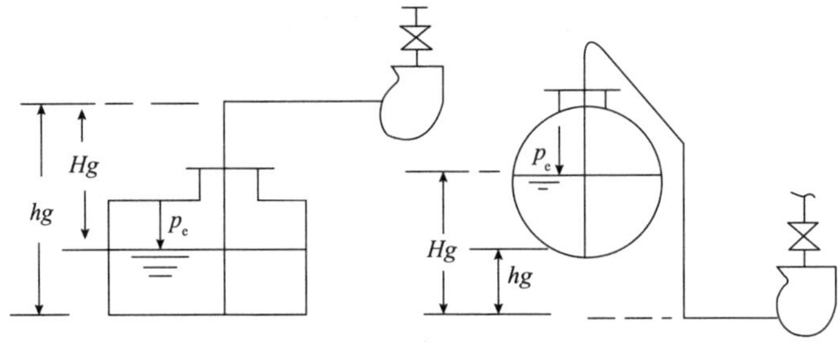

图 4-11　实际安装高度

式中　$H_{s允}$——是保证泵不产生汽蚀时的几何安装高度的最大允许值，或称为泵的允许安装高度，m；

v_s——泵吸入口的流速，m/s；

h_{wx}——吸入管路的水头损失，m。

$$H_{s允} = \frac{p_a}{\gamma} - \frac{p_V}{\gamma} - h_{wx} - \Delta h \tag{4-6}$$

式中　p_a——泵工作地区的大气压力，Pa；

p_V——所输液体最高平均温度下的饱和蒸汽压，Pa；

γ——所输液体的重度，N/m^3；

h_{wx}——吸入管的水头损失，m；

Δh——泵的允许汽蚀余量，m。

（2）消除汽蚀的措施

由于汽蚀能使材料破坏，性能下降，产生噪声和振动，设法防止汽蚀的发生，当发生汽蚀时，应设法消除。严重时使泵不能工作，所以必须设法防止气蚀的发生，当发生汽蚀时，应设法消除。

泵的汽蚀是由泵体本身的抗汽蚀性能和吸入系统的装置情况来决定的。当 $h_s > H_{s允}$ 时会产生汽蚀，而 $H_{s允} = \frac{p_a}{\gamma} - \frac{p_V}{\gamma} - h_{wx} - \Delta h$，可见防止和消除汽蚀应从设计和使用两方面考虑。

① 从泵的设计上，应尽量减小允许汽蚀余量 Δh，从而使 $H_{s允}$ 值增大。

② 从吸入装置设计上，一是尽量减小吸入管路水头损失，即减少吸入管长 L，减少吸入管附件、增大吸入管径 D；二是减小实际安装高度 h_s。

③ 从操作方面可采取以下措施：

a. 降低液体的饱和蒸气压，即降低油温。具体方法是：

利用早晚气温较低时卸油，是最常用的最简单的降温法。其次就是往油罐车外壁喷洒冷水冷却。缺点是这些方法都会拖延卸油时间。

用放空罐或半地下罐内的冷油打到罐车中去也可降低油温。这种方法效果比较好。但是只是在罐车已卸出一部分油料后发生汽蚀时才适用。否则，罐车容易发生溢油事故。

b. 增大吸入液面压力 p_a。具体方法是，封闭油罐车口部，并向内充入气体。

c. 减小吸入管路水头损失 h_{wx}。具体方法是，关小泵排出口阀门，使系统的流量减小，吸入管的水头损失随之减小。

六、 离心泵的主要故障及排除方法

离心泵的主要故障及排除方法见表 4－5。

表 4－5　离心泵的主要故障及排除方法

可能发生的原因	故障现象							排除方法
	泵不出油	流量扬程不够	消耗功率过大	泵发生振动及噪声	密封处泄漏	泵过热及转不动	轴承发热及轴承磨损	
泵内或吸入管内留有空气	○	○		○				重新灌泵，驱除空气
吸上扬程过高或灌注高不够	○	○		○				降低标高减少吸入管阻力。增大进口压力
吸入管中压力小于或接近于油料饱和蒸气压	○	○		○		○		提高压力
管路漏气	○	○						检查并拧紧
转速过高或过低	○	○	○					按说明书规定
转向不对	○	○						调整转向
总扬程与泵的扬程不符	○	○	○					设法降低排出系统的阻力
介质密度和黏度与原设计不符	○	○	○					应进行换算
在流量极小时运转产生振动				○		○	○	加大流量或安装旁通循环管
泵轴与原动机轴线不一致			○	○	○	○	○	校正之
轴弯曲，转动部分与固定部分发生摩擦			○	○		○		校正轴线
轴承损坏				○				更换之
转动部分不平衡引起振动				○	○	○	○	作检查并消除之
轴承盒内油过多或太脏			○	○			○	按油位计规定添油。更换油
轴承或密封环磨损过多形成转子偏心				○	○	○	○	更换之并校正轴线
泵内或管路内有杂物堵塞	○	○		○				检查并清理
机械密封损坏					○			更换之
密封环磨损过多		○	○					更换之
填料密封或机械密封安装不当		○			○	○		检查并消除之
密封液压力不当					○	○		应按密封腔前压力大于 49～147kPa

七、 油泵的管道配置

油泵管路分吸水管道及压水管道两部分。管道配置时应从进出水口开始分别向外伸展进行配管。

1. 吸水管路及附件的配置

油泵吸水管的布置和安装质量，直接影响着油泵的效率。如果管道配置不当，管路漏气，油泵流量就会减少，甚至吸不上水。因此吸水管布置一定要合理，配件要少。

为了防止吸水管路漏气，油泵吸水管一般应采用钢管，焊接安装，即使偶尔漏气，也容易补修。但安装好后对钢管要作防腐处理。常用的方法是在其表面涂沥青防腐层。采用铸铁管作吸水管时，接口一定要严密。

为了使吸水管路中不积存空气，吸水管安装时从吸水面到泵应具有不小于 0.005 向上坡度，这样安装的管路，即使在运行中有少量空气，从吸水口随水流进入吸水管内，也能及时排出。靠近泵吸入口处的吸水管，应保持 2 ~ 3 倍管径的直管段。

大型泵吸水管路上的闸阀应水平安装，或向下倾斜安装，避免在闸阀上部积存空气。当这样安装有困难时，可在闸阀上部设置排气阀，油泵灌水时，将排气阀打开，排除闸阀内的空气。

吸水管路中的变径管，应采用偏心异径管。安装时，使异径管上边水平，以免在变径管处形成气囊。

为减小吸水口处的阻力损失，吸水管进水端常制成喇叭口形。若水中含有悬浮物或较大杂质时，喇叭口处需设置具有足够面积的过滤器，滤网的总过流面积不应小于吸水管面积的 2 ~ 3 倍，防止水中杂物进入泵中。

采用引水启动的油泵，吸水管末端应安装底阀。其作用是：停泵时阀门因本身重量而关闭，使吸水管中的水不会漏掉；油泵启动后，因吸水管内的真空状态而自动开启。

吸水管的重量不应加在油泵上，应设置支吊架承受管道重量，防止损坏油泵，同时也方便泵的维修。

吸水管路的直径不应小于泵入口直径，当泵位置高于吸水液面时，吸入管路的任何部分都不应高于泵入口。

2. 压水管路及附件的配置

泵站内的压水管路经常处于高压下工作，要求具有比较高的强度。为此，油泵压水管一般采用钢管。除为了维修方便在部分位置采用法兰连接外，大多采用焊接连接，以防止漏水。为了减少压水管路上的水头损失，节约能源，泵站内的压水管路要求尽可能短些，弯头、附件等也应尽量减少。

为了防止突然停电，高压水倒灌引起油泵叶轮快速倒转而损坏油泵，在压水管上一般应设置止回阀。只有当压水管内的压力在0.098MPa以下时，才可以不设止回阀。高压油泵压水管上安装止回阀以后，为了避免因水锤而引起管道爆裂，还需在压水管上设置水锤消失装置。离心泵压水管路上一般都应装设闸阀。闸阀设在止回阀上端或下端均可，闸阀供启动泵和调节流量时启用。

压水管上一般都装有异径管，用以减少管道阻力损失。异径管安装在竖管上时，应制作成正心，其中心线与竖管中心线在同一直线上；若安装在水平管上时，应制作成偏心式，管顶顶部保持水平。

泵房内压水管管径小于150mm时，一般架空敷设。其管底距地面高度应不小于1.8m，并不许架设在油泵、电动机及电气设备上方，以免管道漏水或结露时，影响电气设备的安全工作。架空管道的支架或支柱不得妨碍机组吊装和检修，也不应阻碍交通。压水管管径较大时，一般敷设在地面上或管沟内。当敷设在油泵房地面上时，管道横过泵房内交通要道处应设置跨越装置。

八、 油泵房（棚）作业

1. 离心式油泵的初速度控制方法

油库作业中经常遇到空罐进油的情况，此时应该严格控制进油初速度，并将其限制在1m/s的流速以下。

① 计算流速1m/s时的流量 Q：

$$Q = 1 \times 0.7854d^2$$

式中 d——管线出口内径，m。

在泵说明书的性能曲线上查出相应流量（Q）的扬程（H）（其吸入段真空度可以忽略）并按下式换算成压力表读数（p）：

$$p = 0.001H\rho g$$

式中 H——泵扬程，m；

ρ——油品的密度，t/m^3；

g——重力加速度，9.8m/s^2；

p——压力表读数，MPa。

② 通过调节泵出口阀门的开度，使压力表读数保持 p 的数值（初次调节时，可辅以大罐投尺计量或通过流量计复核）。阀门的开度应做好标记。

③ 控制流速时间（t）的计算。

$$t > [0.7854d_1^2 \times (h + 0.2) + 0.7854d_2^2 \cdot L]/Q$$

式中 d_1——罐的平均直径，m；

h——第一次进油时，h 等于管线出口至罐底的高度，m，油罐平日放净后的 h 值等于进口管线外径尺寸，m；

d_2——进油管线的内径，m；

L——当第一次进油或放空后再次进油时，L 为进油管线总长度，m，对于不放空的管线，L 可以忽略。

④ 调节时的注意事项：必须使用设置于紧接泵出口的阀门进行调节，要避免使用泵吸入口或远离泵出口的阀门进行调节，以防止泵汽蚀或产生压力脉动；对高扬程泵的调节，一般应通过两道调节阀加以解决。

⑤ 将阀门开度标记写入泵房或付油间的操作规程中，以便执行和检查。

2. 容积式油泵流速的控制方法

① 通过调节入口阀门的开度进行流速控制。

② 通过调节泵出口管线的旁路阀门开度进行流速控制。初次调节时，应以油罐投尺计量或通过流量计计量确定阀门开度，并做好标记。

第三节 容积泵的使用与维修

一、容积泵的正确操作

对于所有的容积泵，尽管各自原理不同，但其操作基本相同。

1. 开泵前的准备工作

① 认真检查联轴器和各部连接是否良好，润滑油是否充足，填料压盖松紧度、电压是否符合要求，轴转动是否灵活。

② 打开吸入阀、排出阀、回流阀及吸入和排出管路上有关阀门。

2. 开泵和运转

① 一切准备工作就绪后，启动泵，待泵正常运转时，关闭回流阀。

② 运转中司泵员要严守岗位，集中精力，注意联络信号，做到一看、二摸、三听：看吸入系统、填料筒是否漏气，压力、真空（螺杆泵真空度不得超过 4×10^4Pa）、电流表指示值是否正常；摸轴承和电机温度是否正常；听泵和电机有无噪声。发生故障，应立即停泵检查，关

闭排出阀并报告值班员。

3. 停泵

① 先关闭吸入阀，停泵后再关闭排出阀，及时放空管线，关闭所有阀门；

② 擦拭保养外部，整理现场，切断电源，认真填写作业记录。

二、 齿轮泵、 螺杆泵完好标准

《石油库设备完好标准》中对齿轮泵、螺杆泵的完好标准规定如下：

① 压力平稳，流量均匀，无杂音，无异常震动。

② 泵运行的实际流量和压力能满足正常生产需要，不低于铭牌规定流量的 90%。

③ 轴封密封好，工作状态下泄漏量不超过 10 滴/min，停止工作不泄漏。

④ 轴承润滑良好，温度不超过 70℃。

⑤ 泵体完整，无裂纹及渗漏。外观整洁，油漆完好，铭牌清晰，轴（轮）见光无油迹，附件齐全好用。

⑥ 机座牢固，泵体安装水平，地脚螺丝紧固、满扣。机组同心度良好。联轴器防护罩完好有效。

⑦ 需要对流量进行调节的须装设回流管。按规定装配的安全阀的定压为工作压力的 1.1 ~ 1.2 倍，方向正确。

⑧ 吸入管径不小于泵的吸入口径，过滤器滤网（30 ~ 40 目）净流通总面积为进口管面积的 10 ~ 12 倍。

⑨ 产品出厂合格证、设备履历卡、检修及验收记录、运行及缺陷记录、易损件图纸等技术资料齐全、准确。

三、 螺杆泵的常见故障及排除方法

螺杆泵的常见故障及排除方法见表 4 – 6。

表 4 – 6 螺杆泵的常见故障及排除方法

故障现象	可能原因	排除方法
泵不吸油	吸入系统堵塞或漏气	检修吸入管路
	吸入高度超过允许吸入真空高度	降低吸入高度
	电动机反转	改变电机转向
	油料黏度过大	加温油料

续表

故障现象	可能原因	排除方法
压力表指针波动大	吸入管路漏气	检修吸入管路
	安全阀没有调好或工作压力过大，使安全阀时开时闭	调整安全阀或降低工作压力
流量下降	吸入管路堵塞或漏气	检修吸入管路
	螺杆与泵壳严重摩擦	磨损严重时应更换零件
	安全阀弹簧太松或阀瓣与阀座不严	调整弹簧，研磨阀瓣与阀座
	电动机转速不够	调整电压或检修电机
轴功率急剧增大	排出管路堵塞	停泵清洗管路
	螺杆与泵壳严重摩擦	检修或更换有关零件
	油料黏度太大	加温油料
泵震动大	泵轴与电机轴不同心	调整同心度
	螺杆与泵壳不同心或间隙大	检修调整
	泵内有气	排除漏气部位
	安装高度过大，泵内产生汽蚀	降低安装高度或开启回流阀
泵发热	泵内严重摩擦	检查调整螺杆和泵壳
	机械密封回油孔堵塞	疏通回油孔
	油温过高	适当降低油温
机械密封大量漏油	装配位置不对	重新按要求装配
	密封压盖未压平	调整密封压盖
	动环或静环密封面碰伤	研磨密封面或更换新件
	动环或静环密封圈损坏	更换密封圈

四、 齿轮泵的常见故障与排除方法

齿轮泵的常见故障及排除方法汇于表4－7中。

表4－7　齿轮泵的常见故障及排除方法

故障现象	产生原因	排除方法
泵不吸油	泵内未灌油	开泵前必须灌油
	吸入管堵塞	清除吸入管杂物
	吸入管或轴封机构漏气	检修
	泵反转	改变电机转向
	间隙过大	调整
	油温过低	加热
	安全阀卡住	检修

续表

故障现象	产生原因	排除方法
流量不足所需功率过大	吸入管或轴封机构漏气	检修
	回流阀未关紧	关紧回流阀
	泵转速不够	提高转速
	间隙过大	调燕
	滤油器网面积太小或堵塞	增加滤网面积或清洗
	排出管路堵塞或排出阀门关闭	清除排出管，打开排出阀
	泵内间隙太小	调整间隙
	泵与电机轴心不正所输油料黏度过大	校正轴心线加热
泵在运转中有噪音	所输油料含有机械杂质，或齿轮的二端侧面与止推板内面显著摩擦	应进行清洗、检查或拆换
	油中有空气	排除空气
	泵转速太高	降低转速
	泵内间隙太小	调整间隙
	齿面已磨损或咬毛	检修或更换
	主动轴与被动轴不平行，或轴弯曲	检修
	滚球轴承已损坏	更换

第四节 滑片泵的使用与维修

一、滑片泵的技术要求

滑片泵是依靠偏心转子旋转时泵缸与转子上相邻两叶片间所形成的工作容积的变化来输送液体或使之增压的回转泵。滑片泵工作原理如图4－12所示。滑片泵的叶片靠离心力（也可在叶片底部安放弹簧或通以高压液）贴紧泵缸的内表面，并在转子槽里作往复滑动。转子旋转时，吸入腔侧相邻两叶片间的工作容积逐渐增大，压力降低，液体在压差作用下进入工作容积。工作容积经一过渡区（指工作容积同吸入腔和排出腔不相通的区段）后逐渐缩小，而将液体排出。滑片泵适用于输送不含固体颗粒、无腐蚀性、黏度较低的润滑性液体泵的流量可达 $400m^3/h$，压力可达

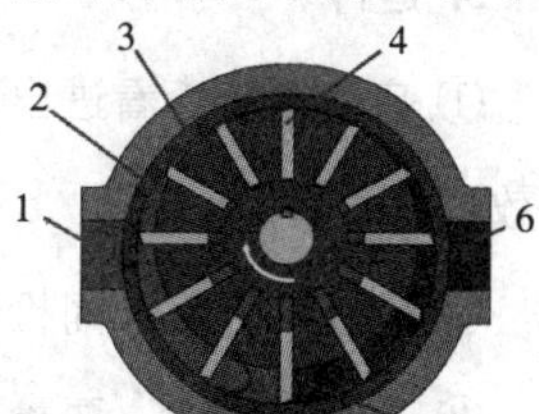

图4－12 滑片泵工作原理

1—吸入口；2—转子；3—定子；4—叶片；5—配油盘；6—压油口

20MPa，转速一般为500～1500r/min，通常用作液压泵。

如果泵的零件选择适当的材料，泵可用来输送不含固体颗粒、有腐蚀性的非润滑性液体。滑片泵结构简单紧凑、流量均匀、有自吸能力，但对输送的液体要求黏度低和洁净。转子每转一圈、相邻两叶片间的工作容积吸液和排液各一次的，称为单作用滑片泵；转子每转一圈、相邻两叶片间的工作容积吸液和排液各两次的，称为双作用滑片泵。单作用滑片泵因径向力不平衡而不宜用于高压，但可设计成通过调节偏心距（转子中心和泵缸中心的距离）使流量得以改变的变量滑片泵。滑片泵必须装有安全阀，以防止由于某种原因如排出管堵塞引起泵出口压力超过容许值而损坏泵或原动机。

滑片泵近几年在油库中得到了较广泛的应用。它属于容积泵，其技术要求可参照螺杆泵。

二、 滑片泵的正确使用

1. 开机前的准备工作

① 新机组开机前泵体内应充入适量的介质油（用所输送的介质，可从安全阀尾部螺孔加入），要求泵体内油量超过泵的轴心线，否则会损坏泵内的机械密封，正常使用的泵开起前不必加油。

② 检查转向是否符合规定要求。

③ 检查润滑油，特别是长期停用后的泵，再次启动时，必须加注润滑油脂（钙基润滑脂4号），每隔30天检查一次黄油杯中的油量，不够时须加满，并压入轴承中。用手转动联轴器，检查转动是否灵活，有无卡壳或其他异常情况，正常使用前，必须使联轴器转动灵活。

④ 检查泵进出口阀门开闭状况。

对滑片泵来说，最好是出口阀全开情况下启动，如果工艺流程不允许全开，则可慢慢调整至流程所规定的要求，然后将阀的开度锁住，下次启动就不必再调整。

2. 启动

开机前各项准备工作完成后，即可开机。

3. 运行

① 启动后应查看进出口压力表所指示的表压，出口表压力应在性能指标范围内，以达到高效运行之目的。

② 通过听、看、闻检查泵组运行状况，不得有刺耳噪声和剧烈振动。

③ 连续动行时，要检查安装轴承的泵端盖温度是否正常，不得高于环境温度40℃，用手触摸不得烫手，否则为异常情况，应停机查找原因。

④ 注意观察电机功率表（或电流表），功率（或电流）过大应停机，查找原因。

三、 滑片泵的维护

以 QYB 型滑片泵为例，介绍滑片泵的维护。

该滑片泵结构紧凑、合理、可靠性好，在正常情况下使用，一般不需拆开保养，当发现有故障时，应找出原因予以解决。维护该泵时应注意几个问题：

① 轴承：该泵所选用的轴承为滚针轴承，平时保养不必更换，只有当磨损严重，影响正常使用时，才予以更换。

② 滑片：滑片的正常磨损量极小，当磨损严重，磨损量超过 2mm（指滑片与泵腔内壁接触部的磨损量）时，必须更换滑片。

③ 泵端盖：泵左右端盖正常情况下，磨损很小，且两边应均匀磨损，若保养、维护时发现磨损大，磨损不匀时，应找出原因，予以解决。

④ 机械密封：机械密封在不漏油的情况下，一般不应拆开检查。若泵端盖下端泄漏口产生漏油时，则应对机械密封进行拆检。装拆机械密封时，应轻取轻放，注意密封面的清洁，保护好动环和静环的镜面，严禁敲击碰撞。机械密封产生泄漏的原因主要是磨擦副镜面拉毛所至，其修复办法，可对磨擦副进行研磨使镜面恢复，也可更换磨擦副。另一原因是“O”形密封圈（输油泵材质为耐油橡胶，化工泵材质为 F4）安装不当或变形老化所至，此时则需要调整或更换“O”形密封圈进行重新装配。

⑤ 安全阀：安全阀出厂时已按用户要求调定其开启压力。平时严禁打开或随意调定压力。若要改变其开启压力，泵出口须装有压力表监测。首先松开锁紧螺母，旋动调节螺杆，观察压力表值。旋到合适位置后，拧紧锁紧螺母，贴上封条。顺时针旋动时，安全阀开启压力升高；反之，则开启压力降低。

四、 滑片泵的常见故障及排除方法

滑片泵的常见故障及排除方法汇总于表 4－8 中。

表 4－8 滑片泵的常见故障及排除方法

故　障	原因分析	排除方法
油泵不出油	吸入管路漏气	查出漏气部位，予以消除
	吸入管路过长或吸程太高	降低吸程，缩短吸入管路
	机械密封泄漏严重	更换机械密封
	出口管路处于闭死状态	打开出口管路阀门排气

续表

故　障	原因分析	排除方法
油泵出油量不足	转速太低	调整转速
	安全阀松动，偏离原调定位置	重新调整，并锁紧
	转子两端面磨损严重	修理或更换转子
	负载过大（压力超过额定压差）	减少负载
油泵轴功率过大	压力过高	降低压力
	转速过高	调整转速
	装配太紧，磨擦损耗功率太大	重新调整、保证端面径向间隙
泵发热	负载压力过高	减低负载压力
	安全阀起作用压力过低	重新调整起作用压力
	轴承磨损严重	修理、更换轴承
	二相输送时，气相比例太高	调整二相比例
振动噪音过大	底座不稳	加固
	发生汽蚀	改变工况
	轴承磨损	更换轴承
	泵与电机不同轴	调整同轴度
	工况点不合适	更新调整工况点
泵突然停转	电机超载 泵腔进入异物，将滑片卡死 其它机械故障	改变管路设计，减少系统阻力 拆开泵或进口法兰，取出异物 检查排除
电机超载发热或烧毁	泵超载工作 出口阀门未开启或开启过小	泵的压力和流量超过允许范围；应换大泵，安装电气过载保护装置 完全开启阀门

第五节　水环式真空泵的使用与维修

一、　水环式真空泵的技术要求

《石油库设备完好标准》中对水环式真空泵的技术要求是：

（1）运转平稳，无杂音、无异常振动。

（2）真空度达到铭牌规定的80%以上，泵内流出水的温度不超过40℃。

（3）轴封填料装压适度，泄漏量为5～10滴/min。

（4）轴承温度适宜，滚动轴承的工作温度低于80℃。

（5）机座牢固，泵体安装水平，地脚螺丝紧固、满扣，机组同心度良好。

（6）供水装置水量充分，压力一般为0.05～0.1MPa。

（7）真空表、油位计、水位计齐全准确，真空罐，水箱及油气、水管线安装合理，不堵不漏。

（8）外观整洁，轴（轮）见光，沟槽见底，无油迹，铭牌清晰。

（9）产品出厂合格证、设备卡片、检修及验收记录、运行及缺陷记录等技术资料齐全、准确。

二、 水环式真空泵的使用操作

水环式真空泵在使用中与水箱、真空罐和一系列管组构成一个系统，如图4－13所示。

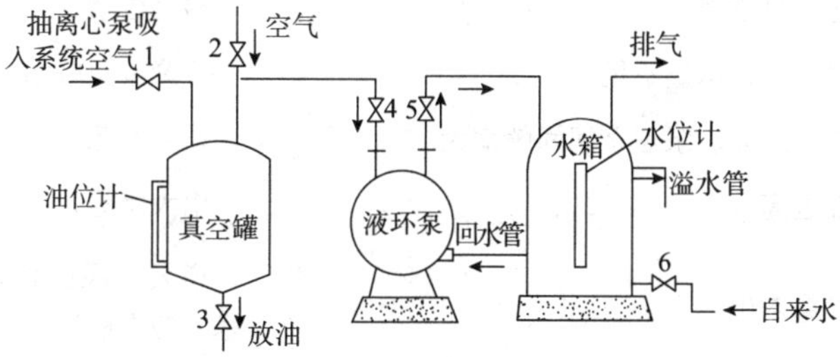

图4－13 水环式真空泵管路系统

1. 开泵前准备工作

① 根据任务选定流程，认真检查泵、电动机、管路系统的各部连接是否良好。

② 打开进水阀6，向水箱灌水至规定水位时关闭进水阀。

③ 关闭真空罐进空气阀2和放油阀3，打开真空泵的吸入阀4和排出阀5。

2. 开泵和运转

① 当真空罐达到一定真空度时，打开抽气阀1，排气引油。空气排净后，关闭气阀1，停止灌泵。

② 若用真空泵抽罐车底油时，当真空罐的真空度达到5.3×10^4Pa以上时，打开真空罐与鹤管上抽底油系统之间的阀门，将罐车底油抽入真空罐内，当油面达到一定高度时，打开进气阀2和放油阀3，将真空罐底油卸入放空罐。

③ 运转中司泵员应严守岗位，集中精力，做到一看、二摸、三听。看真空度、真空罐油面高度、水箱中循环液、轴承润滑是否正常；摸电动机、轴承、填料筒的温度是否正常；听泵机组有无噪音；并及时放空真空罐油料，发生故障应及时停泵检查。

3. 停泵

① 先关闭泵的吸入阀4，打开真空罐进气阀2，后停泵；

② 擦拭保养外部、整理现场，切断电源，认真填写作业记录。

三、水环式真空泵常见故障及排除方法

水环式真空泵常见故障及排除方法见表4-9。

表4-9 水环式真空泵常见故障及排除方法

故障现象	产生原因	排除方法
泵不抽气	泵内没有水或水量不够	向泵内灌水
	叶轮与泵体、泵盖之间的间隙太大	调整间隙或更换叶轮
	填料漏气	压紧填料，对SZ型泵增加水封量（加大供水阀水阀的开启度）
真空度不够	管道密封不严	检修管道
	填料漏气，水量不足	压紧或更换填料，增加水封量
	叶轮与泵体、泵盖之间间隙增大	调整间隙
	水温过高	增大水量，降低水温
	供水量太小	增大向泵的供水量，若因供水管堵塞，应予疏通
泵在工作中有噪音和震动	泵内零件损坏或固体进入泵内	检查泵内情况，清除杂物
	电动机轴承或轴磨损	检修电动机轴或轴承
	系与电动机轴心线不正	认真校正轴心线
轴功率过大	泵内水过多	减少供水量
	叶轮与泵体或泵盖间隙太小，发生磨擦	调整间隙
泵发热	供水量不足或水温过高	增加供水量
	填料过紧	调整
	叶轮与泵体或泵盖间隙太小	调整间隙
	零件装配不正确	重新正确装配
	轴弯曲	检查校正

第六节 泵用机械密封的使用与维修

一、机械密封的构成

机械密封结构种类繁多，其典型结构如图4-14所示。机械密封一般由静环、动环、压

盖、弹性元件、动环密封圈和辅助密封圈组成。

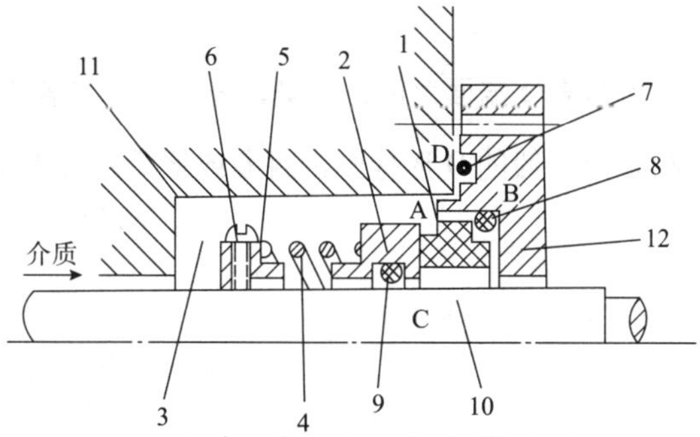

图 4－14 机械密封原理图

1—静环；2—动环；3—密封室；4—弹簧；5—弹簧座；6—固定螺钉；
7—压盖密封圈；8—静环密封圈；9—动环密封圈；10—轴；11—壳体；12—压盖

1. 静环

静环是不能作轴向移动的密封环。它可以是如图 4－14 那样固定在压盖上不随轴旋转的；在另一些结构中静环也可能是固定在轴套上而随着轴一起旋转的密封环，但不能作轴向移动，也不与弹簧联结。一对摩擦副必须由一个可以作轴向移动的动环和另一个不能作轴向移动的静环组成，当然，其中一个是旋转的，另一个是不旋转的。

2. 动环

动环就是可以作轴向移动的密封环。在弹簧力的作用下，动环向静环贴紧形成一对滑动摩擦的密封端面。在密封端面逐渐磨耗的情况下，动环及时地作轴向移动，始终保持与静环贴紧。动环可以是如图 4－14 所示那样随轴一起旋转的；在另一些结构中动环也可能是不旋转的，但能在弹簧的推动下作轴向移动。

3. 压盖

压盖是密封室的端盖。在图 4－14 中它又兼作静环的安装座；在另一些结构中，压盖也可能改为兼作弹簧座。

4. 弹性元件

为了使动环紧贴在静环上，必须有弹性元件对动环施加轴向推力。图 4－14 中的弹性元件可以是一个大直径的圆柱形螺旋形弹簧；在另一些结构中，弹性元件可以是几个小直径的螺旋弹簧。

5. 动环密封圈

动环与轴向滑移面之间必须有密封圈。在图 4－14 的结构中，动环密封圈是 O 形或 V 形聚四氟乙烯密封圈。在另一些结构中，也可用聚四氟乙烯或金属的波纹管代替动环密封圈的作用。

6. 辅助密封圈

在图 4 – 14 中所示的压盖与壳体端面之间、静环与压盖之间均需要装设密封圈。由于这些泄漏点均属于静密封点，故采用一般的 O 形橡胶密封圈或聚四氟乙烯密封圈就可以达到满意的密封效果。

二、 密封原理

从图 4 – 14 所示的机械密封原理图看出，可能产生泄漏的只有 4 处：B 点，是静环与压盖之间的接触，这是一种静密封，可以用有弹性的密封圈置于静环与压盖之间，用螺栓固紧；C 点，动环和轴之间，因为轴和动环一起转动，所以这也是一种静密封，可安装 O 形或 V 形密封圈，然后用推压环压紧达到密封目的；D 点，泵体与压盖之间的接触，属于静密封，可用 O 形密封圈密封；A 点，是动环与静环的接触面，在动环高速转动下既要求密封性好，又要求耐磨性高，它是机械密封装置中的关键部件。

机械密封是把容易泄漏的轴向密封，转变成难以泄漏的静密封和端面密封。静密封是比较容易实现密封目标的，下面主要来分析端面间是怎样实现密封的。

图 4 – 15 所示端面间有间隙，在间隙内有一层油膜，这层油膜有一定压力 p_0（不是处处相同，靠近泵轴侧为最小），它的作用是企图分开动静环的贴合。另外在动环的另一侧作用一个弹簧推力 F_s 及介质压力 p_m，这两个力促使动环紧贴静环。那么通过调节弹簧的推力，可使机械密封的起码条件得到满足。这个条件为：

弹簧推力（F_s）＋介质压力（$p_m B$）＞油膜压力（$p_0 A$）

为便于讨论问题，令：

$$F = F_s + p_m B - p_0 A$$

式中的 F 称为压紧力。

为进一步描述动静环的压紧程度，可采用端面比压 p_b 来评价密封的好坏。

$$p_b = \frac{F}{A} = \frac{F}{\frac{\pi}{4}(D_2^2 - D_1^2)}$$

式中 D_2、D_1 的含义如图 4 – 15 所示，$A = \frac{\pi}{4}(D_2^2 - D_1^2)$ 为动静环的接触面积。

根据实践经验的总结，只要 p_b 满足下式的要求，即可达到较好的密封效果。

$$p_b \geqslant 0.15\left(\frac{p_m}{\mu}\right)^{\frac{2}{3}}$$

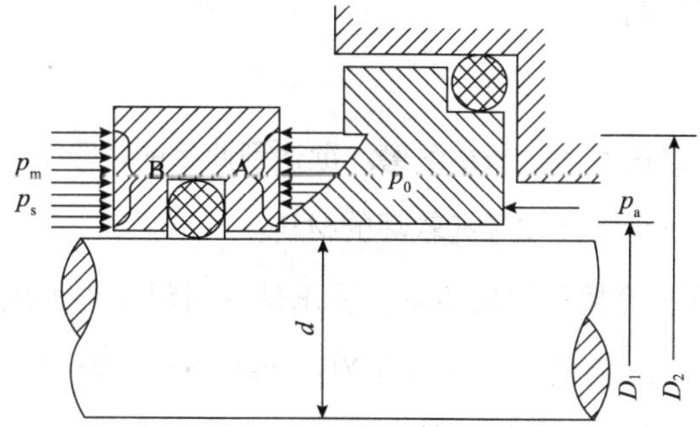

图 4-15　动静环受力分析

式中　μ——油品动力黏度；

p_m——介质压力，kPa。

由于 p_0 为不均分布压力，且包含动静环摩擦副间的摩擦阻力，因此 p_b 计算比较复杂，可用经验式计算。

$$p_b = \frac{F_s}{A} + (K - \lambda)p_m - \frac{F_t}{A}$$

式中　K——载荷系数；

λ——反压系数，也称摩擦副端面间油膜压力的平均系数；

F_t——动环密封圈与轴的摩擦阻力，经验表明，$F_t \approx d$，d 为以 cm 为单位的轴直径。

另外还定义：

$$K = \frac{B}{A} = \frac{D_2^2 - d^2}{D_2^2 - D_1^2}$$

式中的 $B = \frac{\pi}{4}(D_2^2 - d^2)$，$B$ 为弹簧推力 F_s 作用面积。K 即为弹簧推力 F_s 作用面积 B 与动静环接触面积 A 的比值，称为载荷系数。K 是机械密封分类的重要技术指标，当 $K>1$ 时称为增荷式（意即这一类机械密封的动环能产生大于 p_m 的介质载荷）；当 $0 \leqslant K \leqslant 10$ 时称为减荷式（即产生小于 p_m 的介质载荷）；当 $K<0$ 时称反荷式（即产生反抗摩擦贴紧的介质载荷）。

三、　机械密封主要零部件要求

1. 摩擦副

摩擦副是机械密封装置的最关键的一对零件。它是由两个具有对立特点的环组成：一个是能作轴向移动的动环，另一个是不能作轴向移动的静环；一个是材料硬度较大的硬环，一个是材料硬度较小的软环；一个是端面较宽的宽环，一个是端面较窄的窄环。当然，动环可以是旋转的，也可以是不旋转的。动环可以用硬环充当，也可以用软环充当。但是硬环却一定是端面宽的，软环也一定是端面窄的。

（1）对摩擦副的要求

摩擦副在工作时必须严密不漏，长期耐磨。欲达到此目的，除了正确地设计其接触端面的直径 D_1 及 D_2 外，还要正确地选用硬环和软环的材料。

① 对硬环的要求。要使摩擦副耐磨不漏，要求硬环材料有很大的硬度，其维氏硬度值应大于180～450，越硬越好。常用的硬环材料有YG合金（俗称碳化钨）、陶瓷、不锈钢端面堆焊铬基硬质合金、表面硬化的碳钢、高硅铸铁等。

硬环端面必须具有很好的平直度，才能使摩擦副的接触端面在运行过程中始终保持不漏，其端面的不平度应小于1。因此硬环的端面必须经过研平，并采用光学干涉法进行检查，要求端面上的干涉光圈不多于3圈，如果干涉带是等距的平行条纹，证明端面平直度满足要求。

硬环的摩擦端面必须具有较小的表面粗糙度，才能保证对软环的磨损极微。通常要求硬环端面应有 R_a0.1～0.025μm 表面粗糙度，因此硬件在经过研平加工后还必须进行精细抛光。

硬环的摩擦端面应比软环稍宽，这样才能保证软环在被磨耗的过程中始终保持端面有很好的平直度，才能与硬环端面严密接触，保持不漏。

② 对软环的要求。为了在运行中长期不破坏硬环的平直度和表面粗糙度，要求软环材料的硬度小于硬环材料的硬度，而且软环材料还应有自润滑性或具有在端面间保持润滑液膜的表面性能。常用的软环材料有石墨、青铜、聚四氟乙烯等，在特殊情况下还可采用YG合金或陶瓷。

软环也应有不大于1μm的不平度，才能保证在跑合期内不漏，但软环端面的表面粗糙度只要求 R_a0.2～0.1μm 即可。

软环端面必须窄于硬环的端面宽度，只有这样，运行磨耗过程中，硬环才不会在软环的端面上磨成凹槽。

③ 对硬环和软环的其它共同要求。摩擦副材料必须有良好的耐腐蚀性，以保持摩擦副的端面应有的表面粗糙度。例如碳钢不耐酸和碱；浸渍酚醛树脂的石墨不抗碱，浸渍环氧树酯的石墨不抗酸。

摩擦副的端面工作温度应在材料的许用温度范围内。例如浸渍环氧树脂的石墨，其工作温度应低于150℃，以免树脂焦化；填充聚四氟乙烯的工作温度应低于200℃，以免其刚性小而变形。

摩擦副材料应有良好的导热性，以便及时传散摩擦端面的摩擦热，避免造成端面温度过高的现象，因此摩擦副应尽量选用导热性好的材料。常用的摩擦副材料中，导热性从好到差的次序是：石墨、YG合金、青铜、钢、铸铁、堆焊用硬质合金、陶瓷、聚四氟乙烯。

摩擦副的端面太宽也是摩擦热散发不良的原因之一。

摩擦副的材料及结构应有足够的刚性，以免动环或静环在介质压力作用下而变形。即使摩擦副端面产生几 μm 的变形，也会引起端面间泄漏量大增。因此，摩擦副材料应选用其弹性模量数较大的。在常用的摩擦副材料中，弹性模量从大到小的次序是：YG 合金、钢、铸铁、青铜、陶瓷、石墨、聚四氟乙烯。软环端面太窄也是摩擦副刚性不足的原因之一。

对润滑性好的介质如机油、原油，可采用中等硬度以上（HV > 180，如表面硬化的钢、堆焊硬质合金）的硬环，能保持润滑油膜的软环如青铜，或略有自润滑性软环，如碳石墨。

对润滑性不好的介质如清水、汽油，应采用硬度很好（HV > 450，例如 YG 合金、堆焊铬基硬质合金）的硬环，具有良好自润滑性的电化石墨软环。

对强腐蚀性的介质（如酸、碱溶液），应采用耐腐蚀的硬环（如 YG 合金、陶瓷），耐腐蚀性且具有自润滑性的软环（如聚四氟乙烯、特种石墨）。

此外，在选择摩擦副材料时，还要考虑材料的耐温性、刚性、导热性等。

（2）动环的构造

在摩擦副中，动环需要带着密封圈作轴向移动，因此，它比静环的构造要复杂一些。

图 4 – 16（a）所示为内流增荷式或外流反荷式的整体动环，整体采用不锈钢车制而成。右边端面堆焊铬基硬质合金作为与静环接触的摩擦端面。由于接触端面的内径 D_1 大于轴直径 d，故动环的内孔可以是等直径的。

图 4 – 16（b）所示为减荷式的整体动环，由于减荷式的接触端面内径 D_1，小于轴直径 d，故动环接触端面的内孔直径必须小于动环内孔直径。

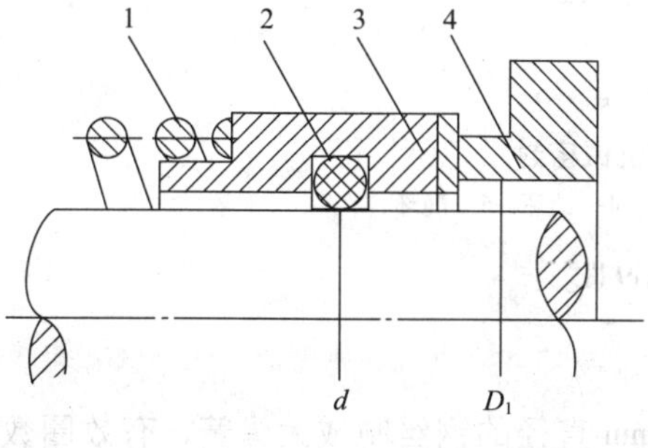

(a)内流增荷式或外流反荷式动环

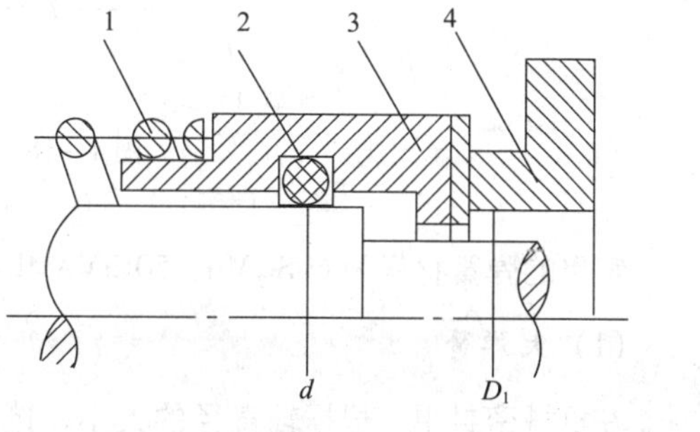

(b)减荷式动环

图 4 – 16　整体式动环

1—弹簧；2—动环密封圈；3—整体式动环；4—静环

2. 弹簧

在反荷式机械密封中，端面比压 p_b 主要由弹簧的弹力产生，在减荷式及增荷式的机械密封中，虽然 p_b 主要靠介质压力产生，但是如果没有弹簧的轴向推力产生使动环向静环贴紧的预紧力，则密封室内的 p_0 就不能形成。所以，弹簧也是机械密封中的主要零件之一。

在增荷式及减荷式机械密封中，要求弹簧的总弹力 F_s 能使摩擦副产生 0.15～0.25MPa 的 p_s，在反荷式中，则要求能产生 0.3～0.4MPa 的 p_s。

机械密封装置中常采用的弹簧有两种：一种是采用一个套在轴上的大直径螺旋弹簧（简称大弹簧，如图 4－17 所示），另一种则采用围着轴布置 8～12 个小直径的螺旋弹簧（简称小弹簧，如图 4－18 所示）。

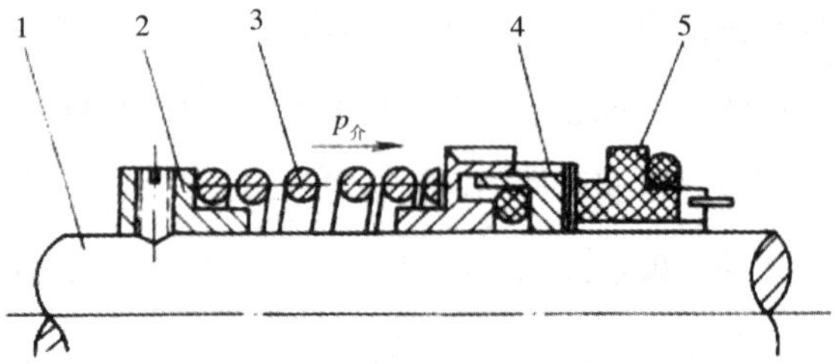

图 4－17　大弹簧机械密封

1—轴；2—弹簧座；3—弹簧；4—动环；5—静环

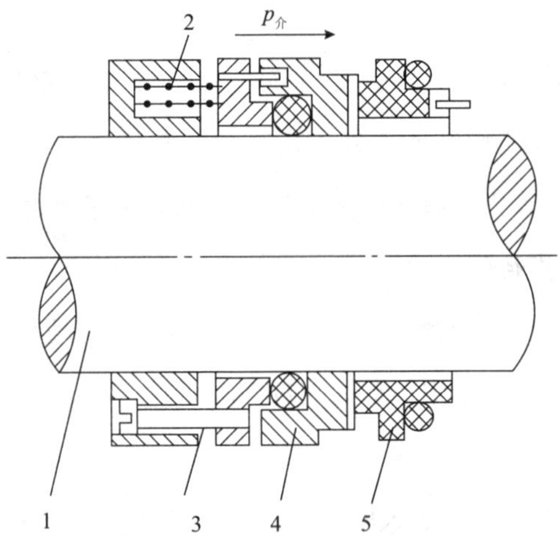

图 4－18　小弹簧机械密封

1—轴；2—弹簧；3—传动螺钉；4—动环；5—静环

常用的弹簧材料为 $60Si_2Mn$、50CrVA 和 1Cr18Ni9Ti。

(1) 大弹簧

在机械密封中，根据轴直径的大小，选用 2.8mm 直径的钢丝制成大弹簧，有效圈数 $n=2.5$。对于只负担轴向推力的普通大弹簧，两端各自有 0.75 圈的磨平支承圈，总圈数 $n=4$。均为右旋。对于还要传递旋转扭矩的并圈弹簧，两端各有 1.25 圈的磨平并紧支承圈，总圈数 $n=6.5$。并圈弹簧所采用的旋向应满足弹簧在传递扭矩时能使其内径变小。

大弹簧的优点是安装简便，并圈弹簧还可兼作传动件；缺点是轴向尺寸较长。

大弹簧常用于中小型机械密封装置中。

（2）小弹簧

机械密封中小弹簧钢丝直径为0.8～1mm，弹簧外径为8～9mm，有效圈数 $n=12$，总圈数 $n_1=14$，均为右旋。

采用小弹簧的优点是密封装置的轴向尺寸较短；弹簧总力 p_b 的大小可通过增减小弹簧的个数来调节；端面上各方向上的 p_b 值比较均匀。缺点是结构略为复杂，且小直径的钢丝易因腐蚀而失去弹性。

小弹簧常用于大中型的密封装置。

3. 动环密封圈

如前图4-14所示，机械密封装置除了摩擦副端面以外，还有3处密封点：即动环密封圈、静环密封圈、压盖密封圈。后两处密封圈在密封槽内完全处于相对静止状态，只要将密封圈紧紧地挤压在密封面上，就可以获得良好的密封效果。但是，对动环密封圈则要求较高，除了有密封任务外，还要求在轴向滑移面上不产生很大的滑移摩擦阻力。因此，对动环密封圈无论在材料上、形式上以及加工精度上均有较高的要求。

在石油库中广泛采用各种橡胶或四氟乙烯制作动环密封圈。

① 橡胶。橡胶是一种高分子化合物，由于它具有较好的弹性、吸振性和气密性，所以是一种很好的密封材料。橡胶分为天然橡胶和合成橡胶两大类。天然橡胶的弹性与强度一般优于合成橡胶，但耐温、耐腐蚀、耐油溶解等特殊性能上则远不及合成橡胶。

各种合成橡胶都有其特点。用做密封圈材料必须根据使用的工作条件进行合理选择。目前使用较广泛的密封圈材料有丁腈橡胶和氯丁橡胶。

② 丁腈橡胶（俗称耐油橡胶）。是丁二烯与丙烯腈的共聚物。其特点是耐油、抗老化性能优良，并较能耐热、耐磨、耐腐蚀，但耐酸性较差。使用温度范围为-20～120℃。

③ 氯丁橡胶。氯丁橡胶是氯丁二烯的聚合物。其特点是具有较好的耐酸性及抗老化性，但耐油性不如丁腈橡胶。使用温度范围是-20～120℃。

还有一些特殊性能的橡胶，如硅橡胶有较好的耐热、耐寒性，使用温度范围是-50～230℃；氟橡胶的耐油、耐热、耐腐蚀性很好，是唯一能耐发烟硫酸的橡胶，它的使用温度范围是0～250℃。

④ 聚四氟乙烯。四氟乙烯具有优异的化学稳定性和耐油、耐溶剂、耐酸、耐碱、耐高低温、抗老化的性能，因此广泛地用于多种介质和大范围温度条件下作密封圈，但聚四氟乙烯的弹性较差，且在长期的负荷条件下会产生冷流现象。它的使用温度范围是-180～250℃。

四、 机械密封的特点

与填料密封相比，机械密封有如下优点：

1. 泄漏量很少

填料密封的正常泄漏量通常约为每小时几百毫升，而机械密封的正常泄漏量为每小时几毫升（每毫升约为15滴），这对于用来密封易燃、易爆、有毒的介质，尤其重要。

2. 运行寿命长

在正确选择与合理使用的条件下，机械密封装置一般可连续运行半年至一年，甚至达几年不需要修理，而且维护工作也非常简单。这是填料密封所无法做到的。

3. 对转轴的磨损小

机械密封对转轴的磨损功率很小，约为填料密封的1/10。

4. 对转轴的振动很不敏感

当转轴的径向振摆或轴向窜动达到1mm时，机械密封装置仍能照常起密封作用。在这样的情况下，填料密封渗漏已经非常严重了。

机械密封装置的构造比较复杂，材料的质量要求高，制造和安装的精度要求较高，故成本较高，而且安装与检修所要求的技术条件也较高。

五、 安装使用的注意事项

机械密封即使是优等品，若安装使用不当，也会达不到预期效果。安装使用时应注意以下几个问题：

1. 密封件的确认

① 确认所安装的密封是否与要求的型号一致。

② 安装前要仔细与总装配图相对照，零件数量是否齐全；摩擦副、密封圈、垫片等有无伤痕、缺陷；若发现异常现象要经修理合格后方可使用，不符合要求的零件不得安装。

③ 采用并圈弹簧传动的机械密封，如103型，其弹簧有左、右旋之分，须按转轴的旋向来选择。若旋向选错，会丧失传动功能，导致密封失效。判别旋向的方法是：从安装静环背端面向动环组件方向看，轴顺时针旋转时应采用右旋弹簧；反之，则采用左旋弹簧。

2. 安装

安装方法随机械密封形式、机器的种类不同而有所不同，但其安装要领几乎都相同。

安装步骤和注意事项如下：

① 位置的确定。安装机械密封的工作长度根据总装图要求，弹簧的压缩量取于弹簧座在

轴上的定位尺寸。在确定其安装位置之前，须固定转轴与密封腔壳体的相对位置，以壳体垂直于轴的端面为基准在轴上作记号，再通过计算求出弹簧座的定位尺寸位置。

② 安装。装入前，轴（或轴套）、压盖应达到无毛刺、轴承状况良好；密封件、密封腔、压盖都应清洗干净。为减小摩擦阻力，轴上安装机械密封的区域要薄薄地涂上一层油，以进行润滑。考虑到橡胶O形圈的相容性，若不宜用油，可涂肥皂水。

3. 运转前的注意事项

① 用手盘车，注意转矩是否过大，有无擦碰，有无不正常的声音。

② 注意轴的旋向，联轴器是否对中，轴承部位的润滑油加量是否适当（过多运转时要发热），配管是否正确。

③ 密封腔内的气体是否排净，防止静压引起泄漏。

④ 确认上述3点正确无误后，进行试运转。运转前应首先将介质、冷却水阀门打开，然后开机运行。

4. 开车后的注意事项

① 仪表工作是否正常稳定，有无因轴转动引起的异常转矩，以及异常音响和过热现象。

② 注意密封初期的泄漏，有时开车后稍有泄漏，但经过一段时间的跑合，泄漏会减小或消失。

③ 试运转中，应注意振动及声音的变化。由于轴和机壳的热膨胀差异，机器可能出现振动。在这种情况下会诱发密封故障。这时应停机，并对管线、联轴器、地脚螺栓等部分再次加以调整。

实操项目一　拆装管道泵

1. 考试要求

（1）必须穿戴劳动保护用品。

（2）必备的工具、用具准备齐全。

（3）考试前统一抽签，按抽签顺序对考生进行考试。

（4）符合安全、文明生产。

2. 准备要求

（1）材料准备。

序　　号	名　　称	规　　格	数　　量	备　　注
1	安全帽		1 顶	
2	工作服		1 套	
3	棉手套		1 副	
4	棉纱或棉布		若干	
5	作业票		1 套	
6	操作卡		1 份	

（2）设备准备。

序号	名　　称	规　　格	数　　量	备　　注
1	GY80 管道油泵	GY80 - 32	8 台	
2	操作平台（带龙门钳）	1500 × 1000 × 900	3 个	
3	油泵固定支架	600 × 600 × 500	3 个	

（3）工具准备。

<table>
<tr><th>序号</th><th>名　　称</th><th>规　　格</th><th>数　　量</th><th>备　　注</th></tr>
<tr><td>1</td><td>叶轮套筒</td><td></td><td>3 套</td><td>配套附件</td></tr>
<tr><td>2</td><td>三爪拉力器</td><td>200</td><td>3 套</td><td></td></tr>
<tr><td>3</td><td>梅花扳手</td><td>6 ~ 8，8 ~ 10，10 ~ 12，
12 ~ 14，14 ~ 17，16 ~ 18，
17 ~ 19，19 ~ 22</td><td>3 套（8 件）</td><td rowspan="4">防爆工具 2 套；非防爆工具 1 套（考生选择）</td></tr>
<tr><td>4</td><td>开手扳手</td><td>6 ~ 8，8 ~ 10，10 ~ 12，
12 ~ 14，14 ~ 17，16 ~ 18，
17 ~ 19，19 ~ 22</td><td>3 套（8 件）</td></tr>
<tr><td>5</td><td>活动扳手</td><td>200，250</td><td>3 套</td></tr>
<tr><td>6</td><td>内六角扳手</td><td>8，10</td><td>3 套</td></tr>
<tr><td>7</td><td>钢丝钳</td><td>200</td><td>3 套</td><td rowspan="3">防爆工具 2 套；非防爆工具 1 套（考生选择）</td></tr>
<tr><td>8</td><td>平口螺丝刀</td><td>150、200 各 3 把</td><td>6 把</td></tr>
<tr><td>9</td><td>塞尺</td><td>150</td><td>3 套</td></tr>
<tr><td>10</td><td>手拉葫芦</td><td>1t</td><td>2 个</td><td>吊装电机用</td></tr>
</table>

3. 操作程序说明

（1）准备工作。

（2）拆卸联轴器。

（3）拆电机与电机座。

（4）拆导轴承座。

（5）拆卸机械密封压盖。

（6）安装机械密封压盖。

（7）安装导轴承座。

（8）填写记录。

4. 考试规定说明

（1）如操作违章，将停止考试。

（2）考试采用100分制，扣分标准按各单项分值扣完为止，然后按鉴定比重进行折算。

（3）考试方式说明：该项目为实际操作题，考试过程按评分标准及操作过程进行评分。

（4）测试技能说明：本项目主要测试考生对管道泵拆装操作的熟练程度。

5. 考试时限

（1）准备时间：5min（不计入考试时间）。正式操作时间：30min。

（2）提前完成操作不加分，超时操作按规定标准评分。

6. 评分记录表

序号	考试内容	评分要素	配分	评分标准	检测结果	扣分	得分	备注
1	准备工作	穿戴好劳动防护用品（衣、裤、鞋、帽）	2	穿戴不规范或缺一项扣0.5分				
		释放员工人体静电后进入现场操作	1	未释放静电扣1分				
		正确选择必要的防爆拆卸工具	2	工具漏选扣1分				
		电源、输油管线已经切断（口述）	2	口述少一项扣1分				
		放好接油盆，拆卸泵体堵头，清除泵内残存的油品，在联轴器及泵体上做好标记	2	每错一项或漏一项扣0.5分				
2	拆卸联轴器	拆卸联轴器：对角均匀拆卸联轴器上的内六角螺钉，挡块松动后，轻轻把联轴器从轴上分别拆下；拆掉吊紧螺栓，取下挡圈；垫大布用手钳取键	7	顺序有误扣2分；联轴器掉下扣2分；未拆紧螺栓一个扣0.5分；未取挡圈扣0.5分；未用手钳取键扣0.5分				

续表

序号	考试内容	评分要素	配分	评分标准	检测结果	扣分	得分	备注
3	拆电机与电机座	在泵体上用笔画出结合方位；拆卸泵体电机支架：对称、均匀地卸松螺栓，用顶丝顶出泵体电机支架	5	未在泵体上用笔画出结合方位扣1分；未对称、均匀地拆卸螺栓扣2分；撞击、敲、砸未用顶丝扣2分				
4	拆导轴承座	拆卸密封座及油封堵头，对称、均匀地拆螺栓，用顶丝顶，取密封座；检查密封座O形圈完好情况（口述）	5	撞击、敲砸、撬、未用顶丝扣2分；未对称、均匀地拆螺栓扣1分；未口述扣2分				
		先轻轻松动一下轴承座，再沿着泵轴往上提至卸下；检查导轴承座O形圈和机械密封静环完好情况（口述）	5	撞击、敲砸、撬扣3分；未口述扣2分；若未提稳致使机械密封静环损坏此项不得分				
5	拆泵压盖机械密封	拆卸泵压盖：用顶丝顶出泵盖，取出机械密封动环与叶轮总成；检查泵盖密封圈完好情况（口述）	2	未用顶丝扣1分；未口述检查情况扣1分				
		拆叶轮锁片及锁紧螺母，在龙门钳上用拉力器取下叶轮；用手钳垫大布取键；检查叶轮是否完好（口述）	5	不垫大布卡轴扣2分；取键未垫大布扣1.5分；未口述扣1.5分				
		清洗与摆放：拆卸和清洗干净的零部件要摆放到指定位置	5	未清洗扣1分；零部件摆放位置与名称不同每件扣1分（4个主要部件名称）				
6	安装泵机械密封压盖	安装转子组成：安装键、叶轮、锁片、锁紧螺母（轴应垫大布）；检查并安装机械密封动环：密封圈抹润滑油（脂）及安装到位	8	安装顺序有误扣2分；未垫方木直接敲击轴安装扣1分；机械密封圈未抹润滑油（脂）扣1分；未垫大布扣1分；动环安装不到位扣3分				
		安装泵盖：更换泵盖O形密封圈，安装泵盖	5	未更换O形密封圈扣3分；泵盖与泵体静结合面未抹润滑脂扣2分				

续表

序号	考试内容	评分要素	配分	评分标准	检测结果	扣分	得分	备注
7	安装导轴承座	更换轴承座O形密封圈；安装导轴承座	7	未换O形密封圈扣3分；因机械密封动环未安装到位致使导轴承座凸起扣4分				
		更换密封座O形密封圈，安装密封座，对称、均匀地拧紧螺栓	5	未更换O形密封圈扣3分；未对称、均匀地拧紧螺栓扣1分；静结合面未抹润滑脂扣1分				
		安装泵电机支架：吊装时电机支架不得碰撞泵轴与泵体；应对称、均匀地拧紧螺栓	6	电机支架碰撞泵轴扣2分，电机支架碰撞泵体扣2分；未对称、均匀地拧紧螺栓扣2分				
		安装联轴器：安装吊紧螺栓和挡块；安装键、挡圈；按原标记调整好联轴器，上紧联轴器螺钉，联轴器左右、上下间隙匀称，误差不得超过0.3mm（裁判用塞尺检测）	8	未均匀对称上内六角螺钉扣2分；漏内六角螺钉弹簧垫一个扣1.5分；间隙大于标准扣3分				
8	结束及场地清洁	手动盘车；擦净联轴器	2	未手动盘车扣1分；未擦净扣1分				
		拧紧泵体排污堵头，从泵体进入口充油；密封座内加注润滑油；拧紧注油堵头，用机油标尺测量润滑油的加注是否达到规定值	5	泵体内未充油扣1分；密封处未注润滑油扣1分；未拧紧堵头扣1分；未测量润滑油高度扣1分；润滑高度不够或超高扣1分				
9	结束及场地清洁	擦净泵体油污；各种工具归位，清理现场	3	未擦净扣1分；未归位扣1分；未清理现场扣1分				
		填写检查、维护作业记录	3	未填写作业记录扣3分；填错一项扣1分				
		操作中不得损坏设备、工具	5	损坏设备、工具一件扣5分				

续表

序号	考试内容	评分要素	配分	评分标准	检测结果	扣分	得分	备注
10	安全文明操作	按国家或企业颁发的有关安全规定执行操作	5	违规操作1次从总分中扣5分；严重违规者取消考试资格				
11	考试时限	在规定时间内完成操作		每超时1min从总分中扣除5分，超时3min停止操作				
合计			100					

考评员：　　　　核分员：　　　　年　月　日

实操项目二　离心泵的切换操作（现场模拟）

1. 考场准备

（1）考核场地整洁规范，无干扰，标志明显。

（2）安全防护齐全，且符合标准。

（3）设备、工具、材料等：

序号	名称	规格	数量	备注
1	离心泵		2	互为备用
2	F扳手		1	
3	听诊器		1	
4				

2. 考生准备

序号	名称	规格	数量	备注
1	安全帽		1	
2	工作服		1	

3. 考核方式

现场模拟（或笔试或口试）

4. 考核时间（以现场模拟为例）

（1）准备工作5min。

（2）正式操作30min。

5. 考核要求

（1）考核采用百分制，60分为合格。

（2）每超过规定考核时间1min从总分中扣5分，超时3min停止操作。

（3）考核前统一抽签，按抽签顺序对考生进行考核。

（4）考生须穿戴劳保用品。

（5）考生违章操作或发生事故须停止操作，成绩计零分。

6. 评分记录表

序号	考核内容	考核要点	配分	评分标准	检测结果	扣分	得分	备注
1	准备工作	穿戴劳保用品	3	未穿戴整齐扣3分				
		工具、用具准备	2	工具选择不正确扣2分				
2	操作程序	做好备用泵启动前的一切准备工作	25	未检查或油位不合适扣5分 润滑油变质未更换扣5分 未检查机泵地脚螺栓是否松动扣5分 未检查关闭泵出口阀扣5分 未打开泵的进口阀扣5分 未打开泵放空阀放净泵体的气体扣5分 未盘车扣5分 泵轴转动较紧不处理扣5分 未检查压力表、温度计扣3分 未打开压力表阀扣3分 未打开泵冷却水阀扣5分				

续表

序号	考核内容	考核要点	配分	评分标准	检测结果	扣分	得分	备注
3		启动备用泵，运转1~2分钟后观察泵出口压力及电流正常后，缓慢打开备用泵的出口阀，待泵上量后，压力表、电流表数值在规定范围并稳定后，逐渐关小原运行泵的出口阀，尽量减少流量压力的波动。	30	备用泵出口压力及电流未正常就打开备用泵的出口阀扣10分				
				备用泵压力表、电流表数值未稳定在规定范围，就关小原来运行泵的出口阀扣10分				
				泵出口阀关闭下运转超过2分钟扣5分				
				切换过程流量压力的波动大扣10分				
4		运行几分钟后逐渐开大备用泵出口阀至正常开度，运转正常后，缓慢关闭原运行泵的出口阀，停原运行泵。	25	备用泵出口阀未开到正常开度就停下原运行泵扣10分				
				停泵前未关出口阀扣10分				
				未关压力表阀扣3分				
				轴承温度较高时关冷却水阀扣3分				
				轴承温度下降后未关冷却水阀扣3分				
5		泵运行正常时要不断检查泵出口压力、流量、电流等不允许超过规定指标；轴承温度不应高于65℃，电机温度不能超过70℃。	10	出口压力超过规定值扣3分				
				电流超过规定值扣3分				
				轴承温度高于65℃扣3分				
				电机温度超过70℃，扣3分				
6	使用工具	正确使用工具	2	工具使用不正确扣2分				
		正确维护工具	3	工具乱摆乱放扣3分				
7	安全及其他	按国家法规或企业规定		违规一次总分扣5分；严重违规停止操作				
		在规定时间内完成操作		超时1min总分扣5分，超时3min停止操作				
		合　计	100					
否定项说明：								

考评员签字：　　　　　　　　　　　　　　　　年　月　日

实操项目三　操作双泵串联运行

1. 考试要求

（1）必须穿戴劳动保护用品。

（2）必备的工具、用具准备齐全。

（3）考试前统一抽签，按抽签顺序对考生进行考试。

（4）符合安全、文明生产。

2. 准备要求

（1）材料准备。

序　号	名　称	规　格	数　量	备　注
1	安全帽		1 顶	
2	工作服		1 套	
3	棉手套		1 副	
4	棉纱或棉布		若干	
5	作业票		1 套	
6	操作卡		1 份	

（2）设备准备。

序　号	名　称	规　格	数　量	备　注
1	油泵		2 台	

（3）工具准备。

序　号	名　称	规　格	数　量	备　注
1	F 扳手		1 套	
2	测振仪		1 台	
3	近红外测温仪		1 台	

3. 操作程序说明

（1）准备工作。

（2）流程的检查。

（3）油泵的检查。

（4）双泵串联的操作。

（5）运行检查。

4. 考试规定说明

（1）如操作违章，将停止考试。

（2）考试采用100分制，扣分标准按各单项分值扣完为止，然后按鉴定比重进行折算。

（3）考试方式说明：该项目为实际操作题，考试过程按评分标准及操作过程进行评分。

（4）测试技能说明：本项目主要测试考生对双泵串联操作程序和运行条件的掌握程度。

5. 考试时限

（1）准备时间：5min（不计入考试时间）。

（2）正式操作时间：30min。

（3）提前完成操作不加分，超时操作按规定标准评分。

6. 评分记录表

序号	考试内容	评分要素	配分	评分标准	检测结果	扣分	得分	备注
1	准备工作	穿戴劳保用品	3	不整洁、不规范、没系扣各扣1分（小翻领、拉链服除外）				
		工具、用具准备	2	工具、用具选择不正确一件扣1分				
2	流程检查	检查付出油罐的液位状况	10	未了解付油罐液位扣10分				
		检查双泵串联付油流程	10	未核对付油流程扣5分 漏开、错开阀门扣5分				
3	检查油泵	检查泵的完好情况	10	未盘车扣10分				
			10	未检查泵的润滑情况扣10分				
			10	未检查泵入口管线的充满情况各扣10分				
4	运行操作	双泵运行操作	10	开泵顺序错误扣5分 出口阀门不是缓慢打开扣5分				

续表

序号	考试内容	评分要素	配分	评分标准	检测结果	扣分	得分	备注
5	运行检查	检查开泵过程泵的运行压力	5	开泵过程未检查泵的运行压力扣5分				
		检查电机电压、电流	5	未检查电机电压、电流各扣2.5分				
		检查泵和电机的温度	5	未检查泵、电机的温度各扣2.5分				
		检查泵和电机的震动	5	未检查泵和电机的震动情况各扣2.5分				
		确认两泵流量是否匹配	10	开泵前未确认两泵流量是否匹配扣10分				
6	使用工具	正确使用工具	2	工具使用不正确扣2分				
		正确维护工具	3	工具乱摆、乱放扣3分				
7	安全文明操作	按国家或企业颁发的有关安全规定执行操作	5	违规操作1次从总分中扣5分；严重违规者取消考试资格				
8	考试时限	在规定时间内完成操作		每超时1min从总分中扣除5分，超时3min停止操作				
	合　计		100					

考评员：　　　　　　　　核分员：　　　　　　　　年　月　日

实操项目四　在中控机上进行输油设备的启停操作

1. 考试要求

（1）必须穿戴劳动保护用品。

（2）必备的工具、用具准备齐全。

（3）考试前统一抽签，按抽签顺序对考生进行考试。

（4）符合安全、文明生产。

2. 准备要求

（1）材料准备。

序号	名称	规格	数量	备注
1	工作服		1套	
2	作业票		1套	
3	操作卡		1份	

（2）设备准备。

序号	名称	规格	数量	备注
1	中控机		1台	

（3）工具准备。

序号	名称	规格	数量	备注
1	碳素笔		1支	
2	对讲机		1部	

3. 操作程序说明

（1）准备工作。

（2）远程操作阀门开启。

（3）远程操作阀门关闭。

（4）远程操作输油泵启动。

（5）远程操作输油泵停运。

4. 考试规定说明

（1）如操作违章，将停止考试。

（2）考试采用100分制，扣分标准按各单项分值扣完为止，然后按鉴定比重进行折算。

（3）考试方式说明：该项目为实际操作题，考试过程按评分标准及操作过程进行评分。

（4）测试技能说明：本项目主要测试考生远程操作输油设备的熟练程度。

5. 考试时限

（1）准备时间：3min（不计入考试时间）。正式操作时间：20min。

（2）提前完成操作不加分，超时操作按规定标准评分。

6. 评分记录表

序号	考试内容	评分要素	配分	评分标准	检测结果	扣分	得分	备注
1	准备工作	着装	1	不整洁、不规范、没系扣各扣1分（小翻领、拉链服除外）				
		工具、用具准备齐全	2	工具、用具选择不正确一件扣2分				
2	阀门的开阀操作	确认指定操作的阀门在关闭位置	3	未确认阀门是否关闭扣3分				
		确认指定阀门的模式控制器置于远程控制状态	3	未确认阀门的模式状态扣3分				
		在中控机上用鼠标点击流程图画面上的指定阀门	5	未点击指定阀门扣5分				
		在中控机弹出的对话框中选择“开阀”命令，然后单击“确认”按钮开启阀门	5	阀门未打开扣5分				
3	阀门的关阀操作	确认指定操作的阀门在开启位置	3	未确认阀门是否开启扣3分				
		确认指定阀门的模式控制器置于远程控制状态	3	未确认阀门的模式状态扣3分				
		在中控机上用鼠标点击流程图画面上的指定阀门	5	未点击指定阀门扣5分				
		在中控机弹出的对话框中选择“开阀”命令，然后单击“确认”按钮开启阀门	5	阀门未关闭扣5分				
4	离心泵的启动操作	确认离心泵启停机转换开关置于远程控制状态	3	未确认转换开关状态扣3分				

续表

序号	考试内容	评分要素	配分	评分标准	检测结果	扣分	得分	备注
4	离心泵的启动操作	确认离心泵出口阀处于关闭状态及模式控制器置于远程控制状态	4	少确认一项扣2分				
		确认机泵监控系统无报警信号	3	未确认扣3分				
		在中控机上用鼠标点击流程图画面上的指定离心泵	5	未点击指定离心泵扣5分				
		在中控机弹出的对话框中选择“启泵”命令，然后单击“确认”按钮启动离心泵	6	未启动离心泵扣6分				
		在中控机上打开离心泵出口阀并调整到指定开度	8	未打开出口阀或未按要求调整阀门开度各扣4分				
		离心泵启动后核对现场参数与中控机显示参数一致	6	未核对参数扣6分				
5	离心泵的停运操作	确认离心泵启停机转换开关置于远程控制状态	3	未确认转换开关状态扣3分				
		确认离心泵出口阀的模式控制器置于远程控制状态	3	未确认模式状态扣3分				
		在中控机上用鼠标点击流程图画面上的指定离心泵	5	未点击指定离心泵扣5分				
		在中控机上关闭离心泵出口阀	8	未关闭出口阀扣8分				
		在中控机弹出的对话框中选择“停泵”命令，然后单击“确认”按钮停运离心泵	6	未停泵扣6分				

续表

序号	考试内容	评分要素	配分	评分标准	检测结果	扣分	得分	备注
6	使用工具	正确使用工具	2	工具使用不正确扣2分				
		正确维护工具	3	工具、器具乱摆、乱放扣3分				
7	安全文明操作	按国家或企业颁发的有关安全规定执行操作		违规操作1次从总分中扣5分；严重违规者取消考试资格				
8	考试时限	在规定时间内完成操作		每超时1min从总分中扣除5分，超时3min停止操作				
	合计		100					

考评员： 核分员： 年 月 日

本章作业：

1. 简述如何根据操作过程中“两表”读数，判断离心泵系统故障。
2. 简述离心泵系统操作要点。
3. 绘制水环式真空泵系统的构成。

第五章 加油设备的使用与维修

第一节 手动加油设备

一、UBB63 -0.5 型手摇泵

1. 主要性能参数

流量 22 ~ 33L/min

工作转速 50 ~ 70r/min

抽气转速 100r/min

吸入高度 1.8m 水柱

排出软管内径 75mm

质量 8.5kg

外形尺寸 275mm × 192mm × 1328mm

UBB63 -0.5 型手摇泵的流量是随转速的增加而成比例地增加。

2. 使用

将 UBB63 -0.5 型手摇泵插入被抽吸油料的容器中（一般为油桶），接好被加油的容器，即可摇动摇把抽气和抽油。当抽气速度达 100r/min，一般 15s 以内能吸上油料。吸出油料之后，泵的转速即可按 50r/min 左右工作。摇泵时要注意泵的旋转方向应与泵盖上的转向箭头所示一致，否则将抽不上油料。

若泵长期未使用过，为了更好地密封和润滑，在摇动摇把之前，应打开扁鼻堵，向泵内注入少量所抽注的油料。

加油结束，若泵较长时间（一星期以内）不用或要抽吸另一种油料时，应放尽泵内存油。较长时间（一星期以上）不用时，还应打开扁鼻堵，注入 20 ~ 40mL 润滑油，旋紧扁鼻堵之后，摇动摇把数转，使泵内机件挂上一层油膜，以防生锈。同时，还应将吸入管和排出管以干净的堵头堵塞，防止脏物进入泵内。

3. 故障

使用中常见的故障主要有吸不上油或油量减少，摇转费劲或摇不动、漏油等。前者主要是漏气引起；摇转费劲主要是泵内有脏物等引起；漏油主要是填料处填料过松或磨损所致。

UBB63－0.5 型手摇泵常见故障及排除方法如表 5－1 所示。

表 5－1 UBB63－0.5 型手摇泵常见故障及排除方法

现　象	故障原因	故障排除方法
吸不上油或流量减少	吸入管漏气，填料不严	消除漏气，拧紧填料压盖，添加或更换填料
	转子体、刮板与泵体、泵盖的端面间隙过大	减少垫片厚度，调整间隙
	弹簧失效	更换弹簧
	转速不够	加快转速
	刮板端部磨损不均或出现沟槽	修理或更换刮板
	吸入管或底网堵塞	检查和排除吸入管或底网的堵塞
	油料温度过高，油蒸气气压过大，吸上真空度超过允许值或吸入高度太高	降低吸入高度
摇动费劲或摇不动	转子体、刮板与泵体、泵盖的端面间隙过小	增加垫片厚度，调整间隙
	泵的扬程过大或排出管被堵	降低扬程和排除堵塞
	填料干涸或太紧	拧松或更换填料
	弹簧锈死或泵内有脏物	清洗或更换弹簧
填料处漏油	填料压盖未压紧或填料被磨损	调整填料压盖压紧程度或更换填料
	转子体填料处的轴颈发生弯曲	修理或更换转子体

4. 维修

（1）拆卸和修复

UBB63－1.3 手摇泵的拆卸可按如下顺序进行：

卸下吸、排管→取下摇把和填料压盖_ →将泵盖连同转子从泵体内取出→从转子内取出刮板、导杆和弹簧→从泵盖上取下转子。

若泵盖和泵体有裂纹时，可用焊补法进行修复；若刮板端部磨损呈“凸”形时，可将板极端部磨平或更换刮板。转子体填料处轴颈发生弯曲时，应将其矫直。一般可用局部加热法进行矫直。

(2) 装配

经过修理并清洗干净之后便可装配，其装配顺序如下:

① 把两个轴承套分别压入泵盖和泵体内。

② 把导杆、弹簧、刮板安装在转子体内，并用手压紧刮板两端部，把转子体装入泵体;

③ 装上泵盖；均匀、对称地拧紧泵盖螺钉，直至用摇把转动转子到稍能转动为止。用厚薄规测量泵体和泵盖两法兰面间的间隙。测量间隙的部位不得少于3处。然后取其平均值 A，再将厚度 $A = A + (0.02\text{mm} \sim 0.07\text{mm})$ 的纸垫涂上滑滑脂（黄油）之后放在泵体与泵盖之间，钻铰圆锥销孔，装入圆锥销，并拧紧泵盖螺钉。

④ 装上填料，并在双头螺栓上用螺母将填料压盖压紧，这时应注意两个螺母的拧紧度，填料压盖不应出现偏歪现象。

⑤ 装吸入管和排出弯管。

二、 UBS85E－1.3 型手摇泵

UBS85E－1.3 型手摇泵（ZH－50 计量活塞手摇泵）是一种活塞式手摇泵。它由单活塞手摇泵、流量计、进、出口胶管、加油枪和泵架组成，主要用来给车辆加油、倒桶和抽底油等。

1. 构造

单活塞手摇泵由泵壳、前盖、后盖、活塞、活塞环、连杆、摆动杆、轴、活塞销、连杆销、吸入阀门、吸入阀门座、排出阀门、排出阀门座、吸入口、排出口、顶盖和摇把等组成，如图5－1所示。

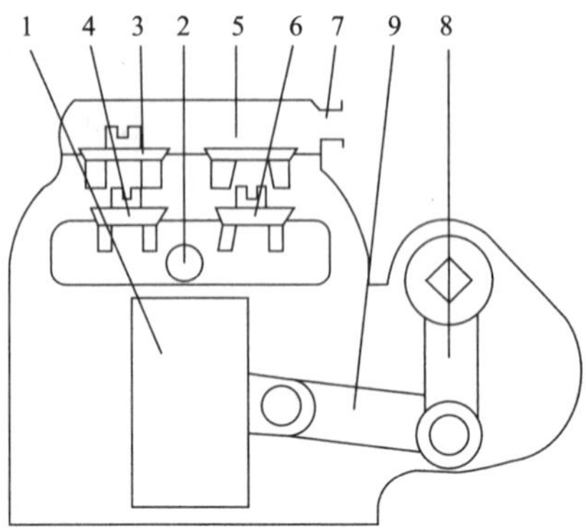

图5－1 UBS85E－1.3 型手摇泵结构图

1—活塞；2—吸入口；3、5—排出阀门；4、6—吸入阀门；7—排出口；8—摆动杆；9—连杆

泵壳内有油缸，内装活塞。活塞上装有活塞环，以保持活塞与缸壁的密封。活塞通过连杆、摆动杆、活塞销以及连杆销与泵轴连接，用摇把摇动。泵轴通过后盖（轴架座）处用

石棉填料密封，由压盖压紧，以防止漏油和漏气。油缸上部有阀门室，室内装有4个阀门和座。其中两个是吸入阀门和座，装在下部为吸入室，吸入室侧面装有吸入短管；上部两个是排出阀门及座，与流量计底座组成排出室，液体经流量计上的排出短管排出。流量计底座起到手摇泵的顶盖作用。一般泵壳（包括前盖、后盖、阀座体等）和活塞用铸铁制成；活塞环用铬铜合金制成；吸入与排出阀门用锡青铜制成；泵轴用优质碳钢制成；衬圈和轴衬用铸铜制成。

UBS85E－1.3型手摇泵使用的流量计，有LY－25型水平螺翼式流量计和LB－25垂直螺翼式流量计两种。

2. 使用

① 泵在使用前应将泵架放在水平位置，以免阀瓣起落后倾斜卡住。

② 加油前应将吸入管接头放入贮油容器油面下，将加油枪的手柄拉向后方，开启阀门，并放入加油容器中。然后摇泵以便排尽进、出口管中的空气。由于管内空气的流动，流量计的大、小指针也会转动，待出油管开始出油时应按下按钮，使流量计大、小指针回零。继续摇泵即可计量加油。

③ 摇泵时，每次都使活塞行程走完。同时，摇泵转速应均匀、适中，且往复中停留时间应尽量缩短，以保证计量准确。

④ 停泵和关闭加油枪要协同一致，每天工作完毕，应排净泵及管路中的存油，将软管盘绕在架上，严禁绕成死角。

3. 常见故障及排除方法

UBS85E－1.3型手摇泵常见故障及排除方法如表5－2所示。

表5－2 UBS85E－1.3型手摇泵常见故障及排除方法

故障现象	故障原因	排除方法
出油量不足或不出油	排出阀或吸入阀关闭不严或卡住	清洗研磨阀门
	吸入管路漏气	拧紧吸入管路螺母，更换垫片、上紧软管卡子
	活塞环磨损过多、对口，失去弹性或卡死在环槽内，起不到密封作用	清洗调整或更换活塞环
	吸入管接头、过滤网被堵塞	取出吸油管接头，将过滤网脏物清除
	吸入高度过高	降低吸入高度

续表

故障现象	故障原因	排除方法
往复泵费力	油缸与活塞环的接触面生锈，阻碍活塞环往复运动	清除锈蚀、并涂油防锈
	填料压盖压的过紧或填料和轴粘在一起	松开填料压盖，调整填料的松紧程度或更换填料
	活塞或活塞环锈死在油缸里	清洗油缸和活塞
	摆动杆和连杆连接不灵活	检修连杆销
	胶管有死弯、加油枪开启不够或加油枪滤网堵了	消除胶管死弯、清洗加油枪滤网或全开加油枪
流量计读数小于实际流量	摇速太慢	按操作要领操作
	流量计有误差	调整流量计
流量计读数大于实际流量	摇速太快	按操作要领操作
	漏气	排除漏气故障
	流量计有误差	调整流量计

4. 维护

① 根据具体情况，定期清洗过滤网使之保持清洁畅通。

② 加油枪漏油时，应将其拆开。检查胶垫是否损坏，阀座、阀面是否磨损，弹簧是否变形，如有缺陷，应进行修理或更换。

③ 泵轴封处漏油，可拧紧填料压盖螺母，若不漏油则应加些滑脂或更换填料。

④ 流量计要防止撞击。无故不得随便拆卸，流量计安装时应呈水平（或垂直），箭头方向应与液体流向一致。

⑤ 平时不得将泵露天放置。如在露天使用，用完后应保管好，防止日晒、风吹、雨淋，造成胶管破裂及泵内生锈等现象。

⑥ 在严寒地区使用时，若油中含有水分，应放尽泵内存油，以防冻裂。

⑦ 泵在 1 周至 3 个月内不使用时，应将泵内存油放尽，然后加入适量润滑油，摇动摇把几十次，使泵内各机件附上一层油膜以防生锈。若 3 个月以上不使用时，应将各部零件清洗后涂上滑脂、滑油，胶管件结合部位也应涂上滑脂防锈。然后进行封存保管。胶管缠绕后单独妥善保管。

⑧ 吸油管道及加油枪在不使用时，应加盖或堵塞，以防脏物进入。

⑨ 如发现部件脱漆生锈时，应进行除锈补漆。

第二节 加油机的使用与维护

一、燃油加油机简介

加油机（dispenser）是为机动车添加燃油的一种液体体积测量系统，它可以具有IC卡加油、油气回收等功能。国标规定用于国内油品贸易结算的加油机还应具有税控功能和防欺骗功能。目前燃油加油机普遍采用工业电脑控制、LCD显示计数，适用于为机动车辆添加汽油、柴油等轻质燃油。加油机一般由壳体、流量测量变换器、编码器、计控主板、显示屏以及附加装置［包括油泵、油气分离器（潜油泵式加油机除外）、油枪、过滤器和输油软管等］。

加油机基本工作原理是油泵提供油流经油气分离器（潜油泵式加油机除外）、气液分离器，保证计量精度，进入流量测量变换器（流量计），将油品的体积量转换为机械转动量，编码器（coding device）将机械转动量转换为脉冲信号。计控主板（control main board）接收编码器送来的脉冲信号，生成加油数据并具有其他控制功能。加油数据经监控微扑理器处理后送指示装置显示。

1. 技术要求

（1）流量比

即最大流量 Q_{max} 和最小流量 Q_{min} 之比应不小于10:1。

（2）最小被测量规定

最大流量不大于60L/min的加油机，最小被测量应不大于5L。

最大流量大于50L/min的加油机，最小被测量应由其使用说明书给出。

（3）最小体积变量

最大流量不大于60L/min的加油机，其最小体积变量应不大于0.01L。

最大流量大于60L/min的加油机，其最小体积变量应不大于0.1L。

（4）最大允许误差

最大允许误差为±0.30%．其测量重复性应不超过0.15%。最小被测量的最大允许误差为土0.5%，其测量重复性应小超过0.25%。

（5）计数示值范围

① 金额、加油量应不少于6位有效数字；

② 单价应不少于4位有效数；

③ 机械累积量应不少于6位整数；

④ 电子累积量应不少于10位有效数字。

同时，加油机结构和外观应满足如下要求：

① 整机外观表面涂层应光泽、均匀，无剥落、开裂等缺陷。镀铬件和标牌等外露件不应粘有漆污。表面涂层、镀层不应有明显的机械损伤；

② 整机内零件间的同形状结合面边缘和门窗、侧板、顶盖之间的结合面边缘应整齐、匀称，不应有明显的错位。外露件、装饰件不应有损伤、剥落、锈蚀等缺陷；

③ 各滑动转动部位运动应轻便、灵活、平稳，无阻滞现象；

④ 液压系统各结合面及进出口管线接头的连接应牢固可靠，无渗漏；

⑤ 紧固件应连接牢靠、无松动。接插件应接触良好，连接导线应压接或焊接良好；

⑥ 一把油枪以上的加油机应标注油枪编号；

⑦ 在流量测量变换器的进口或出口处应安装控制阀；

⑧ 当多把油枪共用一个流量测量变换器时，其中一把油枪加油时，其他油枪应由控制阀锁定不能加油。

2. 整机主要部件

下面以某型号加油机为例讲解其主要结构部件。

(1) 组合泵

组合泵由叶片泵和油气分离器合为一体，采用铝合金整体结构，具有体积小、重量轻、外观大方，使用于一机多枪型加油机，部件间连接结合面少，无管路连接接头，利于密封。

油泵为带定位环的叶片泵，油气分离器无高压腔，常压腔内装回油浮子系统。出气管兼有离心排气作用的高压连通管，出油阀、溢流阀亦置于同一壳体中。

由电机带动油泵，经吸油管及过滤器自油罐中吸油，在泵压力作用下，油通过高压连通管出油阀进入流量计，推动活塞往复运动排出定量油，驱动传动轴输出传输信号，同时由于油流在高压连通管中的旋转离心作用，气自管端排气孔中排出，小量油则积于常压腔内。油位达一定高度时回油浮子上浮，部分油回到油泵低压腔。油泵的工作压力（或流量）可通过调整溢流阀弹簧压力调节。开枪输油时有小量油通过溢流阀泄入油泵低压腔，关枪时油在泵内自行循环。

油气分离器采用离心排气系统，可有效地排除混在油液中的空气和不溶解气体，采用大容积的常压腔，可保持腔内有较多的油液和稳定的油位，不会产生满腔和空腔的缺陷，采用大杠杆比的回油浮子系统在大流量或高真空度的条件下不会产生排气孔冒油现象。

组合泵中过滤网应经常清洗，已防过滤网堵塞油液流通不畅。

（2）测量变换器

测量变换器由流量计和脉冲发生器组成。

流量计外壳采用铝合金整体，计量准确度高、流量量程比大、性能符合国际标准要求，关键零件分别采用不锈钢和高级工程塑料制成，具有抗腐、耐磨和优良的密封性能，传动轴由传动主、副轴和偏心轮组成的“推拉式”结构驱动。无间隙、无冲击、无异常噪声，流量计完成一个工作循环排油量为 0.5L。

准确度调节盘可按误差值分挡调节，右旋调节盘排量减少，左旋增大，对于 100L 的标准金属量器调整一个孔距计量准确度调整量为 0.1%，最大调量范围为 1L。

脉冲发生器采用优质双光电耦合器，流量计的转轴带动码盘切割光耦，从而使转轴的机械转动转化为脉冲信号。

（3）自封油枪

自封油枪结构如图 5－2 所示。

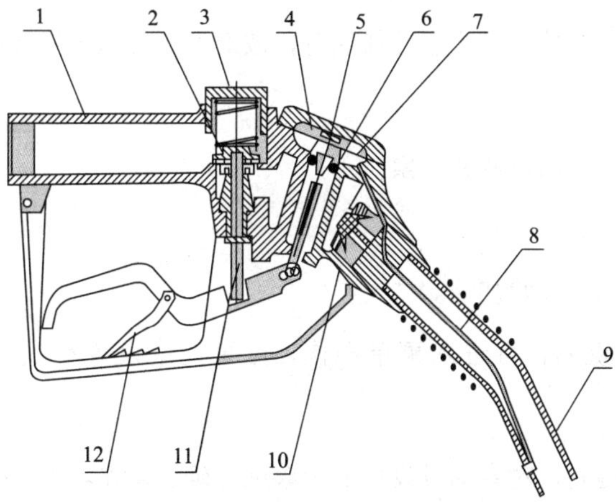

图 5－2 自封油枪

1—枪体；2—主阀；3—弹簧；4—气室；5—锥形杆；6—钢球；
7—隔膜；8—气管；9—枪嘴；10—斜阀；11—拉杆；12—把手

加油的过程中，油液通过斜阀旁的气孔将空气排出，这些空气通过气管（8）进来补充，当油箱被加满，油液封住气管（8）的进气口时，气室（4）内的空气被抽出去，气室内形成负压，隔膜（7）被推向上变形，并带动锥形杆（5）向上移动，三个限位钢球（6）和拉杆（11）失去限位作用。把手（12）也就失去支点，在弹簧（3）的作用下，主阀自行关闭，停止出油，实现自动封闭。

（4）键盘（图 5－3）

① 数字键：共“0～9”10 个数字键，连续按键，即由右至左依次显示键入值。

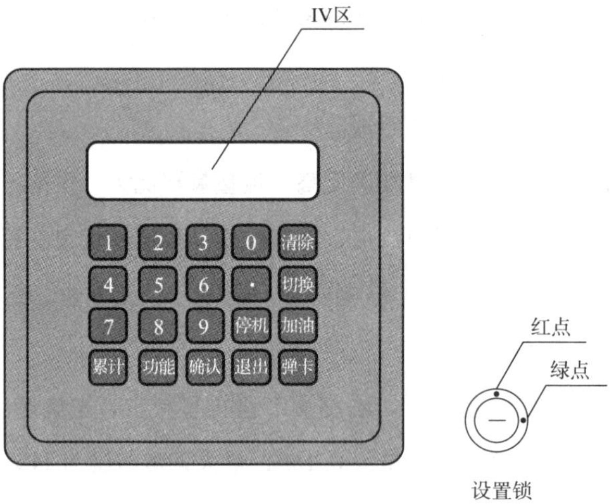

图 5－3　键盘与设置锁

②“.”键：按键后，可置入小数点。

③“清数”键：用于清除已输入的参数，在调出班累后，用于清除当前班累计的油量和金额。

④“切换”键：当需要按油量或金额加油时，按键可实现以油量或金额为计量单位之间的转换。

⑤“累计”键：用于调出班累和总累。

⑥“停机”键：停机。

⑦“加油”键：按键后开始加油。

⑧“功能”键：按键后，可进入菜单操作，可查询或设置参数，如查询累计、设置单价等。

⑨“确认”键：按键后，对查询或设置的参数进行确认操作。

⑩“退出”键：按键后，对查询或设置的参数进行退出操作。

⑪“弹卡”键：弹出 IC 卡（选配功能）。

(5) 设置锁

“设置锁”钥匙指向“加油”位置（即红点位置），加油机执行常规及查询操作，在需要改变单价等设置参数时应将钥匙指向“设置”位置（即绿点位置）。

二、 自封油枪的使用与维护

1. 使用注意事项

轻拿轻放自封油枪，主阀杆部要时常加注润滑油以保证灵活可靠。借助限位板加油，但放枪时一定要使挡片脱离限位板，以免下次提枪加油时油液从畅通的油枪嘴喷出而发生事故。保持自封油内油路气路畅通，防止杂物阻塞油路、气路。由于加油过程中，空气不断从枪口小孔中补入，故注油时产生的泡沫较多，当泡沫将枪口淹没时，油箱未满也会自动关枪，需要补注，这是此类油枪的不足之处。

2. 加油枪故障及排除

自封油枪常见故障及排除方法汇总于表 5－3 中。

表 5－3 自封油枪常见故障及排除方法

故障现象	部　位	原　因	排除方法
加油枪不自封	自封装置	膜片压盖连接不严漏气	拧紧压盖螺丝
		膜片与膜片轴的连接不严造成上、下窜气	拧紧压紧螺母
		膜片损坏	更换膜片
		O 形防气、防油密封圈损坏，造成漏气、窜油	更换密封圈，一时无密封圈用石棉线代替
		膜片将枪体内气道孔封死	重新安装对准气孔
		连通管两端连接不严	卸下枪管接通固牢
		枪管锁紧螺母拧得不紧，造成漏气	拧紧锁紧螺母
空心沉头螺钉处喷油	自封装置	O 形防油密封圈损坏	更换 O 形防油圈
油枪主体漏油	主阀与阀杆填料	油阀关不严，从枪管内漏油 油阀顶杆填料处漏油	拧紧油阀压紧螺母或更换橡胶垫 更换或用石棉线代用

三、 电脑加油机的使用与维护

1. 操作使用

以 CMD1687 系列税控燃油加油机为例说明具体操作使用方法。

（1） 单价设定

①“设置锁”钥匙在“设置”位置，按“功能”键，Ⅳ区显示“设置单价”及原单价值，按“清数”键将原单价清除。

② 按数字键置入单价值，Ⅲ区和Ⅳ区同步显示。单价最多二位小数，若输入错误，可按“清数”键清零后重新输入。

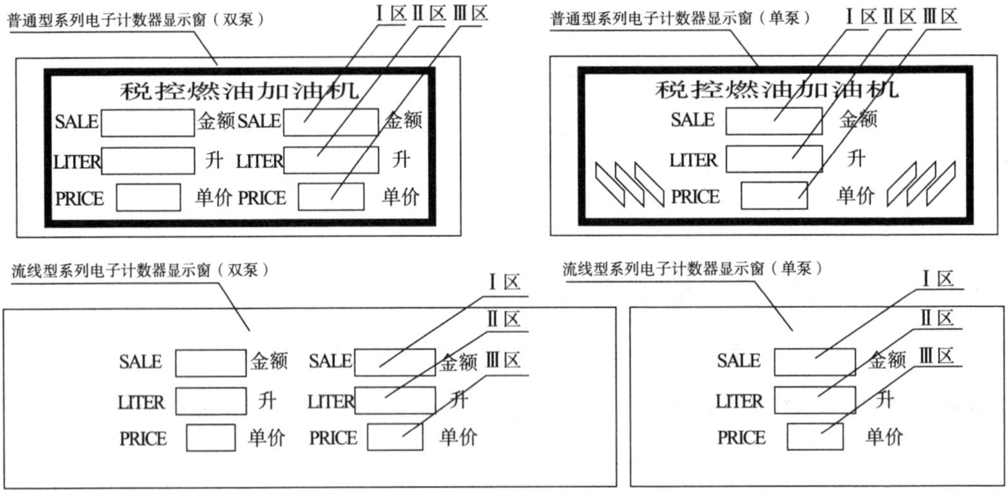

图 5－4　CMD1687 系列税控燃油加油机显示屏

③“设置锁”钥匙在“加油”位置（或“确认”键）。

注意：单价一天之内只能设定两次，超过两次无效，显示板提示“585858”。

（2）定量“金额”加油

① 按“切换”键，使Ⅳ区显示“元 0”。

② 按数字键置入金额值，Ⅰ区和Ⅳ同步显示。金额最多二位小数。

③ 按“加油”键或提枪，即可开始加油，达到预置数后自动停机。

a. 设定单价为零时，金额记数无效。

b. 预置量最多为 9999.99。

c. 预置只在本次有效，达到预计数停机或按“停机”键（或挂油枪）可终止加油，预置数清零。

d. 达到预置数后停机。

e. 小于单价的预置数无效。

（3）定量“升”加油

① 按“切换”键，使Ⅳ区显示“升 0”。

② 按数字键置入加油升数，Ⅱ区和Ⅳ同步显示。升预置量范围为 1.0～9999.99。

③ 按“加油”键或提枪，即可开枪加油，达到预置数后自动停机。

（4）非定量加油

① 按“加油”键即可开始加油记数。

② 加油完毕，按“停机”键或挂油枪，即可停机，此时显示屏显示本次加油量。

（5）班累清除

①“设置锁”钥匙在“设置”位置。

② 按“累计”键，Ⅱ区和Ⅲ区合并显示班累，Ⅳ区显示“清除班累”，按“清数”（或“确认”）键可清除班累。

③“加油/设置”钥匙指向加油位置。

（6）显示前10次加油数据

① 按“功能”键至Ⅳ区显示“查询明细”，然后输入“0”则显示查询前次加油量，按数字键输入“1”则显示保存的前第2次加油值，输入“2”则显示前第3次加油值，依次类推。

② 按“退出”键，则结束本次查询操作。

（7）掉电复显

加油过程中，因停电而停机，显示屏仍可显示本次已付加油量，达到15min以上。

（8）查询日志

①“设置锁”钥匙在“加油”位置。

② 按“功能”键至Ⅳ区显示“查询日志”。

③ 输入年月日（如20011110，表示要查询2001年11月10日的日累计记录）。

④ 按“确认”键，则显示本次所要查询的数据。

⑤ 按“退出”键，则结束本次查询操作。

（9）查询月志

①“设置锁”钥匙在“加油”位置。

② 按“功能”键至Ⅳ区显示“查询月志”。

③ 输入年月（如200111，表示要查询2001年11月的月累计记录）。

④ 按“确认”键，则显示本次所要查询的数据。

⑤ 按“退出”键，则结束本次查询操作。

（10）查询班累，总累计用油。

①“设置锁”钥匙在“加油”位置。

② 若此时Ⅳ区显示为“升0”，则按“累计”键，Ⅳ区显示为“查询升班累”，显示屏Ⅰ区显示为“L”，Ⅱ区和Ⅲ区合并显示为升班累。按“切换”键，则显示金额班累。

③ 按“1”键，Ⅳ区显示为“查询升总累”，此时显示屏Ⅰ区显示为“LL”，Ⅱ区和Ⅲ区合并显示为升总累。按“切换”键，则显示金额总累。

④ 按“退出”键，则结束查询操作。

（11）金额取整数加油

在非定量加油过程中，按一下键盘上的小数点“.”键，则加油金额在累计到此时已加油金额最近的整数数值后便自动停机，以便于付款结帐。

四、 加油机的维护检查要求

对加油机的维护检查要求汇集列于表5-4中。

表5-4 加油机的维护检查

检查频率	项目	要求
每周	总检查	检查所有地方，是否有损坏征兆，检查所有警告标志，铅封安全
	输油胶管	检查渗漏和损坏，胶管外层有无开裂，溶解，凸出，扁平软黑点和加厚现象
	外渗漏	检查胶管、油枪、视油器、旋转弯头、管接头、铸件有无渗漏、有渗漏立即修理
	胶管回收器	检查绳索有无磨损和断裂
每月	内部渗漏	检查所有液压连接处和密封处，包括流量计、阀、泵等
每周或半个月	更换或清洗油滤	清洗泵内油滤，清洗或更换精油滤
每个月或按需要	清洗加油机	切断电源，清除机内污物 清洗外表面 严禁用汽油、煤油等可燃液擦抹加油机 不要用各种溶剂擦抹油漆表面
每6个月	门锁	用锁油润滑
	流量计	检查校准
	油枪	检查操作状况，如果需要可用硅润滑脂润滑
	齿轮和软轴	检查软轴和齿轮工作是否正常
	接地线	整机接地线要可靠、牢固

五、 加油机的常见故障与排除方法

下面以正星牌加油机为例，将常见故障与排除方法汇总于表5-5中。

表 5 –5　正星牌加油机常见故障与排除方法

故　障	原　因	排除方法
加油机不出油或出油量小	输油管道密封不严	检修输油管
	电机不转或反转（面对带轮顺时针转为正常）	检修电机、电路及控制系统，将任意两根火线对调
	皮带过松	调整张紧轮或更换三角带
	波网堵塞	清洗滤网
	油气分离器出油阀被卡住、打不开	清洗出油阀使阀芯运动自如
	油气分离器锥形阀关不严	检修锥形阀
	溢流阀弹簧过松	调整溢流阀更换损坏的零件
	叶片泵内叶板磨损、弹簧损坏	更换损坏的零件
	计量器被卡死	检修计量器
	液压系统中的密封元件损坏	更换损坏的密封元件
油气不能分离	输油管路中漏气太大	检查管路、排除漏点
	油气分离器排气管被堵	清理排气管
	油气分离器锥形阀关不严	检修锥形阀
	泵内的浮子阀关不严	检修浮子阀
排出管出油	球型浮漂脱落	重新装好球形浮漂
	球型浮漂或回泊浮漂进油	更换浮漂
	油气分离器体与分离器盖之间的密封垫损坏	更换密封垫
计量不准	计量器内零件磨损（包括机械零件的磨损及橡胶件的老化）	调整计量器的调节螺钉，更换损坏的零件
	传感器板损坏	更换传感器板
	主板损坏	更换主板
不开机	外电源电压过低	排除外电源电路故障
	电源板损坏	检修或更换电源板
	开关板损坏	检修或更换开关板
	可控硅板损坏	更换可控硅板
	主板损坏	更换主板
	电机损坏	更换主机
不停机	开关板损坏	检修或更换丌关板
	可控硅板损坏	更换可控硅板
	主板损坏	更换主板

本章作业：

1. 简述加油机结构原理。

第六章　油库生产运行

第一节　铁路装卸油操作规程

一、铁路油罐车卸油作业操作规程

1. 准备阶段

卸油准备阶段按照下列要求进行：

① 下达作业任务。接到上级下达的每月收油计划后，业务部门拟定收油方案，经库领导批准后，通报有关部门，做好收油准备工作。

接到车站送油罐车通知后，库领导应当召集有关部门人员，研究确定作业方案，明确主要任务，严密组织分工，提出注意事项，指定现场指挥员（连续接收5个以上铁路油罐车，库领导必须到达收发现场）。业务处根据确定的作业方案，填写《油料输转收发作业通知单（作业证）》由库领导鉴发，送交现场指挥员组织实施作业，作业全过程实行现场指挥员负责制。

② 接车。消防员按照机车入库要求，负责检查、监督机车入库送车，运输管理员指挥调车人员将油罐车调到指定货位，索取证件，检查铅封，核实化验单、货运号、车号、车数。如出现铅封损坏，油料被盗，油库应当立即与接轨车站作出商务记录，并会同运输部门照章处理。

③ 化验、测量。化验工按照《油料技术工作规则》要求，逐库检查油料外观、水分杂质情况，取样进行接收化验；计量员待油罐车按规定时间静置后，逐车测量油高、油温，填写《量油原始记录》，计算核对采油数量。以上检查、化验结果应当在规定时间内报告现场指挥员。如发现油料数量、质量问题，油库应当查明原因，及时处理和上报。

④ 作业动员。现场指挥员进行作业动员（内容包括清点人数，按组分工、下达任务、明确流程、提出安全要求等），指定现场值班员负责本次作业的具体调度、协调工作。作业动员完毕后，作业人员应当立即到达指定岗位，做好作业前各项准备和检查工作。

⑤ 作业前准备和检查。所有作业人员到位，且按规定着装，油品装卸工根据接收方案，测量接收油罐和放空罐内的存油数量，并作好记录，检查接收油罐的呼吸管路，关闭胀油管阀

门，检查流程，打开相应阀门，栈桥作业人员应将鹤管插入罐车底部，并用石棉被围盖槽车人孔，接好槽车与鹤管静电跨接线，若接收黏油，则接好卸油胶管，需加温时还应接好加温管和回水管；司泵工检查油泵及电气设备等情况，并按规定流程打开阀门（离心泵排出阀仍关闭，待启动泵后再打开），消防员准备好消防器材。启用新管、新罐或经修理后的管、罐前，应检查是否经过严格的质量验收，不用的管道、阀门和主管管头，是否已用盲板堵死。

上述检查完成后，由各作业小组负责人向现场指挥员报告检查结果。尔后，现场指挥员应有重点地进行重核，必须亲自重核以下情况罐区作业人员报告的本次接收油罐编号与作业方案是否一致：司泵工、巡线工报告的输油作业流程及沿途开启阀门与作业方案是否一致。

2. 实施阶段

卸油实施阶段按照下列要求进行：

（1）开泵输油

准备就绪经检查无误后，由现场指挥员下达开泵卸油命令。司泵工按照操作规程，启动油泵，罐区保管工打开接收油罐的罐前阀门，先输送放空罐内油料，然后输送油罐车内油料。罐区保管工应当及时观察并报告油料进入接收油罐的起始时间，由现场值班员进行核实，了解中途是否发生跑油或发生故障。

（2）输油中检查及情况处理

① 司泵工应当严格执行操作规程，密切注视泵、电机、仪表工作情况。

② 指定专人观察油罐车液面下降情况，派专人随时巡查管线、阀门、油罐等有无异常现象，发现问题立即报告，及时处理。必要时停泵关阀进行检查，现场值班员应当随时了解油罐车、接收油罐油面变化情况，推算接收油罐进油量。

③ 油罐车转换操作：当一组油罐车油料快抽完时，适当关小鹤管阀门、同时打开下组油罐车鹤管阀门，听到前组油罐车鹤管口发出进入空气的响声时，迅速关闭鹤管阀门，打开下组油罐车所有鹤管阀门。

④ 接收油罐转换操作：当接收油罐油料装至接近安全高度时，打开下一接收油罐的罐前阀门，当前接收油罐装至安全高度时，迅速关闭罐前阀门，随即打开下一接收油罐的所有罐前阀门。

⑤ 输油作业中遇雷雨、风暴天气，必须停止作业，并盖严罐口，关闭油库密闭门与有关重要阀门，断开有关设备的电源开关。

⑥ 连续作业时，现场指挥员应当组织好各岗位交接班，一般不得中途暂停作业，特殊情况中途停止作业时，必须关闭接收油罐和泵的进出阀门，断开电源开关。盖好罐盖，没有胀油管的输油管线，应将输油管线内的油向放空罐放出一部分，防止因油温升高胀裂管线。

⑦ 因故中间暂时停泵时，必须关闭有关阀门，防止液位差或虹吸作用造成跑油。

⑧ 现场指挥员应当随时了解情况，严密组织指挥，督促检查，严防跑、冒、混、漏油料或其他事故发生，现场指挥员因事临时离开岗位时，由现场值班员临时代替指挥作业。

（3）停输

① 当最后一节油罐车油料即将抽完时，现场指挥员下达准备停泵命令。司泵工接到准备停泵命令后，先慢慢关小排出阀，当真空表指针归零时，迅速关闭排出阀，立即停泵。现场指挥员通知罐区保管员关闭罐前阀门。

② 抽油罐车底油抽扫工作可在作业过程中分别进行或最后集中进行，真空罐内油料应及时抽（放）空。

（4）放空管线

按照吸入管线、输油管线、泵房管组的顺序，依次进行放空。放空时，现场指挥员通知罐区保管工打开输油管线放空阀。司泵工应当密切注意放空罐的油面上升情况，防止溢油。放空完毕，由现场指挥员通知各岗位作业人员关闭所有阀门并上锁。

3. 收尾阶段

卸油收尾阶段按照下列程序和要求进行：

① 待到规定的静置时间后，计量工测量接收油罐、放空罐油高、水高、油温、密度，核算收油数量。

② 作业人员填写本岗位各种作业记录和设备运行记录。现场值班员填写《油料输转收发作业通知单（作业证）》，经现场指挥员签字后，交业务处留存。

③ 各岗位作业人员负责清理本岗位作业现场，整理归放工具，撤收消防器材，擦拭保养各种设备，清扫现场，切断电源，关窗锁门。

④ 运输管理员通知车站调走空油罐车。

⑤ 消防员按机车入库要求，监督机车入库挂车。如是专列卸车，业务处应当在24h内上报空车挂出情况。装运喷气燃料的专列，应对罐车逐车进行铅封。

二、 液压卸槽潜油泵的操作规程

1. 液压卸槽潜油泵的工作原理与操作规程

目前，国内轻质油品卸车主要采用液压潜油泵+管道泵的卸车工艺。液压潜油泵由液压马达和离心泵两大部分组成。卸油主泵为立式、单级、单吸离心泵，泵从轴向吸入轴向排出，吸入口和排出口中心线在同一轴线上，泵出口法兰与鹤管法兰联接，泵采用双涡壳结构来平衡泵运行产生的径向力。泵的叶轮安装在叶片马达的加长轴上，确保泵的运行平稳、可靠。图6－1

所示为 YQY 型液压潜油泵结构图。

液压潜油泵的工作原理是：电机驱动液压泵（一般是滑片泵），液压泵输出的压力油经溢流阀、控制阀，驱动马达带动叶轮旋转；从而使潜油泵正常工作。液压卸槽潜油泵装在鹤管头部；潜没在油液下工作，由于潜油泵的增压作用，使进油管路在正压下输油，消除了鹤管的气阻现象和离心油泵的汽蚀现象。液压潜油泵装置如图 6-2 所示。

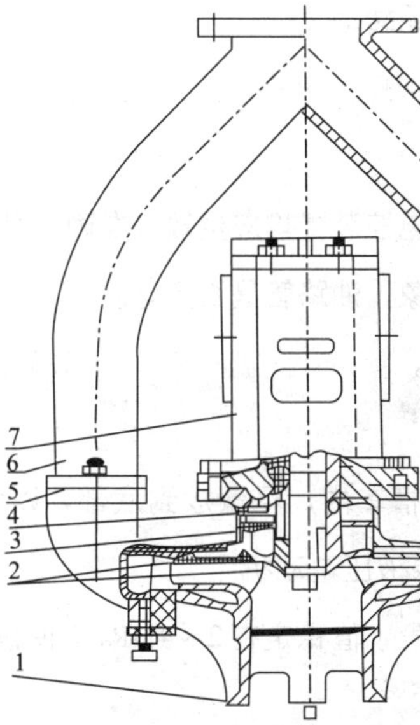

图 6-1　YQY 型液压潜油泵结构图

1—泵盖；2—叶轮；3—轴套；4—机械密封；5—泵体；6—输油管；7—液压马达

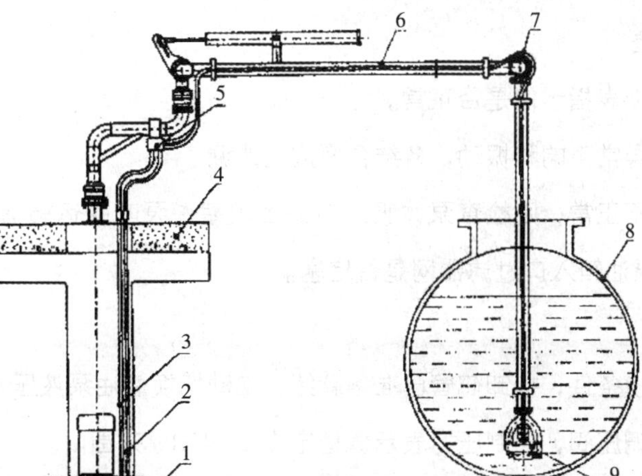

图 6-2　液压潜油泵装置图

1—液压站；2—压油罐；3—回油管；4—栈桥；5—操纵元件；6—鹤管；7—胶管；8—槽车；9—潜油泵

液压站由防爆电机、液压油泵、贮油箱、滤油器、粗过滤网和管路系统组成。安装在Ⅱ类防爆区域（栈桥底或其他相邻区域）；液压操纵控制系统由集成阀体、阀芯、操纵手柄、溢流（安全）阀和联接三通等组成。

2. 液压卸槽潜油泵操作规程

（1）准备工作

① 电压正常，波动不超过额定电压380V的5%；电气开关和设备接地线完好。

② 各固定连接部位应无松动、叶轮转动灵活、泵腔内无工艺介质及杂质。

③ 各润滑部位良好；确认油箱内液压油没有乳化、变质、浑浊现象；液压油箱过滤网清洁、无堵塞。

④ 各指示仪表、安全保护装置及电控装置均应灵敏、准确、可靠。

⑤ 检查调压阀是否完好无异常现象，油路管是否完好。

⑥ 根据作业通知单选定工艺流程。

（2）启动运行

① 将装有该潜油泵的鹤管放入油槽车内，尽量放到底部，以免开机后冲击损坏潜油泵。确认接卸鹤管准备就绪后，启动潜油泵液压电动机。

② 调整潜油泵调压阀，控制压力表示值稳定在2～4MPa之间确认罐车内液面下降正常。

③ 全开鹤管阀门。

④ 严禁关闭排出阀门时启动油泵。

⑤ 严禁油泵在无介质状态下运转。

（3）运行中检查

① 经常观察压力表指示值是否正常。

② 运转中应无异常声响和振动，各结合面应无泄漏。

③ 若发现流量不正常，则检查泵体吸入口是否阻塞，泵叶轮运转有无卡死现象，泵调压阀工作是否正常，泵油箱入口过滤器网是否堵塞。

（4）正常切换

① 确认具备切换条件，接卸鹤管已准备就绪，启动切换潜油泵液压站电动机。

② 调整潜油泵调压阀，控制压力表示值稳定在2～4MPa范围内。

③ 打开切换鹤管阀门，观察油泵油路有无渗漏。

④ 确认切换油泵运转正常。

⑤ 潜油泵切换时，在接卸运行中本着先开后关的原则，执行规程开泵关泵过程；切换过程要密切配合，协调一致，尽量减小离心泵流量和压力的波动，如出现异常应停止切换。

（5）停泵

① 关闭鹤管阀门后，再关闭调节阀。

② 关闭液压站电动机。

③ 检查设备技术状况，并进行擦拭保养，整理归放工具。

④ 填写作业记录，切断电源，关窗锁门。

3. 液压潜油泵故障排除

液压潜油泵常见故障及排除方式如表 6－1 所示。

表 6－1　液压潜油泵常见故障及排除方式

现　　象	故　　障	排除方式
泵不出油	溢流阀控制系统失效或泄漏，油压无法上升	清洗溢流阀或换新
	压油管、溢流阀等液压元件泄漏	查明泄漏原因，堵漏或换新
	滤油器堵塞或油液凝固	清洗或更换
	液压油泵或吸入口有空气	排尽空气
	装置扬程太高不能压出	降低装置扬程
	叶轮反转或停转	改变电机转向或查明停转原因
	叶轮停转或卡住	查明原因，清除卡住物
泵出油量少	泵流道堵塞	清除堵塞物
	液压元件泄漏，工作油压下降	堵漏或更换元件
	滤油器堵塞	清洗或更换
	卸油主泵密封泄漏	更换密封
	液压油泵，液压马达磨损	更换油泵及马达

4. 液压潜油泵维护与保养

（1）液压潜油泵的日常维护与保养

① 平时要爱护液动卸槽潜油泵装置的所有设备，保持机组的清洁，并注意操作安全。还必须作好日常的维护和保养工作，才能有效地发挥泵的良好性能，延长泵组的使用寿命。

② 机组工作时应注意振动、噪声、温升等是否正常；特别是夏天环境温度较高，应多检查油箱内的油温与电动机的温升，运转时电机轴承温升一般不超过70℃。

③ 要定期清洗油箱内的过滤器与滤油器，如发现过滤器与滤油器有破损现象，应及时更换。

④ 应根据使用的频度定期检查油箱内的液压油，若油液不足应及时补充。液压油不清洁，发现有杂质、水分等污染应立即处理或更换。

⑤ 潜油泵如不使用，或较长时间停用，应在马达内部灌入防锈油，外露部分涂防锈油脂，并妥善保存。

⑥ 在寒冷季节，尤其在室外的设备，在停车后应立即做好防冻工作，以防结冰冻裂。

(2) 需停车处理的情况

在使用中发现下列情况时，应立即停车。

① 电动机烧坏，或其中某一相短路，电流偏大或机组发出不正常的响声。

② 机组产生异味或轴承等烧坏。

(3) 操作注意事项

切忌槽车内没有液体，卸油主泵长时间空转，因泵内没有液体卸油主泵空转会造成摩擦副温度升高而烧坏密封。

三、 轻油槽车灌装操作规程

1. 操作前准备工作

① 接到业务科当日装车计划，经油库主任或副主任签批后，交计量室通知有关班组准备装车，并做好记录。

② 槽车入桥对位后，轻油计量室计量工通知有关人员到栈桥作业。

③ 计量工定车号、抄表号、配到站，测量输转罐前尺，并开启输转罐出口阀门，关闭放气阀。

④ 司泵工接到计量通知单后，检查油泵相联接的管组阀门是否处于正常状态。

⑤ 装油工检查栈桥装油设备是否正常，每次作业不得少于3人。

2. 操作程序

① 槽车对位后，装油工、化验人员共同上轻油栈桥。

② 装油工放梯子开车盖，化验人员对槽车进行质量检查。

③ 合格的车辆由化验室下达合格通知单，不合格的车辆随时盖上车盖，拉起梯子。

④ 装油工根据质检通知单将装油鹤管放入车内，并分批开启装油阀门。

⑤ 装油工与泵工组用内线电话或约定信号联系开泵装车。

⑥ 装油结束后，装油工与泵工组及时联系停泵。

⑦ 装油工提出装油鹤管，并将端口放入接油盆内，同时通知计量室计量、施封。

⑧ 装油工与泵工组联系回抽管线存油。

⑨ 装油工封槽车盖，上紧拧牢，螺栓不得少于四个。

⑩ 装油工拉起梯子拴牢，并对栈桥进行全面检查。

⑪ 填写作业记录。

第二节 油船装卸油作业规程

一、 水运收油作业程序

1. 准备阶段

（1）下达任务

① 接到业务部门下达的收油计划后，数质量管理人员拟定收油方案，经油库主任批准后执行。

② 接到正式通知后，油库主任应根据收油方案，明确作业任务（一次接收油品400t以上，油库领导必须到达作业现场。）

③ 由调度室根据收油方案，书面通知相关班组对入库槽车进行计量化验，其他班组做好作业准备。

④ 调度室根据计量、化验结果，下达《油品接卸输转通知单》和操作确认卡，由现场负责人组织实施作业。

（2）接船

根据航运部门的通知，作业人员协助油船做好停靠码头、对准泊位的工作，然后上船索取证件，检查铅封，核对化验单、运号、船号等。根据规定，油船停靠码头时，其他船舶应一律离开。

（3）检查、化验

化验员按规定，逐舱检查油品外观、水分杂质情况，取样进行接收化验。检查和化验结果应当在规定时间内报告调度室。如发现铅封破坏、油品被盗以及油品质量问题，油库应当查明原因，及时处理和上报油库主任。

（4）作业前的检查

① 班组长对作业人员的劳动保护和安全防护情况进行检查。

② 作业人员检查通讯设备，保证各场所通讯畅通。

③ 所发油品的品种、牌号、接收油罐和零位罐内的安全总量。

④ 供水、供电系统情况，作业流程开启正确。

⑤ 消防人员、车辆和消防器材到位情况。

⑥ 连接码头至油船的输油胶管，放置顺畅，留足长度，在通过船舷处搭有跳板或用绳索吊起，以免船体波动造成软管磨损和拉断，同时接好静电接地线。

⑦ 接收油罐的附件运行正常。

⑧ 启用新管道、新油罐或经检修后的管道、油罐收油前，要经过试运行和严格的质量检查。

⑨ 操作确认卡与作业工艺是否符合。

2. 实施阶段

（1）开泵输油

① 准备就绪，经检查无误后，班组长即可通知油船卸油。

② 作业开始后，油船与油库要同时发出作业信号，油船开泵输油。

（2）输油中的检查及情况处理

① 巡检人员对作业工艺相关设备进行重点巡查，发现问题，立即报告，及时处理，必要时停泵关阀进行检查。

② 指定专人观察油舱液面上升情况，如发现油面不上升，或有异常现象时，立即报告，及时处理。

③ 作业人员应坚守岗位，加强联系，与油船密切协同。油库油泵与油船油泵串联工作时，司泵员应当不断观察油泵压力、真空表指示和运转情况，做到同油船油泵协同一致。

④ 接收油船转换操作：当一组油罐车油品快抽完时，适当关小栈桥控制阀门，按照完成一辆开启一辆的原则，进行罐车转换。作业中应防止鹤管进气。

⑤ 输油作业中遇大风、大浪和雷雨天气时，油库应与船方商定停止作业。

⑥ 连续作业时，各班组应组织好各岗位交接班。一般不得中途停止作业，特殊情况中途停止作业时，必须关闭接收油罐和泵的进出阀门，断开电源开关，盖好罐盖。并对主管线卸压。

⑦ 各班组指挥人员临时离开岗位时，应临时指定替代人员指挥作业。

（3）停输

① 当作业即将结束时，班组长下达准备停泵命令。作业人员接到准备停泵命令后，按泵的操作规程停泵，班组长通知罐区作业人员关闭罐前阀门。

② 槽车底油抽扫工作可分散进行或最后集中进行，真空罐内的油品应及时抽空。

3. 收尾阶段

（1）放空管线

按照吸入管线、输油管线、泵房管组顺序，依次进行放空。

（2）收尾工作

① 收油罐待到规定的静置时间后，计量员按规定进行计量，核算收油数量。

② 作业人员填写记录。

③ 现场作业人员清理作业现场。

④ 通知调度室卸船完毕。

⑤ 调度室通知调走空油船。

二、 水运发油作业程序

1. 准备阶段

（1）发油准备

① 根据业务部门开出的发油凭证，于油船靠码头前做好各项准备工作。

② 库领导根据发出油料的品名和数量，召集有关部门人员，研究确定作业方案，明确交待任务，提出注意事项，严密组织分工，并指定现场值班员。

③ 接到油船靠码头的通知后，码头上的其他船舶应一律离开。协助油船靠好码头，对准泊位。

④ 派出人员上船了解油船性能和设备是否符合所运油料防爆等级要求，若不符合，应及时报告上级油料部门，并拒绝装油。

⑤ 按油船洗刷标准及验收方法，对油舱进行检查，不合格者，应立即请船方洗舱。

⑥ 油船同时装运两种以上不同牌号的油料时，应督促船方认真检查隔舱，防止串油。

⑦ 油船性能与设备符合所运油料防爆等级，油舱经检验符合要求后，即可会同船方商定作业方案和装油时间。

⑧ 现场值班员向参加作业人员交待任务，提出要求。

（2）作业前的检查准备

① 根据“发陈存新”的原则，结合质量情况，提出发油罐号。

② 测量发油罐内的存油数量，检查罐底油料，及时排出水分、杂质，不得将水分、杂质发出。

③ 检查通信联络，布置消防和警戒。

④ 根据作业流程，检查所用输油管线，开启沿线有关阀门，并检查其他有关阀门，以防串油。

⑤ 检查电气设备是否准备就绪，静电接地是否良好。

⑥ 发出油料需启动油泵加压时，按照油泵启动前的准备工作，认真进行操作和检查，确

认可靠无误时，才能使用。

⑦ 发油前，一定要先开启油罐呼吸管阀门，放尽呼吸管内的冷凝水（油），并检查呼吸管是否畅通。

⑧ 连接码头至油船的软管，应放置顺畅，留足长度，在通过船舷处，应搭设跳板或用绳索吊起，不得放在栏杆上，以免因船体上下波动将软管磨损或拉断。同时接好静电接地线。

2. 实施阶段

（1）开泵输油

各项准备工作完成后，作业人员应向班长报告，经检查确认完好无误，方可通知打开阀门，开泵输油。

（2）发油作业

① 作业开始，油船、油库要同时发出作业信号，白天一般用旗语，夜间用红、绿灯或电话联系。双方始终应按规定的信号严格操作。

② 所有参加作业人员必须严格执行各项操作规程，要由专人负责设备运转、启闭阀门、巡查输油管线等。

③ 油船装油软管一般应连接在油舱进油管口上，若必须从舱口装油时，软管口应始终保持在液面以下，以减少静电的产生和油料挥发。

④ 作业人员应严守岗位，加强联系，现场值班员要随时了解各岗位上的情况，掌握全局，组织指挥，督促检查。遇到不正常情况，应立即停止输油，仔细检查，找出原因，正确处理后方可继续作业。

⑤ 保管员应随时注意观察油罐液面下降情况，当油罐内的油料接近输完时，应及时开启下一个油罐阀门，关闭空罐阀门，以免油泵空转，造成磨损。

⑥ 连续作业时，现场值班员要组织好交接班。一般不得中途停止作业，必须停止作业时，应先停泵，断开电源开关，然后关闭油罐阀门。

⑦ 遇到大风、大浪或雷雨影响安全时，应与油船商定停止作业。

⑧ 输油中，加强与油船的联系，及时通报输油的数量，会同油船人员注意观察油舱液面上升高度，核对发油数量，防止中途跑油。

⑨ 输油完毕后，撤收软管，密封管口，放回原处。收回静电接地线。铅封油舱。

⑩ 测量发油数量，填写收发证件，附上油料化验单（化验结果应在有效期内）。

3. 收尾阶段

① 作业结束后，应放空输油管线内的存油，若专设一条收发油管时，可不放空，设有胀油管或作部分放空。

② 关闭有关阀门，关键阀门加锁。拧紧孔盖，加好铅封。

③ 断开电源开关，检查、擦拭油泵，清点整理工具。

④ 解除消防部署，撤收消防器材。

⑤ 记录作业情况，填写设备运转登记簿。

⑥ 现场值班员进行讲评，并向库领导汇报，同时上报有关部门，调走油船。

第三节 公路发油操作规程

一、汽车油罐车上部装车程序

汽车油罐车上部装车操作步骤一般总结为装车操作十步法。

第一步 停稳车、放限位、接静电接地。

① 油罐车沿正确行车线路停到监护人员指定的鹤位，停车熄火，拉好手刹。

② 将汽车限位块正确放置于车轮下，检查罐车放油口阀门已关闭无泄漏，打上铅封。

③ 取下台下静电接地夹，夹在槽车静电端排上，确认无“滴、滴、滴”的静电接地报警声。

④ 如有报警声，取下静电接地夹，消除端排上的污物再夹上静电接地夹，如继续报警通知巡检人员。

第二步 登平台、上槽车、开槽车罐口。

① 手扶栏杆登上操作平台，登台时不准戴手套，以便将身上的静电通过栏杆上的静电释放器释放掉，并避免手套油污污染扶手。

② 登台后放下油梯，确认油梯和槽车罐顶接触牢固，通过油梯登上罐顶解除罐口铅封，打开罐口盖。

③ 拆下的铅封不得随意丢弃，放到操作台挡风板处。

第三步 倒油桶、插鹤管、检查放空阀。

① 通过油梯回到操作平台拔出鹤管定位销，回到罐顶摘除接油桶将桶内残油倒入罐车。

② 将装车鹤管垂直插入罐车底部≤20cm 处，并将鹤管锁死；如鹤管无法垂直插入，应拔出复位，重新调整车辆至正确位置，方可重新插入鹤管。

③ 检查放空阀是否处于完全关闭状态，并确认；完全关闭时放空阀手柄为水平位。

第四步　对单据、输密码、输入装车量。

① 通过油梯回到操作平台核对装车单，在批量控制器上输入装车单上的 6 位密码，按下确认键。

② 密码输入错误时会出现“验证未通过”字样，需重新输入。

③ 正确输入密码后显示画面切换到装车量输入界面，输入装车单上标注的正确装车量（如：45t 就输入 45），按下确认键。

第五步　开阀门、看流量、观察压力表。

① 打开球阀。球阀全开位置手柄和管线为平行位置（各装车台位第一辆车装车时要先打开闸阀，再打开球阀。）

② 初始装车时，司机要查看流量计显示的流量，一般初始时流量值在 50 以下，如果出现忽高忽低的现象应立即向监护人员汇报。

③ 查看压力表数值是否在正常范围内（压力表指针在红色标识以内为正常）；如有异常应立即向监护人员汇报。

第六步　上罐车、勤检查、不离装车口。

① 流量、压力确认正常后通过油梯上罐车顶。

② 检查罐车装油情况，确定槽罐无泄漏，装油口无喷溅现象。

③ 装车期间不得擅自远离装油口，如有特殊情况需离开要请示巡检人员，得到同意后方可离开。

第七步　快满时、慢关阀、防止装过量。

① 在装油口观察油品快装满（预设量 95%，罐内油品液位在罐口下约 0.30m）时，球阀关至 50%。

② 通过油梯上罐顶，查看罐内液位，防止批控器出现错误信号导致显示量和实际装车量不符造成装车冒罐事故。

③ 罐车装满后，立刻关闭球阀；球阀全关位置手柄垂直于管线（各装车台位最后一辆车的司机装完后要关闭闸阀）。

第八步　开放空、提鹤管、盖上罐车口。

① 打开放空阀，将鹤管内残留油品放入槽车内。

② 油品放空后缓慢提起鹤管，当鹤管离开进油口时挂上小桶，关闭放空阀，将鹤管恢复原位并插入保险销。

③ 盖上罐车口，打好铅封。

第九步　下平台、除接地、移除限位块。

① 装车结束后司机沿台梯下平台，下平台时不得戴手套。

② 取下夹在槽车上的静电接地夹，夹在装车台静电端排上，确认无“滴、滴、滴”的静电接地报警声。

③ 如有报警声，取下静电接地夹，消除端排上的污物再夹上静电接地夹，如继续报警通知巡检人员。

④ 移除汽车限位块并放回原位。

第十步　松手刹、慢起步、装车作业完。

① 司机上车，松开手刹。

② 打着火后要缓慢起步，不能猛加油门。

③ 按正确线路离开装车台，装车结束。

二、　下装发油系统构成及主要设备

1. 下装发油系统构成

下装发油系统主要包括液相管路系统、气相系统和自动发油系统。液相管路系统主要包括油泵、消气过滤器、流量计、温度计、分段式电液阀、恒流阀、紧急切断阀和下装鹤管；气相系统是指将受油槽车内气体经气相鹤管通至油气回收系统的管路系统；自动发油系统一般由验卡开票微机、控制微机或 PLC、数据远传设备、数据（信号）线、发油台操作面板或其他控制设备组成。整个系统可同时控制多路同时发油。现场仪表主要包括流量计、温度计、分段式电液阀、防静电接地装置、防溢油探头、现场外部显示器等构成。软件有发油控制和验卡开票系统。

防静电装置是排除静电的装置，由静电夹子、导线和接地极组成。在自动发油系统中与控制系统联动。

自动发油系统原理是通过发油现场一次仪表把实时油品体积流量、油罐车接地电阻（防静电联锁装置）、液位报警装置（防溢油探头）等参数传送到控制机，控制机根据采集到的信息，综合预置的油品密度、应发油品体积总量对灌装执行设备进行控制。如果系统采用质量流量计则以质量为主要参数实行控制。

2. 电液阀的工作原理与使用

电液阀是一种对装车流量进行自动控制的阀门。目前国内主要使用的是 BFDY 型数控电液阀，该阀是一种软活塞结构电液阀，与微机配合，可对流量进行无级多段调节控制。其特点在于适用范围广，具有优异的恒流与多段控制功能，线性控制优异，等速响应可调，高流量时低压降小流量可稳定的控制在每一秒一升一下，具有恒流量功能。能很好地解决过冲问题，消除水击现象。

BFDY 型系列电液阀结构如图6-3所示，它由一个主阀和常开（N. O）和常闭（N. C）两个电磁阀组成，电磁阀分别安装在主阀的进油回路和出油回路中，用于控制主阀的动作，当两电磁阀通电时，进油孔（上游阀）回路关闭，先导孔（下游阀）回路打开，活塞上腔泄压，活塞上行，主阀打开。反之，活塞下行，主阀关闭。在主阀开启和关闭过程中，可将流量（流速）信号及阀塞位置信号传送给计算机，经过计算机处理后发出相应的指令，控制两个电磁导阀的通、断电状态，使活塞的上下腔的液压差产生变化，从而将活塞控制在所需的开启度上，实现对管道介质流量的控制。

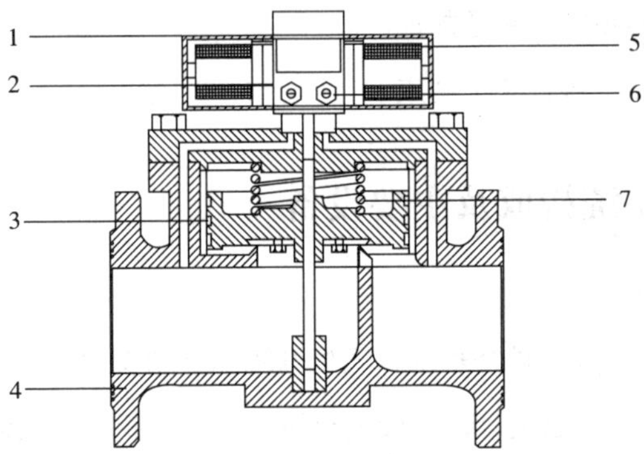

图6-3　BFDY 型系列电液阀结构图

1—隔爆电磁头；2—控制部分；3—活塞；4—阀体；5—电磁线圈；6—流量调节阀；7—弹簧

3. 消气过滤器

消气过滤器是为流量计配套设计的产品，其作用是保证流量计的计量精度，延长其使用寿命，它将过滤与消气合二为一，既节约了材料又便于安装，广泛应用于成品油计量系统。

其工作原理：当成品油从进口流入后，通过安置在筒里的过滤网，将固体杂质去除，液体通过过滤网组件时，改变液体流动方向，使油品中的自由气体和部分溶解气体充分跑出，气体上升至分离器顶部，形成气体空间，出现油气界面。随着气体增加压力增大体积加大，油气界面下降，当下降到一定程度时，浮球装置动作，打开气阀使气体排除，油气界面上升，气体空间缩小浮球装置动作，关闭排气阀，完成一次排气。这样通过消气过滤器的介质就达到了油、气、固三者分离的目的。LPG 系列消气过滤器结构如图6-4所示。

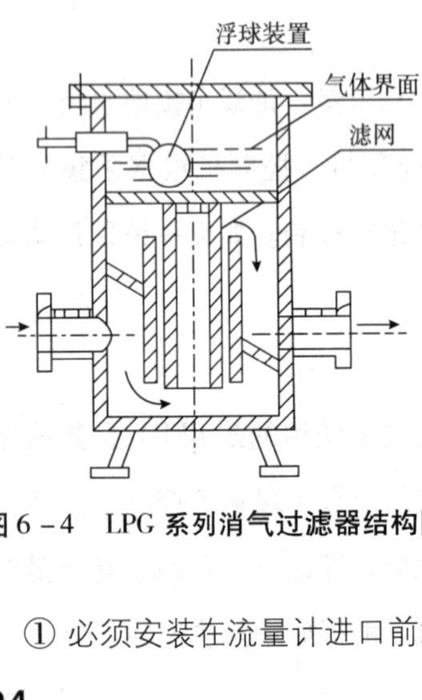

图6-4　LPG 系列消气过滤器结构图

消气过滤器使用注意事项如下：

① 必须安装在流量计进口前端，要注意安装方向，不得装反；

② 必须保证竖直安装，以免浮球装置不便工作；

③ 使用过程中，有时会出现随气体跑出的油气，属于正常现象；

④ 必须定期清洗过滤网。

三、 汽车下装发油程序

1. 进入发油区的资质与安全检查

拉油车辆进入发油区，首先核对人员和车辆资质，检查道路运输证、灌装证、容积表等是否有效；同时进行安全检查，主要包括：防火罩、静电接地和灭火器是否齐全；留存手机、火种；检查反向铅封是否完好并与单据所记号吻合。确认无误放行，允许车辆驶入自动门禁前，进入验卡场所。

2. 验票验卡（核对）

由验卡员复核道路运输证、灌装证、提油车辆（车辆行驶证、容积表）和司运人员资证（身份证、驾驶证和危货驾驶证）等相关证件。检验票据真实性和提油信息（规格、数量）；核对提油品种、数量与罐车是否匹配；刷配送卡，输入密码，核对提油卡信息（车号、票号、吨数）。验卡前应核对行驶证核定载质量，特别是多仓车，要注意各个仓的差异，以防车辆超载。核对无误后，定货位打印付油清单并签字，同时六联加盖验卡章。司运人员领取付油清单，到门禁系统刷卡，确认信息。门禁系统自动核对信息，正确后抬杆放行。

3. 装车前的准备

引车入位（部分油库不设），车辆停稳后，关闭汽车引擎，拔下钥匙把钥匙挂在挡车车牌上；检查罐车是否合格；确认车辆防火帽关闭；确认其他卸油口端盖盖紧，无渗油；确认静电拖地带有效接地；发油员检查反向铅封单所提油品是否与本次提油品种相同，品种不符，禁止发油；然后剪断铅封（注意把废铅封放到专用容器中，禁止乱扔），打开边箱；从发油鹤管上取下防静电、防溢油插头，拿到边箱接好防静电、防溢油插头。

4. 装车

从固定装置上拔下油气回收鹤管，移动至油罐车边箱，连接油气回收鹤管；同样从固定装置上拔下发油鹤管并与油罐车连接好；再次检查防静电与防溢油插头、油气回收鹤管和发油鹤管连接妥当；打开干式切断阀；到批量控制器读卡并核对品种、数量、油位等信息，确认后开始装车。装车过程中司运人员及发货员不得远离油罐车，发货员注意快速接头有无渗漏。

5. 收尾工作

关阀停泵或联系泵房停泵；打开排气阀，缓慢抽取鹤管；封好罐车口盖，静置 2min 后，防静电、防溢油插头归位，收整设备；检查设备有无泄漏，罐车、地面有无余油；施加铅封，把铅封拉紧，上装车稳油后测量油高，发油员记发油原始记录，与司机双方确认，验收签字；

通知司机将罐车驶出；做好装车记录。

6. 发油注意事项

① 严禁汽车油罐车装油时不有效连接静电接地线和防溢油装置作业；

② 严禁汽车油罐车装完油品后不按规定对油罐车加设铅封；

③ 严禁验卡或发货人员擅自更改控制机设置的参数；

④ 禁止雷雨大风天发油作业；

⑤ 禁止高温天气作业；

⑥ 禁止手续不全发油作业；

⑦ 禁止在作业现场维修车辆。

四、 发油应急处理

1. 汽车罐车底阀跑油

原因主要有：灌装前未关闭底阀；底阀未关严；底阀关不严；底阀破损；人为破坏等。

处理方法：

① 停止作业，关闭阀门、切断电源并上报；

② 如果是底阀未关或未全关，立即关闭底阀；

③ 如果是底阀关不严泄漏，待处理好后再进行充装作业；

④ 如果底阀处理不好，需封堵阀门，不能再进行充装作业；

⑤ 检测作业现场的油气浓度；回收、封堵现场油品；跑油较多时，立即启动应急预案。

2. 汽车装车管线跑油

原因主要有：误操作造成憋压；管线腐蚀严重；管线压力超过使用规定；装油管线连接不牢；管线法兰损坏或阀门损坏；装车时监护人离开现场；装车时未压紧鹤管。

处理方法：

① 停止作业，关闭阀门、切断电源并上报；

② 属管线法兰损坏或阀门损坏，停止发油，扫线合格后进行更换；

③ 如条件不允许，联系专业检修人员带压堵漏；

④ 属管线腐蚀穿孔或破裂，应吹扫净管线存油，加好开口盲板，再用蒸汽吹扫，补焊或更换管线；

⑤ 装车时未压紧鹤管跑油，应压紧鹤管，检测作业现场的油气浓度；

⑥ 回收、封堵现场油品；

⑦ 跑油较多时，立即启动应急预案。

第四节 管道收油作业程序

一、收油准备

油库接到分输站输油指令后，应及时与分输站取得联系，核实输油指令，安排计量员做好收油罐前尺计量和查抄分输站流量计起数，并将相关数据反馈到中控室，中控室及时向值班负责人报告相关数据和情况。

值班负责人根据确认的输油时间、参数，计量员反馈的数据和油罐动态等情况，向各作业班组下达收油作业通知和《操作确认卡》。

进库总阀室值班员开启进库第一道阀门，收油作业人员根据分输时间预先开启总阀室至收油罐管线的相关阀门（开启前须先关闭相关旁通阀门），经确认后将工艺准备情况报告中控室，中控室及时通报分输站。

二、收油作业

中控室接到分输站开始输油通知后，及时报告值班负责人，值班负责人通知各岗位人员按操作规程作业。

在输油过程中，值班员对进库总阀室进行监控，观察压力表、流量计是否正常，随时与油库中心控制室保持联系，定时向中控室报告输油参数（压力、流量），发现超压、泄漏等情况及时通知中控室，中控室立即报告分输站，按分输站反馈意见做好应急处理；化验员按规定采样、化验，若油品质量指标出现异常，通过中控室立即与分输站取得联系，协商采取相应措施（或停输）；油库作业人员对阀门的开启状况、油罐的进油情况进行全过程监控；油库巡检员定时对分支及库内输油管线进行巡检，发现异常情况，及时报告中控室，按预案做好应急处理。各岗位人员按要求做好相关记录。

若同一条管线输送几种不同品种的油品时，需采用油顶油顺序输送。在输油过程中，须注意及时切换输入油罐，计量员应提前报告现场负责人，现场负责人根据输油计划、工艺流程等下达油罐切换指令，通知中控室及现场作业人员，作业人员按指令先开启拟输入罐阀门后再关闭现输入罐阀门。

三、 收油结束

中控室接到分输站停输指令后，通知作业人员停止作业。作业人员先关闭进库第一道阀门，再关闭相关阀门，做好各作业设备（施）复位，填写相关记录。

油库计量员应在输油作业停止前预先到达分输站，停止输油时会同分输站、发货方计量员现场查抄分输站流量计止数，核算本批次输油数量，由三方计量员签字确认后办理数量交接手续。

计量员按规程对输入罐进行后尺计量，核算出本批次实收数量，与分输站输油数量核对，计算本次输油损耗量，如输油损耗量超差（0.2%）时，应查明原因，按油品损耗管理相关规定办理索赔手续，并将索赔手续上报主管部门。

第五节 常见生产事故

油库日常生产运营，尤其是收发油过程中经常发生各种事故。最常见事故有油罐溢油、跑油和管线串油。

一、 溢油事故

溢油，又称冒罐，属于责任事故，其主要原因是计量失误或油泵工作（输转）时间过长，油罐内油品超过安全储量，油品从泡沫发生器、呼吸阀等处溢出，内浮顶油罐可从罐壁通气孔溢出，当浮顶进入上止点后，油泵继续输转将导致沉顶事故。江苏省某炼化厂因司泵等有关人员严重失职，油泵输转时间过长，使油品从油罐呼吸阀处溢出，油气在油罐区附近蔓延。油罐区外的明火引爆油气造成火灾，发生特大事故。防止溢油事故的发生，要加强操作人员的工作责任心教育，严格遵守岗位操作规程。一旦发现溢油事故，应立即停止油泵输转作业，检查油罐区水封井、阀门是否可靠关闭，事故现场不得有任何产生火花的操作。记住：在所有上述动作之前（同时），千万别忘了打报警电话。

例子：1998 年 5 月的一天，某加油站计量员因事外出。这时，油库送来 90#汽油 11425L。加油站负责人便让一位加油员测量卸油油罐液高，结果在卸油过程中发生溢油事故，损失汽油超过 500L，造成加油站停业 5h。事故原因为计量员在测量此罐液高时误把 1393mm 读为 1193mm。液高 1393mm，油罐可卸油容量为 10298L；液高 1193mm 时，油罐可卸油容量为 12742L。用 10298L 的容量去接卸 11425L，结果造成溢油事故。

二、油品跑油、串油

1. 跑油

① 油罐切水口或管线低点排空跑油时，应立即关闭跑油阀门，如阀关不严，可堵盲板。

② 管线法兰垫片损坏或阀门损坏跑油时，联系有关单位，停止输送油品，并扫线或用泵抽出管线之存油，进行更换。

③ 管线焊口漏或因腐蚀穿孔时，应停止送油，轻者可打卡子或砸入铅块，重者处理管线后检修。

④ 罐根阀门损坏时，有卷扬机式起落管的，可将起落管抬至油面以上，进行抢修；无起落管的，可迅速向罐内打水，提高油位，进行抢修。

切水阀门损坏时，应尽快将油品移动到其他油罐至切水阀门以下，进行更换。如条件不允许时，可打水抬高油位进行抢修。

油罐底渗油不严重时，可打水垫高水层，作暂时处理。

如渗漏严重时，打水垫高水层，将油品移出检修。

罐壁穿孔渗油不严重时，可砸铅或木楔，作暂时处理，严重者将油品移出检修。

油罐加热管漏油时，可将加热管蒸汽入口堵盲板，如出口阀漏，也要堵盲板。

2. 串油

查明原因，关闭串油阀门，联系有关岗位。必要时须经化验质量后，研究处理。

油罐抽瘪：

蒸汽扫线时，大量蒸汽进入油罐，当检尺口及上人孔关闭，透气阀失方法同上。

三、油罐突沸

1. 突沸原因

重质油罐收油或加热时，如罐内温度超过100℃，使罐底存水沸腾而大量汽化，由于黏度高，使汽化之蒸汽不能迅速通过油层而排出，造成突沸。

轻者使罐内重质油品产生大量泡沫，油位上升。重者可冲破油罐，使大量油品喷出罐外，造成重大损失。

2. 预防方法

严格执行操作规程，经常切除罐底存水，收油或加热温度不能超过100℃（当渣油温度超过100℃时，应进无水油罐），密切注意油面上升情况，当发现油面突然发生大幅度波动时，应及时查明原因，如产生突沸应迅速处理。

3. 处理方法

突沸在没有冲破油罐前（只产生大量泡沫），可迅速停止收油或加热。有条件时，可从空线打入轻质冷油（轻柴油或灯油），降低温度，消灭突沸现象。如有油喷出时，除采用上述方法外，将油用土挡好，防止蔓延。

实操项目一　扫铁路槽车舱内底油

1. 考试要求

（1）必须穿戴劳动保护用品。

（2）必备的工具、用具准备齐全。

（3）考试前统一抽签，按抽签顺序对考生进行考试。

（4）符合安全、文明生产。

2. 准备要求

（1）材料准备。

序　号	名　称	规　格	数　量	备　注
1	安全帽		1 顶	
2	工作服		1 套	
3	棉手套		1 副	
4	静电接地线		2 根	
5	作业票		1 套	
6	操作卡		1 份	

（2）设备准备。

序　号	名　称	规　格	数　量	备　注
1	铁路槽车卸车鹤管		1 个	
2	铁路槽车		1 辆	
3	扫舱泵		1 台	
4	真空泵		1 台	
5	真空罐		1 座	
6	管路		若干	
7	油罐		1 座	

（3）工具准备。

序　号	名　称	规　格	数　量	备　注
1	F 扳手		1 把	

3. 操作程序说明

（1）准备工作。

（2）铁路槽车扫舱前的准备工作。

（3）铁路槽车扫舱操作。

（4）铁路槽车扫舱后设备复位。

（5）做到工完、料净、场地清。

（6）填写记录。

4. 考试规定说明

（1）如操作违章，将停止考试。

（2）考试采用 100 分制，扣分标准按各单项分值扣完为止，然后按鉴定比重进行折算。

（3）考试方式说明：该项目为实际操作题，考试过程按评分标准及操作过程进行评分。

（4）测试技能说明：本项目主要测试考生对铁路槽车扫舱操作程序掌握的程度。

5. 考试时限

（1）准备时间：5min（不计入考试时间）。

（2）正式操作时间：25min。

（3）提前完成操作不加分，超时操作按规定标准评分。

6. 评分记录表

序号	考试内容	评分要素	配分	评分标准	检测结果	扣分	得分	备注
1	准备工作	着装、戴安全帽	3	不整洁、不规范、缺扣、没系扣各扣 1 分（小翻领、拉链服除外）				
		工具、用具准备	2	工具、用具选择不正确一件扣 1 分				

续表

序号	考试内容	评分要素	配分	评分标准	检测结果	扣分	得分	备注
2	扫舱准备	离心泵卸油	5	离心泵卸油未尽扣5分				
		接好静电跨接夹，连接好扫舱软管	8	未接好静电跨接夹扣8分				
			7	先接扫舱软管后接静电跨接夹扣7分				
			5	未连接好扫舱软管扣5分				
		通知泵房岗位改好扫舱进油流程	8	未先通知泵房岗位改好扫舱进油流程扣8分				
3	扫舱	启动扫舱泵或真空泵	7	未启动扫舱泵或真空泵扣7分				
		打开扫舱管线闸阀	6	未打开扫舱管线闸阀扣6分				
		开启扫舱球阀	4	无真空度时开阀扣4分				
		检查扫舱软管	5	扫舱软管漏油扣5分				
4	设备复位	扫舱完毕，停泵关好扫舱阀门，通知泵房关好扫舱流程	5	未扫净罐车及软管内的余油扣5分				
			5	未通知泵房关好扫舱流程扣5分				
		盖好罐车口盖，拆开扫舱软管，撤除静电接地线，收整设备	8	先撤除静电接地线，再盖好罐车口盖，拆开扫舱软管，顺序不对扣8分				
5	清理现场	检查设备无泄漏，槽车、地面无余油，通知铁路方拖车出库	8	未检查设备泄漏扣8分				
			4	未通知铁路方拖车扣4分				
6	记录	做好扫舱记录	5	未做扫舱记录扣5分				
7	使用工具	正确使用工具	2	工具使用不正确扣2分				
		正确维护工具	3	工具乱摆、乱放扣3分				
8	安全文明操作	按国家或企业颁发的有关安全规定执行操作		违规操作1次从总分中扣5分；严重违规者取消考试资格				
9	考试时限	在规定时间内完成操作		每超时1min从总分中扣除5分，超时3min停止操作				
		合计	100					

考评员：　　　　核分员：　　　　年　月　日

实操项目二　操作下装输油臂发油

1. 考试要求

（1）必须穿戴劳动保护用品。

（2）必备的工具、用具准备齐全。

（3）考试前统一抽签，按抽签顺序对考生进行考试。

（4）符合安全、文明生产。

2. 准备要求

（1）材料准备。

序　号	名　称	规　格	数　量	备　注
1	棉手套		5 副	
2	棉纱或棉布		若干	
3	人体静电释放器		1 个	
4	夹板	A4	4 个	考评员席 3 个、操作席 1 个
5	黑色签字笔	0. 5mm	2 支	
6	红色签字笔	0. 5mm	3 支	备用 3 支笔芯
7	秒表		1 支	
8	桌（椅）	木质	5 套	
9	字纸篓	塑料	2 个	
10	桌牌		2 个	考评员席、操作席

（2）设备准备。

序　号	名　称	规　格	数　量	备　注
1	下装输油臂		1 台	
2	汽车罐车		1 辆	（油罐车）

（3）工具准备。

序　号	名　称	规　格	数　量	备　注
1	螺丝刀	200mm	1 把	防爆（铜质）
2	活动扳手	250mm	1 把	
3	工具箱（包）		1 个	

3. 操作程序说明

（1）准备工作。

（2）装车前准备。

（3）发油操作及监控。

（4）灌装完毕复核与设备复位。

4. 考试规定说明

（1）如操作违章，将停止考试。

（2）考试采用100分制，扣分标准按各单项分值扣完为止，然后按鉴定比重进行折算。

（3）考试方式说明：该项目为实际操作题，考试过程按评分标准及操作过程进行评分。

（4）测试技能说明：本项目主要测试考生对下装输油臂发油操作的熟练程度。

5. 考试时限

（1）准备时间：5min（不计入考试时间）。

（2）正式操作时间：20min。

（3）提前完成操作不加分，超时操作按规定标准评分。

6. 评分记录表

序号	考试内容	评分要素	配分	评分标准	检测结果	扣分	得分	备注
1	准备工作	着装	1	不整洁、不规范、没系扣各扣1分（小翻领、拉链服除外）				
		戴手套、安全帽	2	未戴各扣1分				
		工具、用具准备	2	工具、用具选择不正确一件扣1分				
2	装车前的准备工作	引导车辆	3	未正确引导车辆扣3分				
		放警示墩	3	未按规定放置警示墩扣3分				
		接油气回收接口	3	未检查连接是否完好扣3分				
		接防溢及静电检测接口	8	未正确连接扣3分；指示灯指示不正确继续作业扣5分				
		复核《油料灌装单》的数量、品名规格和清净剂等数据及检查车辆罐内余油与现装油品是否一致	8	未复核相关票据扣5分；未检查罐车内余油情况扣3分				

续表

序号	考试内容	评分要素	配分	评分标准	检测结果	扣分	得分	备注
2	装车前的准备工作	连接输油臂	8	未按要求连接好输油臂扣3分，连接错误未重新连接扣5分				
		开启油罐车底阀和排放阀	7	未按正确方法开启扣7分				
3	发油操作及监控	输入密码，启动油泵	6	输入不正确扣6分				
		装油过程中时刻监视装载计算机和现场，发现问题及时处理	10	未监视仪器仪表指示是否正常和现场情况扣6分，发现问题未正确处理扣4分				
4	灌装完毕复核及设备归位	确认流量表止数与《油料灌装单》上止数一致	5	未确认扣5分				
		交还（油料灌装单）	10	未交还扣5分				
		复位输油臂、防溢出及静电检测气体接头，油气回收接口	9	漏复位一项设备扣3分				
		装车施封，移警示墩；引导车辆离开	10	未对车辆施封扣4分				
				未移开警示墩扣3分				
				未引导车辆离开扣3分				
5	使用工具	正确使用工具	2	工具使用不正确扣2分				
		正确维护工具	3	工具、器具乱摆、乱放扣3分				
6	安全文明操作	按国家或企业颁发的有关安全规定执行操作		违规操作1次从总分中扣5分；严重违规者取消考试资格				
7	考试时限	在规定时间内完成操作		每超时1min从总分中扣除5分，超时3min停止操作			—	
	合计		100					

考评员： 核分员： 年 月 日

附录一　某油库油罐开工规程【摘录】

图示		
[ ] —操作	[ ] —同时操作	M—班长
( ) —确认	[ ]	I—中心控制室操作员
〈 〉—安全		P—现场操作员

1　开工统筹图（略）

2　开工纲要

（A 级）

初始状态 S_0 油罐检修完毕，验收合格交付确认

2.1　进油前检查

稳定状态 S_1 具备进油条件

2.2　开启进油流程、联系进油

稳定状态 S_2 初始进油状态

2.3　进油检查

稳定状态 S_3 正常进油状态

2.4 进油监控

最终状态 F_S 油罐收油完毕

3 开工操作

(B级)

初始状态 S_0 油罐检修完毕，验收合格交付确认

3.1 进油前检查

(P) —油罐收油罐前阀门盲板已拆除
(P) —油罐发油罐前阀门盲板已拆除
(P) —油罐罐底抽油线阀门盲板已拆除
(P) —油罐液位仪处于正常稳定状态
(P) —阀门操作灵活

稳定状态 S_1 具备进油条件

3.2 开启进油流程、联系进油

[P] —联系调度确定收油流程
[P] —开启收油集合管和中间阀门
[P] —开启收油罐前阀门
[P] —联系启泵收油

稳定状态 S_2 初始进油状态

3.3 进油检查

(P) —油罐排污孔、人孔无泄漏
(P) —油罐罐体无泄漏
(P) —油罐液位仪指示正确
[P] —观测液位仪指示情况
[P] —随时确认收油量
(P) —油罐浮盘升起
(P) —油罐浮盘运行平稳
(P) —油罐收油液位超过加热盘管500mm

［P］—根据实际情况投用油罐加热器
［P］—调节油罐温度
（P）—油罐温度符合要求
（P）—油罐压力符合规定（压力容器）

稳定状态 S_3 正常进油状态

3.4 进油监控

［P］—调节油罐温度
（P）—油罐温度符合要求
［P］—检尺
［P］—向调度汇报液位
［P］—收油任务完成
［P］—联系调度汇报收油任务完成
［P］—关罐收油集合管阀门
［P］—油品静置

注意： 轻质油需 15min、重质油 30min

［P］—检油罐油尺
［P］—测油罐油温
［P］—计算油罐油量
［P］—罐前阀门关闭

最终状态 F_S 油罐收油完毕

（P）—确认罐前收油阀门关闭
（P）—油罐液位稳定
（P）—油罐温度符合要求
（P）—油罐人孔、排污孔无泄漏
（P）—油罐罐体无泄漏
（P）—阀门无泄漏
（P）—大气排空阀无泄漏（压力容器）
（P）—安全阀无泄漏（压力容器）
（P）—平压线罐根阀已开（压力容器）

4 开工操作说明

（C级）

4.1 进油前检查

投用前应有专人负责对油罐各附件逐项检查落实（如量油孔铅皮、静电接地线等），保证附件齐全。

4.2 进油检查

进油时要注意检查人孔、脱水阀、管线阀门连接处和焊缝处有无渗漏现象，罐体有无变形和异常问题。

4.3 进油监控

（1）在进油过程中，发现异常情况应及时采取措施进行处理，同时报告班长、调度和基层部站，能够解决的问题要及时解决并详细记录。

（2）油罐经过进出油2~3次，确定所有结构正常后，即可转入正常生产使用。

附录二　某油库管线投用开工规程【摘录】

1　开工统筹图

2　开工纲要

（A 级）

初始状态 S_0
管线新建、检修完毕，验收合格交付确认

2.1　进油前检查

稳定状态 S_1
具备进油条件

2.2　开启进油流程、联系进油

稳定状态 S_2
初始进油状态

2.3　进油检查

稳定状态 S_3
正常进油状态

2.4　转油监控

最终状态 F_S
管线转油完毕

3 开工操作

（B级）

初始状态 S_0 管线新建、检修完毕，验收合格交付确认

3.1 进油前检查

(P) —管线进油前阀门、法兰处盲板已拆除
(P) —管线阀门操作灵活
(P) —管线工艺流程正确
(P) —管线显著位置有标示

稳定状态 S_1 具备进油条件

3.2 开启进油流程、联系进油

[P] —联系调度确定收油流程
[P] —开启管线间相关阀门
[P] —开启收油装置处阀门
[P] —联系泵房开泵送油

稳定状态 S_2 初始进油状态

3.3 进油检查

(P) —管线有明显进油动态
(P) —管线阀门、法兰、焊缝连接处无泄漏
[P] —立即联系收油装置确认收油稳定状态
[P] —管线进油正常后开大管线上阀门

稳定状态 S_3 正常进油状态

3.4 转油监控

[P] —随时确认接油装置情况

最终状态 F_S 管线首次转油完毕

（P）—管线首次进油任务完成

［P］—联系调度汇报管线进油任务完成

［P］—联系调度通知采样人员对管线出口进行采样分析

［P］—确认管线转油量，并将油量汇报调度

［P］—关闭管线所有阀门

［P］—检查管线法兰、阀门、焊缝连接处无泄漏

4 开工操作说明

（C级）

4.1 进油前检查

① 管线投用前，要检查静电接地是否完好，要对接地电阻做好检测并记录。基层部站还要对阀门、管线、油罐进行编号，并在现场做出明显标记。

② 新增管线建成后，要用蒸汽或压缩风进行吹扫，把管线中焊渣等杂物清除出去。

③ 对新增工艺管线还要进行顶水试压，压力为设计压力的1.25倍，持续时间不少于10h。对于质量要求高的管线，在顶水试压后，还要用风进行吹扫。所有管线试压后必须将水排尽。

4.2 进油检查

管线投用时，要注意检查法兰、焊缝、阀门及其他管件，发现泄漏等异常情况及时采取措施进行处理，同时报告班长、调度和基层部站。

附录三　某油库离心泵操作规程【摘录】

1　开泵

1.1　开泵纲要

（A 级）

初始状态 S_0 离心泵空气状态—隔离—机、电、仪及辅助系统准备就绪

（1）离心泵开泵准备

投用润滑油系统

稳定状态 S_1 开泵准备工作完毕

（2）离心泵灌泵

稳定状态 S_2 灌泵完毕

（3）离心泵开泵

启动电动泵

状态 S_3 离心泵启动完毕

（4）启动后的调整和确认

① 泵

② 动力设备

③ 工艺系统

最终状态 F_S 离心泵处于稳定工作状态

1.2 开泵操作

(B 级)

初始状态 S_0
离心泵空气状态—隔离—机、电、仪及辅助系统准备就绪

适用范围：—用电动机驱动的泵

—离心泵

(1) 离心泵开泵准备

① 状态确认

(P) —确认泵单机试运完毕

(P) —确认泵处于无工艺介质状态

(P) —确认联轴器安装完毕

(P) —确认防护罩安装好

(P) —确认泵的机械、仪表、电气完好

(P) —确认泵盘车均匀灵活

(P) —确认泵的入口过滤器干净并安装好

(P) —确认润滑油系统符合要求

(P) —确认润滑油化验分析合格

(P) —确认泵的出口和入口阀关闭

(P) —确认泵的放空阀打开

(P) —确认泵的电动机开关处于关或停止状态，联锁解除

(P) —确认电动机断电

[P] —关闭泵的排凝阀

[P] —关闭泵的放空阀

(P) —确认压力表安装好

[P] —投用压力表

② 投用润滑油系统

(P) —确认各润滑点无泄漏

(P) —确认润滑油化验分析合格

稳定状态 S_1
开泵准备工作完毕

(2) 离心泵灌泵

[P] —缓慢打开入口阀

[P] —打开泵放空阀排气

(P) —确认排气完毕

[P] —关闭泵放空阀

[P] —盘车

稳定状态 S_2
灌泵完毕

(3) 离心泵开泵

(P) —确认电动机送电，具备开机条件
[P] —与相关岗位操作员联系
(P) —确认泵出口阀关闭（带最小流量线的泵，仅打开最小流量线阀）
(P) —确认泵不转
[P] —盘车均匀灵活
[P] —启动电动机
[P] —如果出现下列情况立即停泵：
异常泄漏
振动异常
异味
异常声响
火花
烟气
电流持续超高
(P) —确认泵出口达到启动压力且稳定
[P] —缓慢打开泵出口阀
(P) —确认出口压力，电动机电流在正常范围内
[P] —与相关岗位操作员联系
[P] —调整泵的排量

注意：
离心泵严禁无液体空转，以免损坏零件；
离心泵启动后，在出口阀未开的情况下，严禁长时间运行；
离心泵严禁使用入口阀来调节流量，以免抽空。

稳定状态 S_3
离心泵启动完毕

(4) 启动后的调整和确认

① 泵

(P) —确认泵的振动正常
(P) —确认轴承温度正常
(P) —确认润滑油液面正常
(P) —确认无泄漏

（P）—确认密封液正常

② 动力设备

（P）—确认电动机的电流正常

③ 工艺系统

（P）—确认泵出口压力稳定

最终状态 F_S 离心泵处于稳定工作状态

状态确认：

（P）—确认泵入口阀全开
（P）—确认泵出口阀开
（P）—确认泵出口压力在正常稳定状态
（P）—确认动静密封点无泄漏

1.3 操作说明

（C级）

离心泵开泵：

开泵的过程一定要注意先开入口阀门，机泵启动后缓慢的开启出口阀门。

2 停泵

2.1 停泵纲要

（A级）

初始状态 S_0 离心泵处于稳定工作状态

（1）停泵

稳定状态 S_1 离心泵停运完毕

（2）停电

（3）隔离

（4）排空

稳定状态 S_2 离心泵具备冷备用条件

（5）离心泵交付检修

最终状态 F_S 离心泵具备检修条件

2.2 停泵操作

（B级）

初始状态 S_0 离心泵处于稳定工作状态

（1）停泵

［P］—关泵出口阀
［P］—停电动机
［P］—立即关闭泵出口阀
（P）—确认泵不反转
［P］—盘车
（P）—确认泵入口阀全开

（2）停电

［P］—电动机停电

稳定状态 S_1 离心泵停运完毕

（3）隔离

［P］—关闭泵入口阀
［P］—关闭泵出口阀

（4）排空

［P］—打开排空阀排液
［P］—置换
［P］—打开放空阀
（P）—确认泵排干净

稳定状态 S_2 离心泵具备冷备用条件

（5）交付检修

［P］—出入口阀加盲板
［P］—置换线加盲板
（P）—确认放空阀开

最终状态 F_S
离心泵具备检修条件

状态确认:

(P) —确认泵已与系统完全隔离
(P) —确认泵已排干净，排凝阀打开，放空阀打开
(P) —确认电动机断电
(P) —确认透平动力介质停

2.3 操作说明

(C级)

不论是热介质还是冷介质，都要随时密切关注泵的排空情况。

泵附近准备好以下设施:

消防水带;

消防蒸汽带;

灭火器。

3 切换

3.1 切换纲要

(A级)

初始状态 S_0
运转泵处于稳定工作状态，备用泵准备就绪，具备启动条件

(1) 启动备用泵

稳定状态 S_1
备用泵启动完毕

(2) 切换

稳定状态 S_2
离心泵切换完毕

(3) 切换后的调整和确认

① 运转泵

② 停用泵

最终状态 F_S
备用泵启动后处于稳定工作状态，原运转泵停用

附录四　储油罐区基础操作规程【摘录】——油品计量

油品计量包括总尺、水尺、净油体积、油温、体积校正及油量计算等。

1. 测量总尺（油尺）

① 测量总尺（油尺）要使用量油尺，量油尺长度应满足测量要求，≤2000m^3 的罐用 15m 的量油尺，2000m^3 的罐用 20m 的量油尺，≥3000m^3 的罐用 30m 的量油尺。量油尺的最小刻度为 1mm，并附有检定证书和校正表。

② 测量时使用鉴定合格的油尺。

③ 测量前应了解油罐全高，估计测量时的大致油位，然后上罐测量。

④ 轻轻打开检尺孔盖子，量油尺自导向槽放入罐内，检尺人要站在上风向。

⑤ 轻质油品检实尺。开始下尺时速度可以稍快，尺锤将要触到油面时速度要放慢，当尺锤接近罐底时，稍停一下，然后轻轻放下油尺，使尺锤刚刚接触罐底，立即快速提出量油尺，依先小数后整数的顺序，迅速读出油位高度，精确到毫米。

⑥ 重质油品检空尺，通过计算得出实尺。尺锤接近油面时下尺要慢要轻，尺锤接触到油面后停止下尺，在检尺孔边缘读出下尺深度，然后提出量油尺，测量出量油尺浸入油面的深度。

根据下尺深度和量油尺浸入油面的深度，通过下面关系式计算出实际油尺：

实际油尺 = 罐底至检尺孔边缘的高度 − 下尺深度 + 量油尺浸入油面的深度

⑦ 测油尺应重复两次，两次量的结果相差不大于 1mm 方为有效实际油尺。

⑧ 罐上有液位仪表时，中间油尺可参考表尺，但满罐、空罐和调合油品控制油尺则必须检测实尺。

⑨ 检尺时，罐内液面必须平稳，液面稳定时间：轻质油需 15min；重质油 30min。

2. 测水尺

① 测水尺要用量油尺和试水膏。

② 测量时使用检定合格的油尺。

③ 测水尺前先估计罐内水层的大致高度，在量油尺上估计水位高度附近，均匀地抹上薄薄一层试水膏。

④ 站在上风向，轻轻打开检尺孔盖子，按照测油尺的方法下尺，尺锤触及罐底后，要保

持尺锤与罐底相垂直，静置1min以上，然后提出量油尺，在试水膏的变色分界处读出水位高度，有乳化层时应将乳化层也读出。

⑤ 如果整个试水膏均变色，则应提高试水膏的涂抹位置，重新测量。如果整个试水膏均未变色，则应降低试水膏的涂抹位置，重新测量。

3. 测油温

① 温度计的测量范围要满足实际要求，应使用水银温度计。

② 测量温度时使用检定合格的水银温度计。

③ 温度计在使用之前要进行检查，发现破损及时更换。

④ 测温要用防静电测温绳，严禁用其他绳子代替。

⑤ 温度计要稳妥地固定在测温筒内，刻度面朝外。

⑥ 以上工作完成后，可上罐测温。

⑦ 将测温绳末端的金属端子固定在罐顶栏杆上无绝缘层处。

⑧ 站在上风向，轻轻打开检尺孔盖子，慢慢放下测温筒。

⑨ 对于轻质油，温度计要置于油位中部，对于重质油品，温度计应置于油面以下200mm处，静置时间不应少于2min，然后快速提出温度计，依先小数后整数的顺序快速读出温度，读数时间不超过10s。读完数后再将盒内存油倒入罐内。

⑩ 读数时视线要与温度计垂直，读数误差不应大于0.5℃。

⑪ 罐上安有测温仪表时，显示数值仅作参考，如果罐内油位高出测温表安装位置200mm以下，不得使用测温表。

轻质油品和重质油品的量油尺和温度计应专用，不得混用。测量完后及时盖好检尺孔盖子。

4. 油量计算

(1) 油品净容积 V_t

油品在实际温度 t℃时的净容积根据测量的总尺、水尺经查油罐容积表计算得出：

油品在实际温度 t℃时的净容积 V_t = 总尺高度在油罐容积表上对应容积 − 水尺高度在油罐容积表上对应的容积。

(2) 容积校正

容积校正就是把油品在实际温度 t℃时的净容积 V_t 换算成油品在20℃时的标准容积 V_{20}，按下式进行计算：

$$V_{20} = K \cdot V_t$$

$$K = 1 - f(t - 20)$$

式中，f为石油体积温度系数。

(3) 计算油量

油品在真空中的质量 $= \rho_{20} \cdot V_{20}$

油品在空气中的质量 $= (\rho_{20} - 0.0011) \cdot V_{20}$

式中，ρ_{20}为油品在20℃时的密度。

5. 注意事项

① 计量工作中，使用的量油尺、温度计、油罐容积表等器具和文件必须处在检定或标定的有效期内。特殊情况下使用时，必须经过分厂批准。

② 油量计算时，必须使用油罐容积表，进行静压力修正。

附录五　某油库事故处理预案【摘录】

当发生油品泄漏时，为了尽快遏制事故扩大和进一步蔓延，尽可能减少人员伤亡和财产损失，所有参与应急救援的人员必须做到一切行动听从指挥，令行禁止；重大火灾爆炸事故先报警后救火，一般事故是先救人后救物；大量液体泄漏首先控制现场各种火源；油品泄漏着火，不应立即扑灭火灾，应先进行隔离，以防爆炸；现场中毒窒息抢救首先做好自身防护，现场人工呼吸不能轻易放弃。

火警电话：119　卫生急救：120

一、　油罐冒罐事故处理预案

1. 事故现象

① 油罐液位超过安全高度高位报警。

② 轻质油罐区可燃气体报警仪报警。

2. 事故原因

① 进油速度太快、操作工责任心不强。

② 罐前进油阀门未关闭或关闭不严向罐内串油。

③ 进油流程改错向满罐进油。

④ 未按时检尺、错误估量。

⑤ 油罐检尺错误及计算错误。

⑥ 报表记录填写错误、交接班检查不细、现场巡检不及时。

3. 事故确认

① 罐顶检尺孔、呼吸孔、通气窗有油品溢出。

② 罐壁有油品溢流。

③ 罐区有溢流出的油品。

4. 事故处理

(1) *立即行动*

① 立即停止向罐内进油或扫线，关闭进油阀门。

② 立即向同类产品的其他油罐压油。

③ 立即停止加温，关闭加温阀门。

④ 立即向调度室、车间汇报。

⑤ 立即封闭罐区外马路，禁止车辆通行。

⑥ 立即封堵罐区内下水。

（2）操作目标

在确保安全的状态下，以最快的速度将事故油罐的液位降低到安全高度以下，及时回收罐区现场冒出的油品。

（3）潜在问题

① 油品流出罐区、下水系统造成环境污染。

② 引起火灾爆炸。

③ 造成人员中毒、烫伤。

④ 造成重质油突沸

（4）操作规程

① 操作纲要

（A 级）

1—报警并联系上游装置

2—事故油罐停止收油

3—事故油罐向外倒油

② 操作步骤

（B 级）

处理要点

[ ] —制止油品流出罐区、下水系统
[ ] —杜绝火种
[ ] —防止溢出油品烫伤员工
[ ] —防止溢出油品使员工中毒
[ ] —使用防爆工具、防爆手电
[ ] —防止油品突沸

操作方案

1—报警并联系上游装置

[ ]—向厂调度、车间汇报
[ ]—向消防队（119）报警（出现罐区内有大量油品的情况）
[ ]—通知有关车间和岗位准备换罐进油或停止进油
[ ]—封闭罐区外马路，禁止车辆通行

2—事故油罐停止收油

〈 〉—如是轻质油或苯类，操作人员戴好防护器具，使用防爆工具和手电
〈 〉—如是高温重质油品，操作人员戴好防护器具，防止人员烫伤
[ ]—事故油罐停止收油
[ ]—事故油罐若为收油状态，打开同类油品油罐收油线阀门，关闭事故油罐收油线阀门
[ ]—事故油罐若为串油状态，关闭串油线阀门
[ ]—事故油罐停止加温
[ ]—封堵事故油罐所在罐区的下水系统

3—事故油罐向外倒油

〈 〉—如是轻质油或苯类，操作人员戴好防护器具，使用防爆工具和手电
〈 〉—如是高温重质油品，操作人员戴好防护器具，防止人员烫伤
[ ]—打开倒油线阀门
[ ]—打开另一同类油品油罐的收油线阀门
[ ]—打开倒油泵入、出口阀门
[ ]—打开倒油泵倒油
( )—确认事故油罐液位降至安全高度以下
( )—确认事故油罐罐区油品已回收

退守状态
事故油罐液位降至安全高度以下，罐区油品已回收

在此状态下，事故罐区进行正常处理

[ ]—通知清理人员清理现场污油
[ ]—通知维修人员检查罐体有无损坏
[ ]—通知厂调度及车间，事故罐区准备进行正常收、发油作业

二、 油罐突沸事故处理预案

1. 事故现象

油罐液位、温度急剧上升。

2. 事故原因

① 进罐油温过高，超过100℃，遇罐底有水而突沸。

② 重质油带水或扫线存水进入油罐，遇高温热油而突沸。

③ 油罐加温时不检测、不控制、不检查、加温超标而突沸。

④ 油罐蒸汽阀门不严或加温盘管破裂，引起油罐加热超标，冷凝水汽化、导致油罐突沸。

3. 事故确认

① 罐顶检尺孔、呼吸孔、透光孔有油品溢出。

② 罐壁有油品溢流。

③ 罐区有溢流出的油品。

4. 事故处理

（1）立即行动

① 立即停止向罐内进油或扫线，关闭进油阀门。

② 立即向同类产品的其他油罐压油。

③ 立即停止加温，关闭加温阀门。

④ 立即向调度室、车间汇报。

⑤ 立即封闭罐区外马路，禁止车辆通行。

⑥ 立即封堵罐区内下水。

（2）操作目标

在确保安全的状态下，以最快的速度将事故油罐的温度降低到100℃以下，液位降低到安全高度以下，及时回收罐区现场冒出的油品。

（3）潜在问题

① 油品流出罐区、下水系统造成环境污染。

② 引起火灾爆炸。

③ 造成人员中毒、烫伤。

（4）操作规程

（A级）

① 操作纲要

1—报警并联系上游装置

2—事故油罐停止收油或加热

3—事故油罐区的处理

② 操作步骤

（B 级）

处理要点

[ ] —制止油品继续突沸
[ ] —制止油品流出罐区、下水系统
[ ] —杜绝火种
[ ] —防止溢出油品烫伤员工
[ ] —防止溢出油品使员工中毒

操作方案

1—报警并联系上游装置

[ ] —向厂调度、车间汇报
[ ] —向消防队（119）报警（出现严重突沸的情况）
[ ] —通知有关车间和岗位准备换罐进油或停止进油
[ ] —封闭罐区外马路，禁止车辆通行

2—事故油罐停止收油或加热

[ ] —若因收油带水引起突沸，关闭事故油罐收油线阀门，同时关闭加热器阀门
[ ] —若因加热引起罐内存水突沸，关闭加热器阀门
[ ] —若因蒸汽阀门不严或加温盘管破裂引起的突沸，立即关闭加热蒸汽总阀门
[ ] —封堵事故油罐所在罐区的下水系统

3—事故油罐区的处理

[ ] —关闭事故油罐区其他罐收发油阀门
( ) —确认事故油罐液位降至安全高度以下
( ) —确认事故油罐温度降至40℃以下
( ) —确认事故油罐罐区油品已回收

退守状态 事故油罐区无人停留、无泄漏，油品已回收

在此状态下，准备对事故罐区进行事故后处理事项

[ ] —通知清理人员准备清理现场污油

[ ] —通知维修人员准备检查罐体有无损坏

[ ] —通知厂调度及车间，事故罐区准备进行正常收、发油作业

三、 油罐跑油事故处理预案

1. 事故现象

① 罐区有大量的油品；

② 轻质油罐区可燃气体报警仪报警。

2. 事故原因

① 脱水时违章擅离岗位。

② 操作工不负责任，脱水后忘记关闭阀门或关闭不严。

③ 脱水阀冻凝、壳体冻裂或被异物卡住而关闭不严。

④ 清罐时脱水阀用完未关闭，进油前又未仔细检查。

⑤ 脱水中途换人，情况不明，交接班不细，现场检查不及时。

⑥ 切水器控制失灵。

3. 事故确认

① 罐区内有大量的油品。

② 油罐脱水阀处不停地向外跑油。

③ 切水器是否存在故障。

4. 事故处理

（1） *立即行动*

① 立即关闭脱水阀门，切断切水器。

② 脱水阀冻裂无法阻止油品时立即停止向罐内进油或扫线，关闭进油阀门。

③ 脱水阀冻裂无法阻止油品时立即向同类产品的其他油罐压油。

④ 脱水阀冻裂无法阻止油品时轻质油油罐立即向罐内顶水。

⑤ 脱水阀冻裂时立即停止加温，关闭加温阀门。

⑥ 立即向调度室、车间汇报。

⑦ 立即封闭罐区外马路，禁止车辆通行。

⑧ 立即封堵罐区内下水。

(2) 操作目标

在确保安全的状态下，以最快的速度将事故油罐的液位倒空，及时回收罐区现场冒出的油品。

(3) 潜在问题

① 油品流出罐区、下水系统造成环境污染。

② 引起火灾爆炸。

③ 造成人员中毒、烫伤。

(4) 操作规程

① 操作纲要

(A 级)

1—报警并联系上游装置

2—事故油罐停止收油

3—事故油罐向外倒油

② 操作步骤

(B 级)

处理要点

[ ] —制止油品流出罐区、下水系统
[ ] —杜绝火种
[ ] —防止溢出油品烫伤员工
[ ] —防止溢出油品使员工中毒
[ ] —使用防爆工具、防爆手电

操作方案

1—报警并联系上游装置

[ ]—向厂调度、车间汇报
[ ]—向消防队（119）报警（出现罐区内有大量油品的情况）
[ ]—通知有关车间和岗位准备换罐进油或停止进油
[ ]—封闭罐区外马路，禁止车辆通行

2—事故油罐停止收油

〈 〉—如是轻质油或苯类，操作人员戴好防护器具，使用防爆工具和手电
〈 〉—如是高温重质油品，操作人员戴好防护器具，防止人员烫伤
[ ]—事故油罐停止收油
[ ]—事故油罐若为收油状态，脱水阀已冻裂无法阻止油品时应打开同类油品油罐收油线阀门，关闭事故油罐收油线阀门
[ ]—事故油罐若为轻质油储罐，脱水阀已冻裂无法阻止油品时应向罐内顶水，加水垫层，水垫层高度不准超过油罐进出口管线最低处
[ ]—事故油罐停止加温
[ ]—封堵事故油罐所在罐区的下水系统

3—事故油罐向外倒油

〈 〉—如是轻质油或苯类，操作人员戴好防护器具，使用防爆工具和手电
〈 〉—如是高温重质油品，操作人员戴好防护器具，防止人员烫伤
[ ]—打开倒油线阀门
[ ]—打开另一同类油品油罐的收油线阀门
[ ]—打开倒油泵入、出口阀门
[ ]—打开倒油泵倒油
( )—确认事故油罐液位倒空
( )—确认事故油罐罐区油品已回收

退守状态
事故油罐液位倒空，罐区油品已回收

在此状态下，事故罐区进行正常处理

[ ]—通知清理人员清理现场污油
[ ]—通知维修人员检查罐体有无损坏
[ ]—通知维修人员对脱水阀进行检查维修
[ ]—通知厂调度及车间，事故罐区准备进行正常收、发油作业

四、 浮盘沉没事故处理预案

1. 事故现象

轻质油罐区可燃气体报警仪报警

2. 事故原因

① 浮盘施工质量差，有缺陷。如浮盘变形、歪斜，导向柱有间隙，罐体圆度不合要求，易使油气油液上升形成“泛液”，导致沉没。

② 浮盘立柱安装不当，发生掉柱时，使浮盘受力不均而变形，浮盘可能因歪斜或卡住导致沉没。

③ 进罐油汽温度高、剩余压力大时，油气浓度大，蒸汽压高，油气携带大量油滴冲破周边密封窜至浮顶上部，液滴聚集罐顶，形成“泛液”，使浮盘沉没。

④ 油罐进油超过安全高度或浮盘被卡住，油液上浮，直至浮盘质量大于浮力，浮盘沉没。

⑤ 罐内油品液面太低时，进行收油、倒油或调合作业，使进罐油品由于压力、流量较大，油品喷射、搅拌冲破液面，油气从开启状态的呼吸阀口喷到浮盘上部，形成“油雨”，日久天长浮盘上形成大量“泛液”，致使浮盘超重而沉没。

3. 事故确认

① 浮盘上大量油品。

② 浮盘沉没。

4. 事故处理

（1）立即行动

① 立即停止向罐内进油或扫线，关闭进油阀门。

② 立即向同类产品的其他油罐压油。

③ 立即向调度室、车间汇报。

④ 立即封闭罐区外马路，禁止车辆通行。

（2）操作目标

在确保安全的状态下，以最快的速度将事故油罐的液位倒空，组织进行维修。

（3）潜在问题

① 油品流出罐区、下水系统造成环境污染。

② 引起火灾爆炸。

③ 造成人员中毒、烫伤。

（4）操作规程

① 操作纲要。

（A 级）

1—报警并联系上游装置

2—事故油罐停止收油

3—事故油罐向外倒油

② 操作步骤

(B 级)

处理要点

[ ] —制止油品流出罐区、下水系统
[ ] —杜绝火种
[ ] —防止溢出油品使员工中毒
[ ] —使用防爆工具、防爆手电

操作方案

1—报警并联系上游装置

[ ] —向厂调度、车间汇报
[ ] —向消防队（119）报警（出现罐区内有大量油品的情况）
[ ] —通知有关车间和其他岗位准备换罐进油或停止进油
[ ] —封闭罐区外马路，禁止车辆通行

2—事故油罐停止收油

〈 〉—如是轻质油或苯类，操作人员戴好防护器具，使用防爆工具和手电
〈 〉—如是高温重质油品，操作人员戴好防护器具，防止人员烫伤
[ ] —事故油罐停止收油
[ ] —事故油罐若为收油状态，打开同类油品油罐收油线阀门，关闭事故油罐收油线阀门
[ ] —事故油罐若为串油状态，关闭串油线阀门

3—事故油罐向外倒油

〈 〉—如是轻质油或苯类，操作人员戴好防护器具，使用防爆工具和手电
〈 〉—如是高温重质油品，操作人员戴好防护器具，防止人员烫伤
[ ] —打开倒油线阀门
[ ] —打开另一同类油品油罐的收油线阀门
[ ] —打开倒油泵入、出口阀门

[ ] —打开倒油泵倒油

( ) —确认事故油罐液位倒空

( ) —确认事故油罐罐区油品已回收

退守状态 事故油罐液位倒空，罐区油品已回收

在此状态下，事故罐区进行正常处理

[ ] —通知清理人员清理现场污油

[ ] —通知厂调度及车间，事故罐区准备进行正常收、发油作业

附录六　某油库操作规定【摘录】

一、储油罐区基本操作规定

① 各油罐的储油高度不得超过其安全高度，如遇特殊情况需超安全高度储油时，必须经分厂综合管理部和基层部站批准，并加强与分厂调度和基层部站的联系，做好现场监护。

② 油罐的安全高度一般为油罐总高的85%～90%。

③ 油罐经过清洗、检修、改造后，必须经质量检验部检验合格、分厂综合管理部批准方可投用。首次进油前要全面检查进出口法兰及油罐各附件，确认完好严密无缺陷后方可联系进油，进油过程中要注意检查，发现异常情况时采取措施进行处理，同时报告分厂调度、班长及基层部站。

④ 管线经过改造后，必须经检验合格后方可投入使用。首次使用要全面检查焊缝、法兰、阀门及其他管件，发现泄漏等异常情况及时采取措施进行处理，同时报告分厂调度、班长及基层部站。

⑤ 管线、容器和其他设备的连接与密封部位经过拆装后，首次使用要加强检查，发现泄漏及时处理。

⑥ 夏季轻质油管线，为防止油品因温度升高而膨胀，造成管线憋压，白天10：00～20：00期间应及时开启连接油罐的阀门，向罐内泄压，管线内压力下降后及时关闭阀门。特殊情况需常开阀门放空时，要做好记录，注意检查。对有伴热线的管线，开启伴热时，也应加强检查，同时，为防止油品因温度升高而膨胀造成管线憋压，应及时向罐内放空。注意事项与轻质油管线放空相同。

⑦ 工艺管线上的阀门用红、黄两种底牌进行标识。红牌阀门在管线无动态时，严禁常开，黄牌阀门根据生产情况决定常开或常关。

⑧ 油罐检尺孔盖子平时应盖好，不得常开。

⑨ 轻质油罐进满油，沉降30min后测量油尺和水尺，水尺超过要求时必须及时脱水。脱水时不得离开现场，应站在上风方向监视，并做到勤脱水、小开阀、少带油、脱干净。特殊情况柴油沉降罐脱水为连续性脱水，所以脱水在现场没有人的情况下，阀门的开度必须小开阀，并且每2h检查一次，检查发现油罐中的水已脱完，必须及时关闭脱水阀。对于有自动脱水器的

储罐脱水时，要每天检查一次脱水器的运行情况，发现问题及时处理，处理不了时应立即向基层部站汇报，并做好记录。水脱完后测量水尺、油尺，计算脱水量，填写脱水记录。

⑩ 根据巡回检查的内容和路线，每 2h（单点）全面检查罐区及管线一次。

⑪ 动态油罐的油尺每 2h（双点）测量一次，动态油罐液位接近安全高度时随时测量，无动态油罐的油尺，每天白班应对本班维护的油罐检实尺一次。并与油罐液位仪数据核对，确定液位仪示数正确，并将操作记录中记载的数据进行核对。

⑫ 加温油品的温度每班测量一次，记录在操作记录中。

⑬ 凡不动罐要求每个班组对维护的罐在每个白班进行测量，测量的数据与上一次做比较，若出入较大要及时查明原因并汇报基层部站。

⑭ 每班下班前，对本班收发油量进行一次全面平衡，总结盈亏，超出正常损耗范围，要及时查明原因并汇报基层部站。

⑮ 下雨时，要打开外浮顶罐下边的排水阀，待雨水放完后，关闭排水阀。

二、 油量交接操作规定

① 油品交接要执行“两交一看”。即：交油品数量、交油品质量、看水尺外观。

② 按照调度的通知，做好油品交接的准备工作。

③ 交接油品的油罐，必须按规定的时间进行标定，并使用标定合格的油罐容积表和标定合格的油尺。

④ 交接油罐的油品，必须经质量检验部分析，并拿取盖有分析合格章的分析单，成品必须有成品分析合格单。

⑤ 交接油罐的温度、水尺超过要求未经处理不予交接。

⑥ 成品交接时三方（接方、计量部、交方）共同检尺（油尺与水尺）、测温，按照油位、水位、温度等进行交接，并填写输油记录单，一式 3 份，交接人签字。

⑦ 半成品交接时，需根据前尺和后尺查油罐容积表，计算体积，进行温度校正，并填写输油记录单。一条龙输油时，每天做一张输油记录单，前尺分别由送油前油尺或前一天 22：00 的油尺来确定，后尺由当天 22：00 的油尺或送油结束后的油尺来确定；两个及两个以上送油单位送油时，前尺和后尺分别由送油前和送油结束后的油尺确定，做总油量的输油记录单，其他特殊情况，无法确定前后尺，经基层部站同意后可不做输油记录单。

⑧ 对外单位交接油罐，应以成品罐计量为准，一条龙进油时，以商品罐计量为准。

⑨ 轻质油罐底存水标准：

油罐类别	储存油品	水尺要求/mm
半成品罐	汽、煤、柴组分	≯70（喷气燃料≯50）
成品罐	高清洁汽油	≯40
	喷气燃料	≯40
	灯用煤油	≯40
	航空活塞式发动机燃料汽油	≯20
	航空洗涤汽油	≯20
	柴油	≯50
270～275 罐	异戊烷	无水
284～289 罐	苯、甲苯、二甲苯	无水

三、 油品输转操作规定

① 按照分厂调度的通知，做好油品输转前的准备工作。

② 油品输转前，先报质量，核对质量是否符合标准，合格后输转双方联系清楚，确定使用的管线和输转时间。

③ 按照三对口制度，核对流程，正确开启有关阀门，改好输转油品的流程。

④ 油品输转时，开泵 10min 内检查过油情况，30min 双方对量一次，输转正常后，每 2h 对量一次，输转空或进满一罐后核对全罐输转量。如果对量时发现收发油量出入较大，要立即停止输送，查明原因，经过处理后方可继续输送。

⑤ 收油时改罐操作程序：

开空罐进油阀门，管线若有中间阀门时，先要开中间阀门；

关满罐进油阀门。

⑥ 发油时改罐操作程序：

停泵；

关空罐出口阀门；

开满罐出口阀门；

开泵。

⑦ 输转油品，油罐将满或将空时要随时掌握油尺变化情况，及时改罐或停止输转。

⑧ 油品装槽车，必须要有装车通知单，操作工接到通知单后，认真核对：油品名称、油品密度、罐号、管线号、车数、通知人及送到时间等内容是否正确，并在 20min 内联系开泵。

⑨ 油品零装时，必须要有提货单；达西加油站、11 线、72 泵房零装或给内燃机车加油时，请示分厂调度安排。零装工作程序：接到零装提货单或电话通知后，先向分厂调度申请货

源，按照调度安排，改好流程，及时开泵零装，不得无故拖延。

⑩ 装车或零装油品，必须核对油品名称、油品密度、油品分析合格日期，检查有无成品分析单或合格证，同时查明管线最后一次使用日期及内存油品。

⑪ 对于输送两种及两种以上油品的管线，使用时应查明管线内存品种，必要时应进行顶线处理。

⑫ 有伴热线的装车线和夏季轻质油装车线，为防止油品温度升高引起管线憋压，装完车后必须及时扫线或抽线。

⑬ 罐内油品冻结时，不允许向罐内进油或抽线。

⑭ 为防止静电，罐内油位低于调合喷嘴时，严禁经喷嘴向罐内进油、顶线、扫线或倒油。如走喷嘴倒油时，柴油罐油位不得低于2.5m，柴油向空罐倒油时，可用循线返82线。喷气燃料罐油位不得低于4.5m，喷气燃料应先压后倒；汽油应尽量避免走喷嘴倒油。

⑮ 溶剂油、苯类、重油、灯油等非调合油品，取回成品分析单或合格证必须填写相应的质量登记台账，并将其粘贴在质量登记台账上。

四、油品调合

油品调合就是将两种或两种以上的组分油按规定的比例，通过一定的方法，达到混合均匀，有时还需加入某些添加剂以改善油品的某些性能，从而生成一种新产品的过程。

① 油品调合必须严格执行调合工艺卡片，特殊情况，必须有上级主管部门的书面通知。

② 根据油品调合比和调合油品总量，计算出各组分油需要量。

$$\text{组分油需要量} = \text{调合油品总量} \times \text{该组分油调合比}$$

③ 组分油需要量减去罐内已有的该组分油量即为需要收入的油量，将油量换算成容积。

④ 各组分进入调合罐的先后顺序应以先重后轻为原则，具体顺序听从调度安排。

⑤ 组分收入量以调合罐计量为准。

⑥ 多种组分同时进入调合罐时，可以按各组分的发出量计算其收入量。

⑦ 按照各组分收入的先后顺序，和组分尚需收入的容积，利用油罐容积表，查出各组分所需控制进入的油尺。

⑧ 各组分进够后，脱完水后检水尺，再按工艺卡片的规定进行空白循环，循环停止后静置30min，通知化验室做空白分析。

⑨ 空白分析合格后，取回空白分析单。测量油尺、水尺和温度，计算油量，按照工艺卡片的要求加入所需添加剂，添加剂必须有质量合格证，例外放行使用时，必须要有相应的审批手续。抗静电剂、抗磨剂、降凝剂、钝化剂、脱水剂、抗氧剂等有机物储存期超过18个月，

必须向质检处提计划做过期分析，合格后方可使用。如发现变质，应及时与有关单位协商解决。(四乙基铅、MMT、T－8401 等 C 类原材料，不进行过期分析。)

⑩ 边加剂边循环，加剂后按工艺卡片的规定进行成品循环，循环停止后通知化验室做成品分析。

⑪ 加入添加剂要填写添加剂加入情况记录单。

⑫ 调合油品须填写油品调合记录。油品调合记录包括如下内容：

a. 调合罐罐号、调合油品名称。

b. 罐底油质量、油位、油量、调合比及各组分油量。

c. 组分罐罐号、质量、组分收入起止时间、调合罐前后油尺、组分收入量及组分累计量。

d. 总油量与调合比。

e. 空白循环、加剂、成品循环的起止时间、循环时泵压、油温及阀门开度。

f. 添加剂名称、加入比例、计算加入量、实际加入量、计算人、复核人、加剂人签字。

g. 调合过程中出现的其他事项及领导或调度指示以及部分指标不合格的评审。

h. 记录人的签字。

i. 空白分析单和成品质量分析单应粘贴在调合罐的调合记录上。

附录七 某油品储运厂安全生产及环境保护规定【摘录】

一、 安全知识

1. 人身安全十大禁令

① 安全教育和岗位技术考核不合格者，禁止独立顶岗操作。

② 不按规定着装或班前饮酒者严禁进入生产岗位和施工现场。

③ 不戴好安全帽者，严禁进入生产装置和检修、施工现场。

④ 未办理高处作业票，严禁高处作业。

⑤ 未办理安全作业票，严禁进入塔、容器、罐、油舱、反应器、下水井、电缆沟等有毒、有害、缺氧场所作业。

⑥ 未办理维修工作票，严禁拆卸停用的与系统联通的管道、机泵等设备。

⑦ 未办理电气作业“三票”，严禁电气施工作业。

⑧ 未办理施工破土工作票，严禁破土施工。

⑨ 机动设备或高压容器的安全附件，防护装置不齐全好用，严禁启动使用。

⑩ 机动设备的转动部件，在运转中严禁擦洗或拆卸。

2. 防爆十大禁令

① 严禁在厂内吸烟，严禁私自携带香烟火种和易燃、易爆、有毒、易腐蚀物品入厂。

② 严禁未按规定办理用火手续，在厂内进行施工用火或生活用火。

③ 严禁穿易产生静电的服装进入油气区工作。

④ 严禁穿带铁钉的鞋进入油气区及易燃、易爆装置。

⑤ 严禁用汽油、易挥发溶剂擦洗设备、衣物、工具及地面等。

⑥ 严禁未经批准的各种机动车辆进入生产装置、罐区及易燃易爆区。

⑦ 严禁就地排放易燃、易爆物料及化学危险品。

⑧ 严禁在油气区用黑色金属或易产生火花的工具敲打、撞击和作业。

⑨ 严禁堵塞消防通道及随意挪用或损坏消防设施。

⑩ 严禁损坏厂内各类防爆设施。

3. 防止静电危害十条规定

① 严格按规定的流速输送易燃易爆介质，不准用压缩空气调合、搅拌。

② 易燃、易爆流体在输送停止后，须按规定静止一定时间，方可进行检尺、测温、采样等作业。

③ 对易燃易爆流体储罐进油，不准使用两种或两种以上材质的器具。

④ 不准从罐上部输油，油槽车应采用鹤管液下装车，严禁在装置或罐区灌装油品。

⑤ 严禁穿易产生静电的服装进入易燃、易爆区，尤其不得在该区穿、脱衣或用化纤织物擦拭设备。

⑥ 容易产生化纤和粉体静电的环境，其温度必须控制在规定界限以内。

⑦ 易燃易爆区易产生化纤和粉体静电的装置，必须做好设备防静电接地；混凝土地面、橡胶地板等导电性要符合规定。

⑧ 化纤和粉体物料的输送和包装，必须采取消除静电或泄出静电措施；易产生静电的装置设备必须设静电消除器。

⑨ 防静电措施和设备要指定专人定期进行检查并建卡登记存档。

⑩ 新产品、新设备、新工艺和原材料的投用，必须对静电情况做出评价，并采取相应的防静电措施。

4. 防止储罐跑油（料）十条规定

① 按时检尺　定时检查　认真记录

② 油品脱水　不得离人　避免跑油

③ 油品收付　核定流程　防止冒串

④ 切换油罐　先开后关　防止憋压

⑤ 清罐以后　认真检查　才能使用

⑥ 现场交接　严格认真　避免差错

⑦ 呼吸阀门　定期检查　防止抽瘪

⑧ 储罐加温　不得超标　防止突沸

⑨ 管线停用　及时处理　防止凝冻

⑩ 新罐投用　验收签证　才进油料

二、安全规定

1. 装置开工安全规定

① 要认真细致地检查工程质量是否合格，工艺流程是否畅通，检查设备是否完好，安全设施、卫生条件等是否达到装置开工条件。

② 在设备、管线经过吹扫，冲洗、试压符合要求后，彻底打扫装置的环境卫生。新增管

线建成后，要用蒸汽或压缩风进行吹扫，把管线中焊渣等杂物清除出去。对新增工艺管线还要进行顶水试压，压力为设计压力的1.25倍，持续时间不少于10h。所有管线试压后必须将水排尽。对于质量要求高的管线，在顶水试压完后，还要用风进行吹扫。

③ 新管线投用前，要检查静电接地是否完好，要对接地电阻做好检测并记录。基层部站还要对阀门、管线、油罐进行编号，并在现场做出明显标记。

④ 新管线投用时，要注意检查法兰、焊缝、阀门及其他管件，发现泄漏等异常情况及时采取措施进行处理，同时报告班长、调度和基层部站。

⑤ 油罐投用前应有专人负责对油罐各附件逐项检查落实（如量油孔铅皮、静电接地线等），保证附件齐全。

⑥ 油罐进油时要注意检查人孔、脱水阀、管线阀门连接处和焊缝处有无渗漏现象，罐体有无变形和异常问题。有浮船的油罐还应检查浮船的升降情况，要求升降灵活无倾斜，浮船密封、通气孔装置密封完好，无明显瓦斯泄漏现象。

⑦ 油罐经过进出油2~3次生产使用，确定所有结构正常后，即可转入正常管理和使用。

⑧ 所有设备、开关、法兰、管线，都要处于良好状态，按流程倒好线路，各排空、放空全部关死，安全阀底部阀全部投用，并打铅封。机泵润滑油端面密封要良好，阀门灵活、好用，仪表灵活、好用、准确。

⑨ 检查全部容器液面报警器是否好用。要求消防设施齐全好用，位置适当。

⑩ 要与有关单位做好联系工作。

⑪ 要有详细的开工方案，开工方案要经过各部门审核，并严格执行开工方案。

2. 装置停工检修安全规定

① 装置停工检修前必须制定安全措施，组织用火，同时要制定管线设备蒸汽吹扫流程，要吹扫细致，打盲板要有人专门负责编号登记以便开工时拆除，下水井、地漏必须用水或蒸汽冲扫干净并封严。

② 储罐、容器设备检修，要用蒸汽按规定时间吹扫，温度降低以后，拆卸人孔盖，严防超温，不能自下而上拆卸，以防自燃着火爆炸或烫伤。

③ 凡通入罐容器的蒸汽应有专人管理，严禁随便开动，本装置与外单位可燃介质连接管线要打上盲板，防止串气爆炸。

④ 凡要检修的电机、风机等设备，必须切断电源。

⑤ 在拆卸设备前，必须经上级负责人检查，对所有的油、汽、风、水、瓦斯管线看是否处理干净，经允许后，方准拆卸，以防残压伤人或油水流出污染工地，严禁在地面、钢架、平台上放污油。

⑥ 储罐、容器检修时，临时照明灯应采用胶质软线（不能有破损）低压（≤12V）安全灯，以防触电。

⑦ 凡进储罐、容器、电缆沟、下水井等设备内必须办理有限空间作业票，通风，要有安全措施（如要戴安全帽、防毒面具，外边有人看护），时间不得过长，督促轮换工作，严防中毒及事故发生。

⑧ 凡进入检修现场的人员一律戴安全帽，高空作业在2m以上，必须办理高空作业票，必须系安全带和携带工具袋，卸下零件螺栓等要摆齐，不用的废料及时清理拿走，高空吊物要做到“一看”“二叫”“三放下”。

⑨ 装置内需要用电、用火及机动车辆进入装置时，要严格执行用电、用火管理制度，办理相关的用电、用火、进车作业票，执行乙炔瓶与氧气防爆安全规定。

⑩ 油罐清洗前将罐内油品抽至人孔以下后，方可打开人孔。轻质油罐清洗可接水线向罐内顶水，将油品抽至同品种其他半成品罐内，直至将油品抽净。苯类等不宜顶水的油品储罐可接临时泵将油抽干净。如果罐前阀门不严密渗油时，要加盲板予以隔绝。

⑪ 打开罐顶透光孔。用蒸汽向罐内吹扫，蒸汽皮管自人孔导入罐内，并将蒸汽皮带加以固定，吹扫时间不少于24h。（苯类储罐以及采用软密封的浮顶罐不得用蒸汽吹扫。）停止蒸汽吹扫，排尽罐底冷凝水。静置通风12h以上。

⑫ 清除罐内铁锈杂质，擦干水迹、油迹，检查罐内外附件是否完好。清罐必须使用防爆工具，禁止使用非防爆工具在轻质油罐内作业。进罐作业人员必须身体健康，患有各种慢性疾病、高血压、心脏病等的人员和妇女“三期”不得进入罐内作业。

⑬ 如果罐内瓦斯气味仍较大，应继续用蒸汽吹扫或加强罐内通风并佩戴防毒面具。清洗乙基液等剧毒品储罐，必须制定清洗方案，经有关部门和领导批准后方可实施，进罐作业人员必须按规定穿戴劳保用品。

⑭ 清出的铁锈应统一处理，不得堆放或埋在罐区内。油罐清洗期间，距清洗油罐60m以内严禁动火或进机动车辆。

⑮ 油罐清洗完后，请计量、维修单位检查油罐液位仪表、调合喷嘴、罐顶、罐壁、罐底及浮盘腐蚀情况并测厚，油罐容积标定到期时，要联系计量中心重新标定。

⑯ 及时拆除临时水线、汽线及油线，做到料净、场地清。按不同油品储罐标准，由质检部门进行检查验收，合格后经基层部站同意封人孔、透光孔，关闭脱水阀，拆除盲板。

参考文献

[1] 樊宝德，朱焕勤．油库设备使用与维修．北京：中国石化出版社，2005.

[2] 竺柏康．油品储运．北京：中国石化出版社，2008.

[3] 中国石油化工集团公司人事部，中国石油天然气集团公司人事服务中心．石油化工职业技能培训教材—油品储运调和操作工．北京：中国石化出版社，2009.

[4] 杨进峰．油库建设与管理．北京：中国石化出版社，2007.

[5] 胡建华．油品储运技术．北京：中国石化出版社，2006.

[6] 尹洪福．过程设备管理．北京．化学工业出版社，2009.

[7] 张麦秋，傅伟．化工机械安装与修理（第二版）．北京：化学工业出版社，2010.

[8] 范继义．油品装卸设备．北京：中国石化出版社，2007.

[9] 中国石油天然气股份有限公司销售分公司．油库管理手册．北京：石油工业出版社，2010.

[10] 杨进峰．油库建设与管理．北京：中国石化出版社，2007.

[11] 中国石油化工集团公司职业技能鉴定指导中心，职业技能鉴定国家题库石化分库试题选编－油品储运调合操作工分册．北京：中国石化出版社，2010.

[12] 蔡尔辅．石油化工管道设计．北京：化学工业出版社，2004.